Robert Storz

Mathematik kompetenzorientiert unterrichten

Kommunizieren, Argumentieren, Modellieren

AULIS

Robert Storz ist Lehrbeauftragter für die Fachdidaktiken Mathematik und Technik am *Staatlichen Seminar für Didaktik und Lehrerbildung (WHRS)* in Reutlingen und unterrichtet als Lehrer an der *Eichendorff-Realschule* in Reutlingen.

Bibliografische Information der Deutschen Nationalbibliothek
Die Deutsche Nationalbibliothek verzeichnet diese Publikation in der Deutschen Nationalbibliografie; detaillierte bibliografische Daten sind im Internet über http://dnb.d-nb.de abrufbar.

Impressum

Robert Storz
Mathematik kompetenzorientiert unterrichten
Kommunizieren, Argumentieren, Modellieren

1. Auflage 2018

Foto Cover: Robert Storz, Reutlingen
Realisation: Robert Neumann, Freiburg
Druck: Zimmermann Druck + Verlag GmbH, 58802 Balve
Printed in Germany

ISBN: 978-3-7614-2973-0

Inhaltsverzeichnis

1 Hinführung zum Thema

Neben dem Umgang mit Heterogenität ist Kompetenzorientierung die zweite große Herausforderung im Mathematikunterricht, auf die sich mancher Lehrende und mancher Lehramtsanwärter unzureichend vorbereitet fühlt. Unter dem Eindruck des enttäuschenden Abschneidens deutscher Lernender bei internationalen Vergleichsstudien führte die Kultusministerkonferenz (KMK) im Jahre 2003 als Grundlage für die Bildungspläne der Folgezeit nationale Bildungsstandards ein. Bildungsstandards legen nicht Inhalte, sondern Ziele fest, welche Lernende nachprüfbar erreichen sollten. Solche Ziele werden mithilfe von Kompetenzen beschrieben. Die mathematischen Kompetenzen und deren Beziehungen zueinander beschreibt ein räumliches Modell[1] mit den drei Dimensionen

- Prozessdimension,
- Inhaltsdimension,
- Anspruchsdimension.

Viele Jahre nach Einführung kompetenzorientierter Bildungspläne werden an manchen Schulen im Mathematikunterricht mathematische Kompetenzen noch zu wenig gefördert, vor allem die prozessbezogenen. Das muss nicht daran liegen, dass die Lehrkräfte es nicht wollen; möglicherweise wurde bisher nicht optimal kommuniziert, wodurch sich kompetenzorientierter Mathematikunterricht auszeichnet, worin er sich von „traditionellem" Mathematikunterricht unterscheidet und vor allem, was er mit diesem gemein hat.

Hier setzt dieses Buch an. Ich möchte Verbindungen zum Herkömmlichen herstellen und aufzeigen, wie man Mathematik kompetenzorientiert unterrichtet. Oft reicht es, Schwerpunkte zu verschieben und Aspekten mehr Bedeutung zuzuweisen, die bisher wenig beachtet wurden. Das Buch soll deutlich machen, welche behutsamen Änderungen sinnvoll und nötig sind, um den Mathematikunterricht bei vertretbarem Aufwand mit mehr Kompetenzorientierung auszustatten. Meine Vorgehensweise ist dabei in großen Teilen induktiv; an vielen Stellen folgen die allgemeinen Aussagen den Beispielen und nicht umgekehrt.

Der Schwerpunkt liegt auf den prozessbezogenen Kompetenzen *Kommunizieren*, *Argumentieren* und *Modellieren,* die durch die Einführung des Kompetenzmodells scheinbar „neu" hinzugekommen sind. Nach meiner Wahrnehmung werden die übrigen prozessbezogenen Kompetenzen bereits überwiegend angemessen gefördert: *Problemlösen*, *Darstellungen verwenden* und *Mit formalen Elementen umgehen*. Auch die Förderung inhaltlicher Kompetenzen wird hier nur am

[1] Das Kompetenzmodell geht auf die PISA-Studien der OECD zurück und wird in Kapitel 6 dieses Buches ausführlich vorgestellt.

Rande thematisiert, weil sie erfahrungsgemäß mit vergleichsweise geringeren Schwierigkeiten verbunden ist.

Wenn Lernende mathematisch kommunizieren und argumentieren, dann ist es der Lehrende, der sich bemüht zu verstehen, was jeder einzelne Lernende meint. Im traditionellen Mathematikunterricht war das anders. Der Lehrende bot seine Gedankengänge zur Übernahme an, indem er erklärte; die Lernenden mussten sich um ein Verstehen bemühen. Ein guter Lehrer konnte „gut erklären", was bedeutete, dass er eine leicht nachvollziehbare, adressatenbezogene Abfolge von Denkschritten zur Übernahme anbot. Das führte häufig dazu, dass Fertigkeiten unverstanden erworben und schnell wieder vergessen wurden oder in anderen Zusammenhängen nur schwer aktiviert werden konnten.

In einem von den Lernenden aus gedachten Mathematikunterricht kommt zur Erklärkompetenz des Lehrenden seine diagnostische Kompetenz hinzu: Was weiß und was kann der Lernende schon, wo gibt es noch Defizite? Auf dieser Basis werden dessen Kompetenzen individuell gefördert; gemachte Fehler lassen diagnostische Schlüsse zu und schaffen willkommene Lernanlässe.

Zu einem solchen Mathematikunterricht gehört auch die Nutzung unterschiedlicher Darstellungsebenen; das E-I-S-Prinzip[2] mit der enaktiven (handelnden), ikonischen (zeichnerischen) und symbolischen (formal abstrakten) Ebene besitzt durchaus aktuelle Bedeutung. Wenn man auch die Kenntnis über die Darstellungsebenen heute weniger als Anleitung zu einer stufenweisen Darreichung von Lernstoff versteht, sondern als parallel und im Wechsel genutztes Angebot möglicher Darstellungsformen und Vorstellungen.

Übernehmendes Lernen findet auch im Kontext kompetenzorientierten Mathematikunterrichts statt, „weil es in der Natur des Menschen liegt, vor allem und am intensivsten vom Vormachen und Nachmachen zu lernen" (*Matthias Berg 2014, S. 239*). Jedoch ist übernehmendes Lernen weder das Ziel noch der erste Schritt. Individuellem Lernen wird stets Vorrang vor übernehmendem Lernen eingeräumt, wo und wann immer dies möglich ist. Lernen ist eine Verortung neuer Wissenselemente in einer vorhandenen kognitiven Struktur und jeder singuläre Lernende kennt sich in seiner eigenen kognitiven Struktur besser aus als der beste Lehrende dies jemals könnte.

Was bedeutet nun Kompetenzorientierung? Kompetenzen zu fördern bedeutet Situationen zu schaffen und zu nutzen, in denen Lernende mit relevanten Elementen der Mathematik umgehen und dadurch selbstaktiv Wissen, Fertigkeiten und Fähigkeiten erwerben. Die Kompetenz *Mit Mathematik symbolisch, formal und technisch umgehen* wird zum Beispiel nicht automatisch gefördert, wenn im Unterricht mit Mathematik symbolisch, formal und technisch umgegangen wird. Sondern die Lernenden selbst müssen es sein, die mit der Mathematik in diesem Sinne umgehen. Der Unterricht muss so gestaltet werden, dass Lernende mathematische Begriffe und Handlungen mit Vorstellungen verknüpfen, die jeder für sich individuell aufbauen muss. Dann werden nicht nur Wissen und Fertigkeiten erworben, sondern Kompetenzen aufgebaut.

[2] nach Jerome Bruner 1974

2 Mathematisch kommunizieren

2.1 Kommunizieren basiert auf Vorstellungen

Zum Kommunizieren sind Begriffe nötig, die wiederum auf Vorstellungen basieren. Begriffe müssen unter kommunizierenden Individuen eindeutig bestimmt sein, damit diese sich verstehen. Das hört sich einfach an, misslingt im Alltag aber ständig. Man erlebt dann, dass vermeintlich unmissverständliche Absprachen getroffen werden, in der konkreten Umsetzung verschiedene Personen aber völlig unterschiedlich mit der Interpretation dieser Absprachen umgehen. In der Mathematik scheint diese Problematik weniger zu bestehen, da mathematische Begriffe mit Definitionen klar bestimmt werden können. Deshalb läuft Mathematikunterricht oft so ab, dass zuerst und vorauseilend Begriffe definiert werden, um dann daraus Regeln – die mathematische Entsprechung zu Absprachen in der außermathematischen Welt – zu gewinnen. Damit wird aber ein Großteil der Lernenden überrumpelt, weil den Begriffen eben unterschiedliche Vorstellungen zugrunde liegen. Jeder Lernende verfügt über singuläre Alltagserfahrungen und der Alltag ist voll von mathematischen, pseudomathematischen und mathematiknahen Begriffen. Auch wenn vorab einheitliche Begriffe gelehrt und gelernt würden, bleiben die dazu gehörigen subjektiven Vorstellungen unterschiedlich.

Ein Beispiel aus dem Geometrieunterricht in der Klasse 5 oder 6 der Realschule; Thema: Radius und Durchmesser eines Kreises. In Schülerbüchern werden diese beispielsweise so definiert:

(1) *„Jede Strecke vom Mittelpunkt M zu einem Punkt auf dem Kreis heißt Radius r. Jede Strecke durch den Mittelpunkt, die zwei Punkte auf dem Kreis verbindet, heißt Durchmesser d. Der Durchmesser ist doppelt so lang wie der Radius.“*[3]

(2) *„Alle Punkte auf dem Kreis (genauer: auf der Kreislinie) haben vom Mittelpunkt M des Kreises den gleichen Abstand. Diesen Abstand bezeichnet man als Radius r. Jede Strecke, die zwei Punkte der Kreislinie verbindet und durch den Mittelpunkt geht, nennt man Durchmesser d des Kreises. Der Durchmesser ist somit doppelt so lang wie der Radius:* $d = 2 \cdot r$*.“*[4]

(3) *„Eine Strecke vom Mittelpunkt M zu einem Punkt der Kreislinie heißt Radius r. Der Durchmesser d verläuft durch den Mittelpunkt des Kreises. Der Durchmesser d ist doppelt so lang wie der Radius r.“*[5]

(4) *„Beim Kreis ist der Abstand zwischen Kreismittelpunkt und Kreislinie immer gleich groß. Diese Strecke wird als Radius bezeichnet und mit r abgekürzt. Eine Strecke, die zwei Punk-*

[3] Schnittpunkt 5, Mathematik – Differenzierende Ausgabe für Baden-Württemberg, Ernst Klett Verlag Stuttgart 2015, S. 176

[4] Mathe-Logo 6, C. C. Buchners Verlag, Bamberg 2010, S. 8

[5] Mathematik 6, Westermann Verlag, Braunschweig 2007, S. 45

te auf der Kreislinie verbindet und durch den Mittelpunkt geht, heißt Durchmesser des Kreises und wird mit d abgekürzt.“[6]

Diesen ohne Ausnahme sperrigen Schülerbuchdefinitionen ist gemein, dass in Verbindung mit der Begriffsdefinition auch gleich die dazugehörige Symbolik eingeführt wird und dass es sich nicht lohnen würde, die Definitionen in voller Länge auswendig zu lernen; Ziel ist hierbei das Verstehen. Die Verwendung von Symbolik ist aus Sicht der Mathematik sinnvoll, weil ökonomisch. Die Aufmerksamkeit der Lernenden wird damit aber von Anfang an auf formale Aspekte gelenkt, die wichtiger zu sein scheinen als das Verstehen. Es wird formalisiert, um unmissverständlich kommunizieren zu können.

Im Hinblick auf die Axiomatik macht es oft keinen wesentlichen Unterschied, wie Begriffe im Detail definiert werden; Hauptsache, man hält sich konsequent an festgelegte Definitionen und leitet daraus neue Axiome ab. Ob nun der Durchmesser doppelt so lang wäre wie der Radius oder der Radius halb so lang wie der Durchmesser, ist eigentlich egal[7]. Weil für solche Zusammenhänge aber Vorstellungen notwendig sind, wird die Kommunikation immer dann schwierig, wenn die miteinander kommunizierenden Individuen nicht auf dieselben Vorstellungen zugreifen. In einem Unterricht, in dem eine Vielzahl von Individuen miteinander kommuniziert, ist es fast schon zwingend, dass Teile der Kommunizierenden aneinander vorbei denken und kommunizieren, weil unterschiedliche, tragfähige wie fehlerhafte, Vorstellungen mit denselben Begriffsnamen verknüpft und dann auch kommuniziert werden.

Die obigen Definitionen basieren auf unterschiedlichen Vorstellungen für den Radius eines Kreises. Der Definition (1) liegt eine statische Vorstellung von einem Kreis zugrunde, in dem eine Verbindungsstrecke eingezeichnet wird, beginnend am Mittelpunkt. In (2) geht diese Verbindungsstrecke von der Kreislinie aus; in gewissem Sinne dynamisiert diese Sichtweise den Begriff. (3) ist (1) sehr ähnlich, verengt die Vorstellung aber durch die Angabe „eine“. Der Lernende könnte mit dieser Definition den Eindruck bekommen, es gäbe eine einzige richtige Stelle, an der der Radius eingezeichnet werden muss, während (1) eher eine abstraktere Vorstellung unterstützt, dass man den Radius an beliebiger Stelle bestimmen oder einzeichnen kann.

Lernende denken nicht unbedingt so, wie es aus der Rückschauperspektive optimal wäre, trotzdem ist das eigene Denken der Schüler oft nahe an dem Lernergebnis, das der Mathematiklehrer erreichen möchte; schon aus ökonomischer Sicht wäre es eine Verschwendung, die individuellen Gedanken der Lernenden als Unterrichtender nicht zu nutzen. Das hilft auch typische Fehler aufzudecken, denn wenn Lernende darüber kommunizieren, wie sie etwas gemacht haben, nutzen sie ihre eigene Logik und geben Einblicke in ihre eigenen Strategien. Diese Einblicke lassen sich diagnostisch nutzen.

---

[6] Mathematik 2 XQuadrat A, Oldenbourg Verlag München, Düsseldorf, Stuttgart 2004, S. 90

[7] Auch im vierten Beispiel steht unterhalb des Merksatzes: Es gilt: $d = 2 \cdot r$.

Betrachten wir einmal, wie Schüler sich ausdrücken, wenn man sie fragt: „Was haben Radius und Durchmesser eines Kreises miteinander zu tun?“

Eva beantwortet direkt die Frage: „Viel.“ Das ist richtig. Sie begründet ihre Antwort dann mit Zeichnungen und beschreibt die Handlungen, mit deren Hilfe sie sich die Begriffe angeeignet hat. Den Begriff des Radius hat sie mithilfe von selbst durchgeführten Handlungen erworben, den Durchmesser hat sie sich als Konventionaldefinition gemerkt; deshalb braucht sie dafür keine eigene Begriffserklärung.

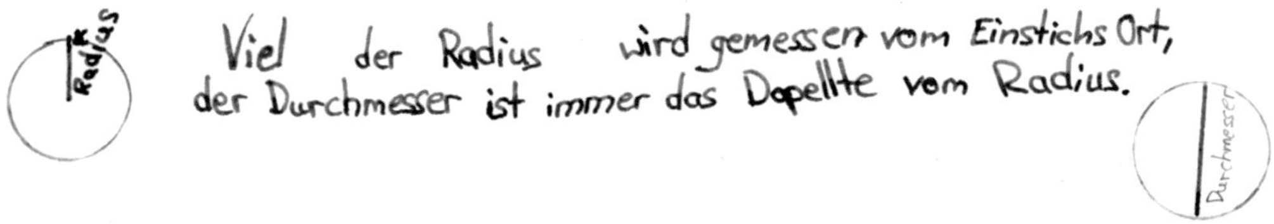

Bilal stellt sich eine Linie vor, die einmal den ganzen, im anderen Fall den halben Kreis durchquert.

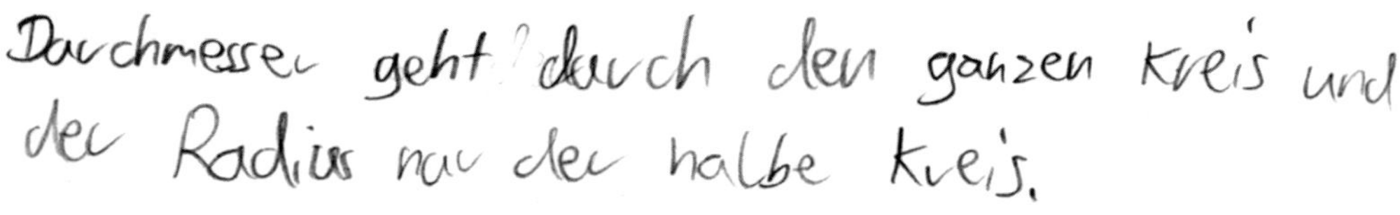

Claudius verwechselt zwar die Begriffsnamen Radius und Durchmesser, beschreibt ansonsten aber ziemlich anschaulich die Handlungen, mit denen er sich beide Begriffe angeeignet hat: den Kreis in der Mitte messen, den Abstand vom Mittelpunkt zum Kreis bestimmen.

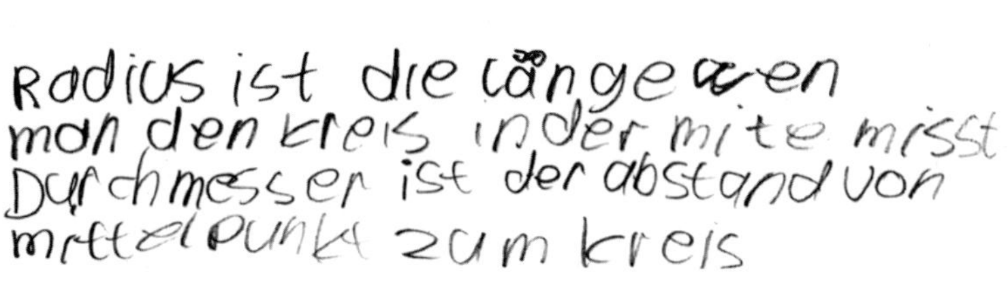

Victoria definiert Radius und Durchmesser korrekt, sofern man den Begriff „Strich“ für ein Strecke gelten lässt. Wegen der Formulierung, der Durchmesser gehe „durch den ganzen Kreis“, legt ihr der Lehrer die Zeichnung eines Kreises vor, in den eine Kreissehne eingezeichnet ist, die knapp am Mittelpunkt vorbeigeht. „Das ist nicht der Durchmesser“, entgegnet sie, „wenn er nicht durch die Mitte geht, geht er nicht durch den ganzen Kreis“. Mit „Mitte“ meint sie den Mittelpunkt. Weshalb sollte man Lernende korrigieren, wenn sie auf solche Weise zeigen, dass sie tragfähige Vorstellungen für die beiden Begriffe aufgebaut haben und dass sie die Begriffsnamen zutreffend zuordnen können?

> Der Radius ist vom Mittelpunkt ein Strich zum Kreis. Der Durchmesser ist ein Strich der durch den Ganzen Kreis geht.

Auch Julia zeigt in ihrer eigenen Sprache, dass sie weiß, was Radius und Durchmesser sind.

> Der Radius geht nur zur Mitte und der Durchmesser ganz durch.

Lisa stützt ihre Vorstellung vom Radius auf den Zirkel, mit dem sie ihn zeichnet: der Abstand von Bleistift (des Zirkels) und „Spitze", womit sie die Einstichnadel meint. Diese Erklärung zeigt, dass sie den Begriff auf die Aneignungshandlungen stützt, die sie durchgeführt hat, als sie Kreise mit vorgegebenen Radien gezeichnet und dann deren Durchmesser bestimmt hat.

> Der Radius bestimmt die Entfernung von dem Bleistift und der Spitze. Der Durchmesser zeigt wie groß der Kreis ist.

Oliver erklärt an einem Beispiel den Zusammenhang von Radius und Durchmesser.

> Wenn der Durchmesser z.b. 6cm ist dann ist der Radius 3cm immer die Hälfte.

Es gab wenige Schülererklärungen im Sinne von: Der Durchmesser ist das Doppelte vom Radius, so wie das in den Schülerbüchern steht. Aber viele Kinder haben den Radius als die Hälfte des Durchmessers beschrieben. Eigentlich ist es doch leichter, zu verdoppeln als zu halbieren. Lernende denken nicht, wie es im Nachhinein einfach erscheint, sondern wie sie es vorwärts erfahren: Kreise kenne ich, sie haben eine „Größe", und erst später lerne ich, wie Kreise gezeichnet werden: Indem man sie in Gedanken halbiert und...

Welche Konsequenz zieht man aus solchen Betrachtungen? Braucht man mathematisch korrekte und vollständige Definitionen wie die oben zitierten Merksätze überhaupt? Oder reicht es nicht, wenn die Lernenden über tragfähige Vorstellungen für Begriffe verfügen und diesen Begriffen korrekte Begriffsnamen zuordnen können? Wenn man dies bejaht, dann können die Begriffsnamen „Durchmesser" und „Radius" auch nonverbal gesichert werden, zum Beispiel wie in der Abbildung[8].

2.2 Mathematisch kommunizieren auf sprachlicher Ebene

„Mathematische Verstehensprozesse vollziehen sich meist am besten in kommunikativen Situationen" (*Hußmann u. a. 2014, S. 5*), dialogische Unterrichtsformen sind in Lernphasen unverzichtbar. Mathematisches Können wird selten in Arrangements sogenannten individualisierten Lernens erworben, sondern meist in der Kommunikation mit parallel Lernenden und mit Lehrenden. Mathematisches Kommunizieren, der Dialog mit und über Mathematik, fördert das Verstehen.

Ist es überhaupt möglich, nicht zu kommunizieren? Wurde nicht auch schon mit traditionellem Frontalunterricht die Kompetenz des Kommunizierens gefördert, denn der Schüler musste zuhören und sich äußern, wenn er vom Lehrer aufgerufen wurde? Der Unterschied liegt in der Authentizität der Situation. Wenn ein Lehrer in einem Unterrichtsgespräch eine Frage stellt, dann ist dies nur dann eine authentische Situation, wenn sie offen ist, der Lehrer also auf die Antwort wirklich gespannt ist. Die Anforderung an eine echte Kommunikation ist weniger erfüllt, wenn der Fragende das, was er zu fragen vorgibt, bereits weiß, und er nur mit Stichwörtern und engen Fragen das Gegenüber zu Antworten bewegen will, die aus seiner Sicht bereits feststehen. In Gesprächen, in denen die Offenheit fehlt, findet wenig Kommunikation statt, obwohl Gesprächsbausteine ausgetauscht werden.

Unter den mathematischen Kompetenzen existieren zahlreiche Querverbindungen, denn zum Beispiel kann nur argumentieren, wer kommuniziert, und zum mathematischen Kommunizieren

[8] Originalfoto im Materialblock zu Mathewerkstatt 1 Baden-Württemberg, Cornelsen Verlag Berlin 2012, Seite 81

sind mathematische Darstellungen und formale Elemente nötig. Der Anspruch, prozessbezogene Kompetenzen zu fördern, hat Konsequenzen für die Lehrerrolle, die sich durch mehr Passivität auszeichnet. Der Lehrende muss zuerst zuhören und verstehen wollen, seine Aufgabe ist weniger, zu bewerten und zu beurteilen. Er muss Gesagtes aufnehmen und angemessen reagieren. Dies ist etwas anderes als aktiv zu erklären, zu belehren oder zu korrigieren. Sobald ein Lehrer erklärt, betreibt er Wissensvermittlung, und weist den Schülern passive, übernehmende Rollen zu. Beim Erklären gibt es Rezipienten, die durch imaginierte Durchschnittsadressaten ersetzt werden, sobald sich Erklärungen gleichzeitig an größere Gruppen von Lernenden richten; das ist bei Inputphasen in personalisierten Unterrichtsmodellen nicht anders als im traditionellen Frontalunterricht. Gut erklären zu können, gehört sicher nach wie vor zu den Kompetenzen, die einen guten Lehrer ausmachen; aber vor dem Erklären steht das Zuhören, und das Erklären sollte ein dialogischer Prozess sein.

Begründungen sind wertvoller als Erklärungen, denn das Erklären beschränkt sich darauf, wie etwas richtig gemacht wird, beim Begründen geht es um ein Warum. Es ergeben sich vier Stufen für die mathematische Kommunikation zwischen Lehrendem und Lernenden:

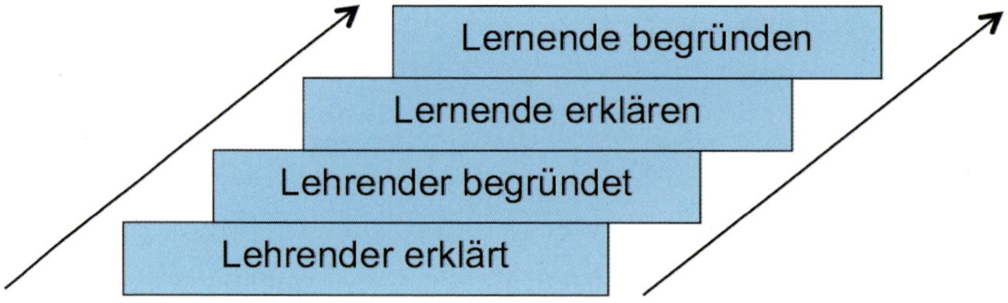

Das Spektrum reicht vom erklärenden Lehrenden bis dahin, dass Lernende selbst Begründungen formulieren. Der Lehrende gestaltet seinen Unterricht so, dass die Kommunikation auf der jeweils höchst erreichbaren dieser Stufen stattfinden kann.

Ein gut erklärender Lehrer bietet einzelnen Lernenden individuelle Erklärungen an, nachdem er herausgefunden hat, welches ganz besondere Problem der Lernende hat. Er verfolgt das Ziel, den Lernenden dahin zu bringen, am Ende die Lösung des Problems selbst erklären und begründen zu können.

In diesem Zusammenhang bleibt die Frage spannend, inwieweit auf fachliche Richtigkeit und Vollständigkeit Wert gelegt werden muss. Wenn Lernende eigenständig kommunizieren, werden Fehler gemacht, sprachliche, syntaktische und formale. Jede Korrektur durch einen intervenierenden Lehrenden stört oder zerstört Kommunikationsprozesse. Es scheint oft besser, Fehler vorläufig unkorrigiert stehen zu lassen, als eine fehlerhaltige Kommunikation zu unterbrechen. Der Unterrichtende ist stets gefordert, die Balance zwischen Fachsprache und Schülersprache so zu halten, dass sich die Kommunikation im Spannungsfeld von „richtig“ und „richtig gemeint“ lernaktiv und kommunikationsfördernd einpendeln kann.

Kommunizieren bedeutet, Denkergebnisse darzulegen und setzt nicht zwingend voraus, dass eine Situation des direkten Dialogs besteht. Der Adressat muss nicht unbedingt aktuell persönlich in die Kommunikation eingebunden sein. Schreiben im Mathematikunterricht ist eine wichtige Form des mathematischen Kommunizierens. „Die schreibende Auseinandersetzung mit einem mathematischen Thema, das schriftliche Festhalten eigener Lösungswege oder das eigenständige Verfassen von Definitionen können vertiefende Einsichten in mathematische Zusammenhänge bringen“ (*Fetzer 2009, S. 21*). Allerdings bedarf es dafür eines Gegenübers, an das sich die Kommunikation richtet und das, in welcher Form auch immer, reagiert. Wenn aber beispielsweise Lernende angehalten werden, Briefe an mehr oder weniger frei erfundene Firmen zu schreiben nach dem Motto, dass eine Werbeaussage nicht stimme oder dass man sich eine Schokolade wünsche, die in einer möglichst großen Anzahl von Familienkonstellationen gerecht geteilt werden könne, kann dem vermeintlichen Adressaten die Glaubwürdigkeit fehlen.

Sofern also klar ist, für wen oder für welchen Zweck Gedanken aufgeschrieben werden, ist Schreiben im Mathematikunterricht eine geeignete Methode, möglichst vielen Lernenden gleichzeitig die Möglichkeit der Kommunikation zu geben. Das Schreiben ist als vorbereitende Kommunikationsform geeignet, der eine dialogische Kommunikation folgt. Sobald ein Gegenüber in die Kommunikation mit einbezogen wird, reicht es nicht mehr aus, einseitig Erklärungen und Begründungen zu geben, sondern Fragen werden gestellt, darauf wird reagiert, Widersprüche werden aufgedeckt, neue Fragen entstehen.

Die folgenden Schülerbeispiele sind in der Klasse 6 einer Realschule entstanden; die Lernenden sollten im Zusammenhang des Themas Teilbarkeit die Frage beantworten: „Was haben alle Zahlen mit drei Teilern gemeinsam?“ und Beispiele benennen. Die Antwort aus der Rückschauperspektive: „Sie sind das Quadrat einer Primzahl.“

Claudius kommt in vier Schritten zu einer richtig gemeinten Einschätzung, die aber so wie er sie beschreibt, falsch ist. Mit „wenn man die zweite Zahl mal 2 nimmt“, meint er, dass der Teiler quadriert wird. Seine Beispiele sind richtig, wenn man vom kreativen Umgang mit dem Gleichheitszeichen einmal absieht. Mit seinen Aufzeichnungen hat er sich eine solide Basis geschaffen, an der nun folgenden verbalen Kommunikation im Klassenverband teilzunehmen.

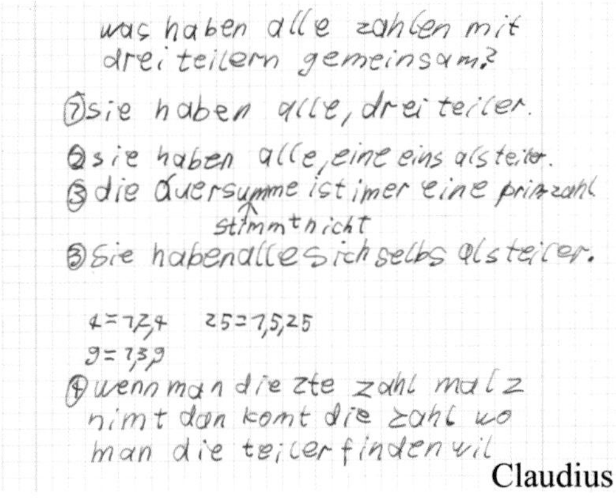

Claudius

Auch Victoria hat die Aufgabe gelöst, indem sie Beispiele und Gegenbeispiele gesammelt hat. Sie kann aber das Besondere nicht benennen, sondern stellt lediglich fest, wie ähnlich sie sind.

Boris weiß, was Quadratzahlen sind und hat die Aufgabe gelöst. Die Quadratzahl 16 hat er ausgelassen, denn sie hat mehr als drei Teiler. In Ullas Aufzeichnungen ist der Aspekt explizit enthalten, dass sie nur Quadrate von Primzahlen meint.

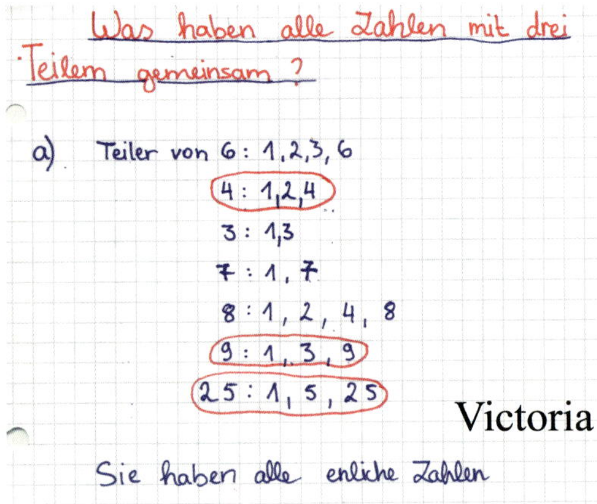

Victoria

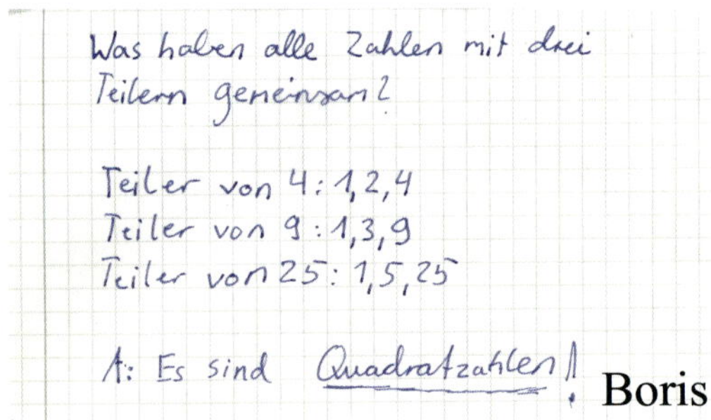

Boris

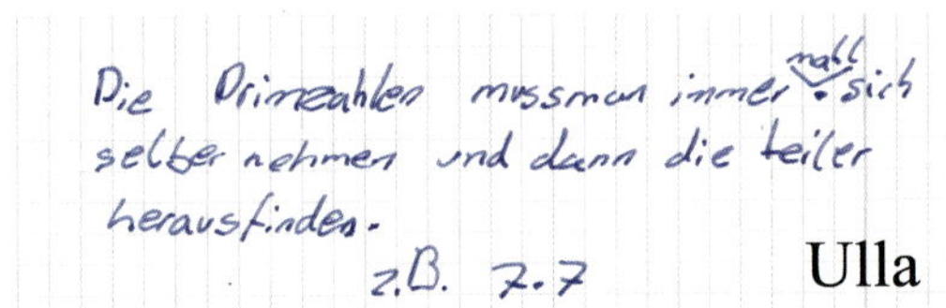

Ulla

Wenn Lernende wie hier im Unterricht ihre eigenen Gedanken aufschreiben und im Anschluss vor der Klasse vorstellen, ergibt sich für jeden die Möglichkeit, seine Überlegungen mit denen der Mitschüler zu vergleichen. Jeder kann selbst entscheiden, zu welchem Zeitpunkt er sich in die Kommunikation einbringt, wann er seine Gedanken veröffentlicht und zur Diskussion stellt. Damit öffnet sich die Tür zum Argumentieren, denn möglicherweise muss er seinen abweichenden Lösungsvorschlag gegen Einwürfe seiner Mitschüler verteidigen. Das Schreiben ist in solchen Zusammenhängen eine Form der Kommunikation, die das Argumentieren vorbereitet und dem Schreibenden die Initiative des Eintritts in die Argumentation überlässt.

Kommunikation hat stets eine aktive und eine passive Seite. Auch wer zuhört, kommuniziert. Damit mathematisches Kommunizieren effektiv gestaltet werden kann, ist Fachsprache mit ihren Begriffen, ihrer Syntax und ihrer Semantik hilfreich, aber in vielen Fällen nicht zwingende Voraussetzung und manchmal sogar hinderlich.

Erklärungen und Argumente bestehen aus Formulierungen; die Lernenden müssen lernen, ihre Gedanken in eine Form zu bringen, die geeignet ist, von den Adressaten verstanden zu werden. Formulieren ist ein wichtiger Bestandteil des Kommunizierens oder überhaupt die Voraussetzung. Formulieren ist „bewusstes sprachliches Handeln“ *(Esther Brunner 2014, S. 62)* und damit eine Weiterentwicklung des reinen Kommunizierens, das auch aus spontanem Sprechen bestehen kann. Für mathematisches Kommunizieren ist Formulieren unverzichtbar.

Wenn sich Lernende über mathematische Gegenstände austauschen, ist dies also nicht schon deshalb ein mathematisches Kommunizieren. Sondern sie müssen ihre Aussagen in ein angemessenes Format bringen. Solche Formate können mathematische Darstellungen und Verfahren sein. Aber die Verwendung von mathematischer Symbolik ist nicht der einzige Weg und für Lernende auch nicht der nächstliegende.

Wenn lediglich Rechenergebnisse verglichen werden, findet nicht zwingend mathematische Kommunikation statt, sogar eher selten. Sondern es bedarf einer Kommunikation über Rechenwege. Mathematisches Kommunizieren kommt außerdem oft erst in Gang, nachdem Fehler aufgetreten sind. Fehler fördern sehr oft den Kompetenzerwerb, weil sie Kommunikation erzeugen, Fehler bieten willkommene Lernanlässe. Trotzdem ist jeder Lernende bemüht, Fehler zu vermeiden. „Ich habe heute 20 Fehler gemacht und damit 20 Lernanlässe geschaffen“ ist keine attraktive Zielperspektive.

Wer durch Sprechen oder Schreiben mit Sprache kommuniziert, kommuniziert auf einer symbolischen Ebene. Aus der Theorie der Denkentwicklung von Jerome Bruner wissen wir, dass sich der Mensch die Umwelt auf drei Ebenen erschließt

- auf einer enaktiven Ebene (E) durch Handlungen,
- auf einer ikonischen Ebene (I) durch bildhafte Darstellungen,
- auf einer symbolischen Ebene (S) durch Sprache oder Zeichen.

Das E-I-S-Prinzip besagt, dass alle diese drei Ebenen zu berücksichtigen sind. Selbstverständlich gilt dies auch für die Förderung prozessbezogener mathematischer Kompetenzen. Enaktive und ikonische sind wie die sprachliche Ebene beim Kompetenzerwerb zu berücksichtigen.

2.3 Mathematisch kommunizieren auf ikonischer Ebene

Mathematisches Kommunizieren ist einerseits noch nicht gegeben, wenn zum Beispiel eine Schülergruppe die Ergebnisse ihrer Arbeit präsentiert, dabei lediglich auf die Bekanntgabe der Lösungen fokussiert, und kaum mathematische Darstellungen verwendet.

Andererseits ist für mathematisches Kommunizieren nicht zwingend gesprochene Sprache oder geschriebener Text nötig. Auch auf enaktiver und ikonischer Ebene kann mathematisch kommuniziert werden.

Die folgenden Beispiele für ein Kommunizieren auf der ikonischen Ebene sind Schülerlösungen aus einer Klassenarbeit zum Bruchzahlbegriff.

Die Aufgabe[9]:

> Teile drei Pizzen unter acht Personen auf. Zeichne mit Hilfe der Kreise.
> Verwende für jede Person eine andere Farbe.
>
> 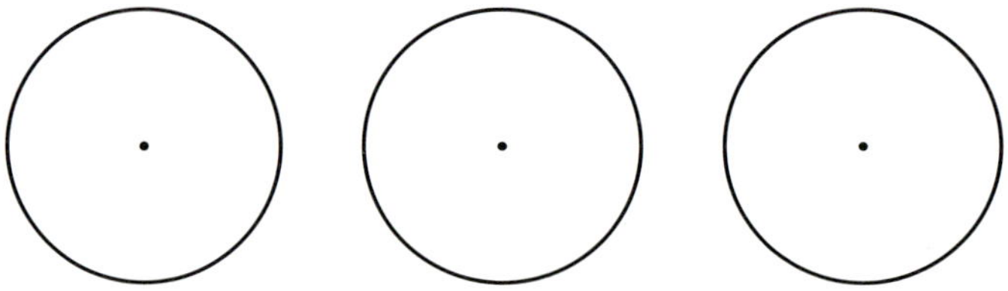

Die „richtige“ Lösung aus der Perspektive der Rückschau ist: $3 : 8 = \frac{3}{8}$;

mit Farben dargestellt ergibt das ein Bild wie dieses:

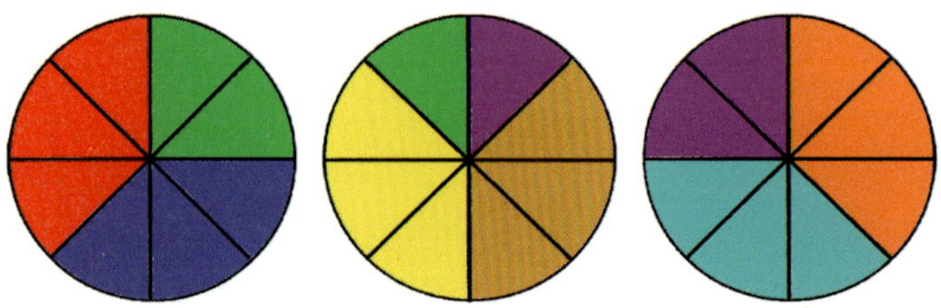

Ebenfalls „richtig“ wäre eine Aufteilung, bei der jeder Esser nicht drei Achtel Pizza erhält, sondern von jeder der drei Pizzen ein Achtel. Mathematisch ist das dasselbe, im Kontext Pizza macht es jedoch einen nicht zu vernachlässigenden Unterschied, sobald die Pizzen unterschiedlich belegt sind.

Die Schülerlösungen könnte man nun in „richtig“ und „falsch“ einteilen und würde damit den Lernenden kaum gerecht. Im beschriebenen Fall haben nur einzelne Lernende eine der zwei Darstellungen so wie oben gewählt. Lernende denken anders als von Lehrenden erwartet wird.

Als „richtige“ Lösung darf man sich als Lehrender über Lösungen wie die von Claudius freuen:

[9] Die Aufgabe befindet sich mit einem kürzeren Text auf der Daten-DVD zur Mathewerkstatt 1, Cornelsen-Verlag Berlin 2012

Claudius

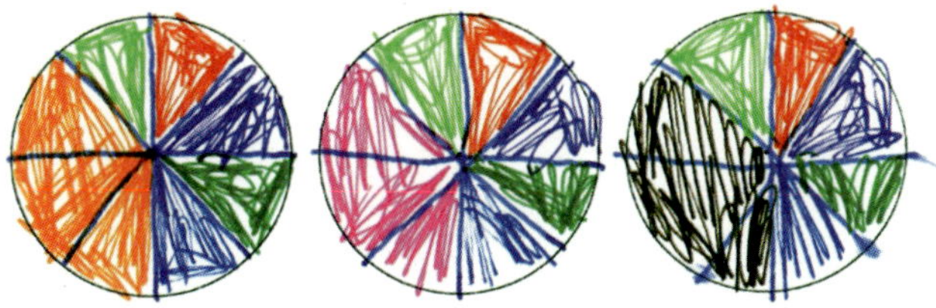

Claudius hat alle drei Pizzen in Achtel aufgeteilt und damit zunächst gemacht, was der Lehrer erwartete. Seine Darstellung verrät aber noch mehr. Als erstes hat er von jeder Pizza drei Achtel abgetrennt: orange, lila, schwarz. Offensichtlich ist ihm dabei aufgefallen, dass das in dieser Reihenfolge am Ende nicht „aufgehen" wird. Die restlichen Anteile hat er auf alle drei Pizzen gleich verteilt. Er hat nicht nur die Aufgabe gelöst, sondern seine Gedankengänge und deren Abfolge offengelegt, er hat mathematisch kommuniziert.

Ulla

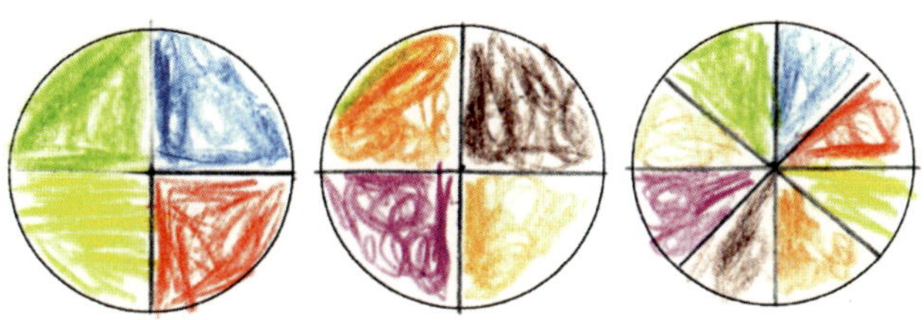

Auch Ulla konnte nonverbal kommunizieren, wie sie vorgegangen ist. Zuerst hat sie die beiden ersten Pizzen in Viertel aufgeteilt und jeder der acht Personen ein Viertel zugeordnet. Bei der dritten Pizza hat sie in Achtel aufgeteilt, um die begonnenen Aufteilung zu vervollständigen. Ihr Ergebnis wäre in Worten wahrscheinlich nicht „drei Achtel", sondern ungefähr so: „Jeder bekommt zunächst ein Viertel und die dritte Pizza teile ich in acht gleich große Teile." Ullas Lösung ist richtig, und ganz nebenbei hat sie in ihrer singulären Gedankenwelt das Erweitern erfunden.

Eva

Evas Lösung ähnelt der von Ulla. Nachdem Eva die erste Pizza erfolgreich aufgeteilt hat, macht sie nicht noch zweimal dasselbe, sondern teilt jeder Farbe ein Viertel zu. Ihre Lösung ist: Jeder bekommt ein Achtel und dann noch ein Viertel. Es spricht viel dafür, dass sie in ihrer eigenen Gedankenwelt das Kürzen erfunden hat.

Dennis kann nur zwei Pizzen verteilen, weil er sich keine kleineren Bruchteile als Viertel vorstellen kann. Seine Lösung ist nicht richtig; aber sie ist auch nicht komplett falsch. Denn Dennis konnte kommunizieren: Er besitzt eine tragfähige Vorstellung von einem Bruch und ist sich der Begrenztheit seiner Lösung bewusst.

Dennis

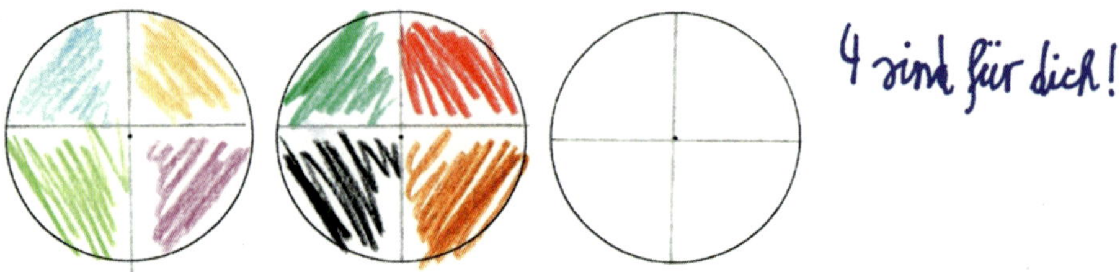

Edvin hat die Aufgabe wohl richtig verstanden und aus seiner Sicht vollständig gelöst, hat dann aber nicht eingesehen, dass er alle Kreise auf dieselbe Art ausfüllen sollte. Hätte er es getan, wäre dabei herausgekommen, was der Lehrende ursprünglich als eine der beiden „richtigen“ Lösungen erwartet hat.

Edvin

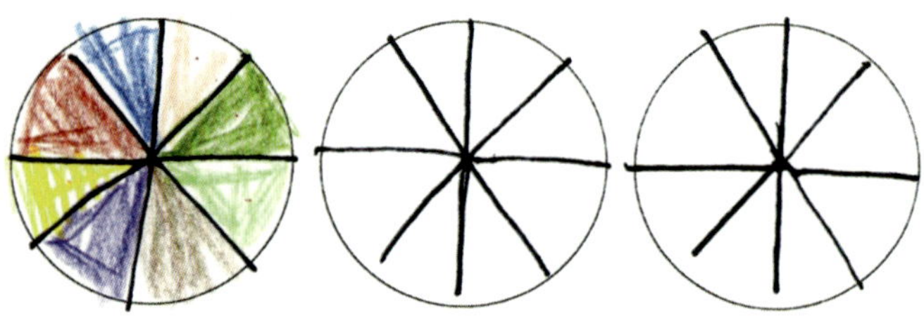

Melanie hat ihre Buntstifte nicht dabei gehabt, und erfand deshalb ein passendes Modell für die Darstellung ihrer Lösung. Sie hat alle drei Pizzen in Achtel aufgeteilt und für jede der acht Personen von jeder Pizza ein Achtel vorgesehen. Sie hat nicht drei identische Kreise verwendet, sondern dreimal die Aufteilung neu zusammengestellt. Offensichtlich hat sie diesen „umständlichen“ Weg gebraucht, um die Aufgabe zu lösen. Ganz nebenbei hat sie ein eigenes System von Symbolen entwickelt, das leicht zu verstehen und nachzuprüfen ist.

Melanie

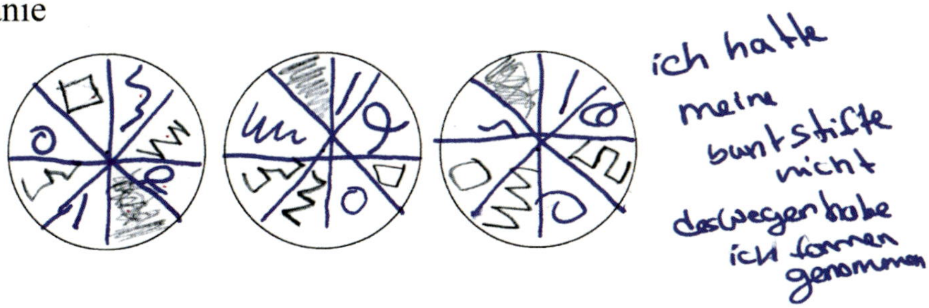

Iris hat die erste Pizza richtig aufgeteilt. Sie hat beim zweiten Kreis bemerkt, dass sie die Stücke größer machen kann, und dass sie dann „dasselbe“ noch ein zweites Mal machen muss. Nur ihr dritter Schritt war nicht richtig. Denn sie hätte nicht ein zweites Mal die Stücke vergrößern müssen, sondern sie hätte den dritten Kreis wie den zweiten aufteilen und die verbliebenen Farben einsetzen müssen.

Iris

Man sollte umständliche Wege zulassen, die zum Ziel führen, wenn es auch nicht immer so einfach ist wie hier, umständliche oder nur scheinbar umständliche Wege nachzuvollziehen und zu verstehen. Auch die anderen Lernenden in dem Beispiel konnten sich verständlich machen mit dem, was sie sich bei der Bearbeitung der Aufgabe gedacht hatten; nicht bei allen ist das Aufteilen gelungen und bei wenigen sind keine Brüche entstanden, weil die Bruchteile nicht gleich groß waren. Mit Erledigung der Aufgabe wurde nicht nur die Kompetenz des mathematischen Kommunizierens geschult, sondern der Lehrende hat über die Vielfalt der Lösungswege wertvolle Informationen gewonnen, wie die Lernenden denken. Diese Informationen kann er als Basis für eine gezielte individuelle Förderung verwenden.

2.4 Mathematisch kommunizieren auf enaktiver Ebene

Auf der enaktiven Ebene kommuniziert, wer durch tatsächliche oder angedeutete Handlungen Zusammenhänge herausstellt. Das ist bereits der Fall, wenn an Gegenständen oder Darstellungen mittels Gesten Veränderungen aufgezeigt oder angedeutet werden.

Beim Erlernen des Bruchbegriffs löst im folgenden Beispiel die Klasse Aufgaben, Bruchteile unterschiedlich darzustellen. Eine Teilaufgabe enthält den Auftrag, in einem vorgegebenen Rechteck auf verschiedene Arten drei Viertel einzufärben. An der Tafel werden die Lösungen gesammelt und es wird begründet, weshalb die Anteile jeweils gleich groß sind.

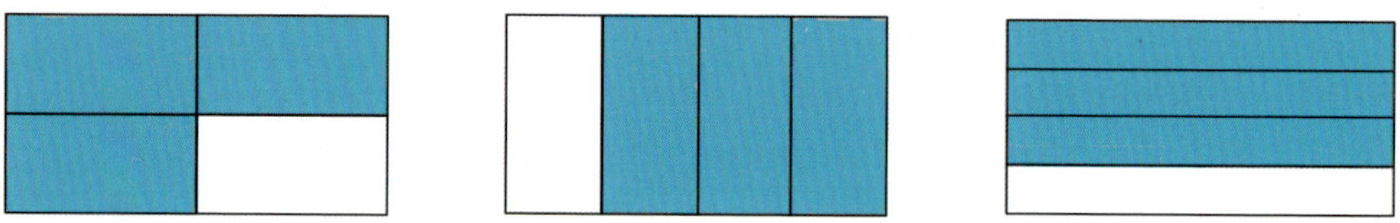

Der Lehrende achtet darauf, dass Formulierungen hervorgehoben werden, die darauf abheben, dass die vier Teile, in die das Rechteck jeweils zerlegt wurde, „gleich groß" sind.

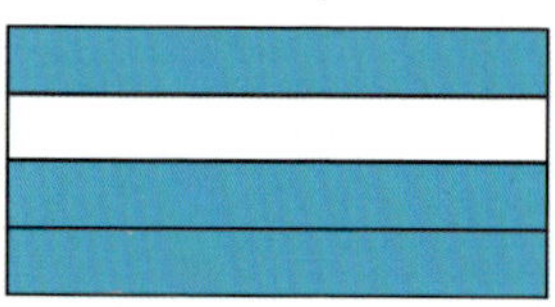

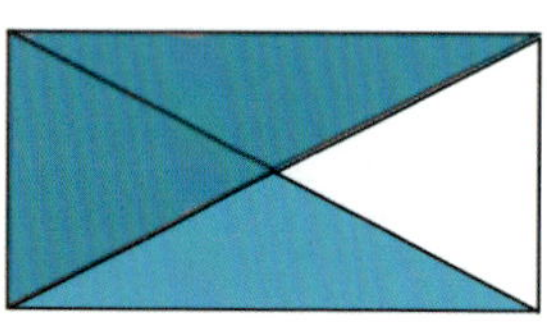

Begründungen wie „ich halbiere das Rechteck, und dann nehme ich die Hälfte der Hälfte" werden betont und enaktiv mit Gesten demonstriert, weil sie die Grundvorstellung des Aufteilens über den einfachsten Fall des Halbierens unterstützen. Mit Beispielen wird geklärt, dass es noch weitere Möglichkeiten gibt, bei denen die drei Viertel nicht alle aneinander grenzen.

Der Vorschlag eines Lernenden, das Rechteck über seine Diagonalen in vier Teildreiecke aufzuteilen, führt zu einer Phase des Argumentierens: Sind die dabei entstehenden Dreiecke dann auch „gleich groß"?

Nachdem ein Lernender ein Quadrat an die Tafel gezeichnet hat als Unterstützung seines Beitrags „ja, die Dreiecke sind gleich groß", schlägt der Lehrende vor, es auch für Rechtecke auszuprobieren: Zeichnet ein Rechteck, zerlegt es über die Diagonalen in Dreiecke und versucht herauszubekommen, ob die Dreiecke „gleich groß" sind. Man wird sich nicht einig; es folgt der Vergleich über ein anderes, extrem langes und schmales Rechteck. Ergebnis des Vergleichs ist, dass man es nicht sagen kann, ob die Dreiecke „gleich groß" sind.

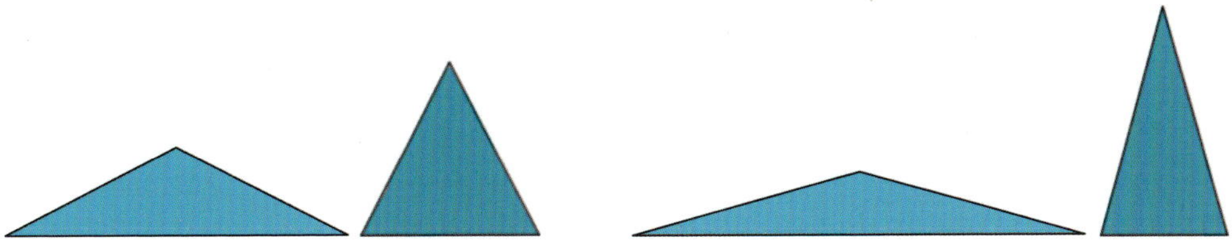

Der Lehrende hat seine Ziele erreicht. Seine Schüler haben verstanden, dass man ein Ganzes auf unterschiedliche Weisen in gleich große Teile aufteilen kann. Die Aufteilung des Rechtecks über die Diagonalen wird mit einem Fragezeichen versehen und damit als „unbewiesen“ gekennzeichnet. Da meldet sich Tikran: „Ich kann es doch beweisen, dass die Aufteilung richtig ist! Ich habe dafür zusätzliche Linien verwendet; darf ich es mal zeigen?“

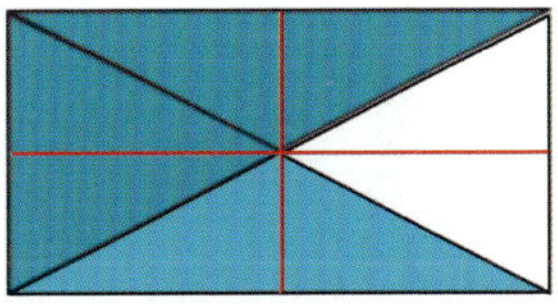

Er geht an die Tafel und deutet zwei zusätzliche Linien an, indem er mit dem Zeigefinger über die Figur streicht: Parallelen zu den Seiten, die durch den Schnittpunkt der Diagonalen gehen. Mit seinen Hilfslinien hat Tikran aus den Vierteln Achtel gemacht und hat damit das Rechteck in offensichtlich gleich große Teile zerlegt, was bisher nicht der Fall war. Dass er Brüche erweitert hat, weiß er nicht, weil er den Begriff noch nicht kennt. Er argumentiert auch nicht damit, dass er nun acht Teile hat. Sondern damit, dass durch seine Zerlegung wieder gleich große Teile entstanden sind. Und die kann er abzählen. In seiner eigenen Welt hat Tikran einen Beweis gefunden für das, was er plausibel fand, aber nicht begründen konnte. Mit den gestikulierten Hilfslinien konnte er zeigen, dass er Recht hatte. Er hat einen Beweis geführt. Es ist ihm gelungen, seinen Gedankengang so zu kommunizieren, dass er die Anderen von dessen Richtigkeit überzeugen konnte.

An diesem Beispiel wird auch deutlich, dass sich die Kompetenzen Kommunizieren und Argumentieren nicht trennscharf gegeneinander abgrenzen lassen.

2.5 Mathematisch kommunizieren in Schülersprache

Die Kompetenz *Mathematisch kommunizieren* wird nicht isoliert gefördert, sondern steht stets im Zusammenhang mit anderen mathematischen Kompetenzen. Trotzdem stellt sich die Frage, wie man Lernende dazu bringt, mathematisch zu kommunizieren, und wenn sie es tun, wie man sie diesbezüglich fördert. „Schreibe deinen Lösungsweg auf“ ist eine Aufforderung, die eigenen Gedanken zu kommunizieren und gleichzeitig Anleitung zum Argumentieren. Wenn Lernende dann antworten „aber ich weiß doch, wie ich es gerechnet habe“, ist das ein Zeichen für das Missverständnis, sie müssten hauptsächlich richtige Lösungen produzieren. Mit Entgegnungen wie „aber ich möchte auch wissen, wie du gerechnet hast“ oder „stelle den Lösungsweg deinen Mitschülern vor“ weist der Lehrende das für die Kommunikation wichtige Gegenüber zu.

Schüler lernen und üben, mathematisch zu kommunizieren, wenn sie immer wieder in altersgerechter Form aufgefordert werden,

- sich über mathematikhaltige Sachverhalte auszutauschen,
- ihre Überlegungen und Lösungswege zu dokumentieren,
- ihre Überlegungen und Lösungswege anderen zu präsentieren,
- sich mit Überlegungen und Lösungswegen anderer auseinanderzusetzen,
- mathematische Darstellungen einzusetzen, um eigene Überlegungen und Lösungswege zu verdeutlichen,
- Medien einzusetzen, um eigene Überlegungen und Lösungswege zu verdeutlichen,
- fachsprachliche Formulierungen zu verwenden,
- umgangssprachliche Formulierungen in fachsprachliche Formulierungen zu übersetzen und umgekehrt,
- bewusst Adressatenbezüge herzustellen,
- direkt miteinander statt über den Lehrer zu kommunizieren,
- sich gegenseitig beim Verstehen zu helfen.

Die Kompetenz *Mathematisch kommunizieren* wird Lernenden weniger auf einer Ebene der Metakognition als Wissen über die Kompetenz vermittelt, sondern mathematisches Kommunizieren ist fester Bestandteil einer Unterrichtskultur, in der es stets eingefordert und praktiziert wird.

2.6 Die Kompetenz: *Mathematisch kommunizieren*

Mathematisches Kommunizieren umfasst im passiven Sinne das Verstehen von Texten und mündlichen Äußerungen zur Mathematik, und im aktiven Sinne die Fähigkeit, verständliche Darstellungen von Überlegungen, Lösungswegen und Ergebnissen zu erstellen und zu präsentieren. Einer adressatengerechten und gleichzeitig fachlich korrekten Kommunikation im Unterricht kommt zentrale Bedeutung zu. Mathematisches Kommunizieren ist nicht notwendig ausschließlich an Sprache gebunden, sondern kann auch Symbolik, ikonische Darstellungen und Handlungsabläufe einbeziehen.

Die Anforderungen beginnen bei der Darlegung einfacher Sachverhalte über das Aufzeigen und Interpretieren von Lösungswegen bis hin zum Veranschaulichen und Vergleichen komplexer Zusammenhänge, was sich zum Beispiel im Führen eines mathematischen Beweises äußern kann.

Mathematische Kommunikation wurde bisher in der fachdidaktischen Literatur hauptsächlich im Hinblick auf die Verwendung von Sprache, eine Abgrenzung von Fachsprache und Umgangssprache und die Funktion unterschiedlicher mathematischer Darstellungen diskutiert. Forderungen wie die nach einer besseren Berücksichtigung „mathematischer Texte“ oder die Betonung von korrekten Definitionen als Grundlagen nicht nur der Kommunikation, sondern des Verstehens weisen auf eine Position der Rückschauperspektive hin.

Wenn man die Sicht der Lernenden einnimmt, sind fachliche Korrektheit und Vollständigkeit wünschenswerte Ergebnisse lernwirksamer Kommunikation und nicht deren Voraussetzungen. Es erfordert vom Lehrenden Mut und Fingerspitzengefühl, die Fortschritte von Lernenden in der aktiven Aneignung der Kompetenz *Mathematisch argumentieren* zu begleiten. „Wenn man zu wählen hat zwischen Genauigkeit und Verständlichkeit, dann wird heute im Allgemeinen der Verständlichkeit der Vorzug gegeben“ *(Vollrath/Roth 2012, S. 139/140)*. Der Lehrende behält seine Rolle als Anwalt der fachlichen Richtigkeit, verhält sich in dieser aber vor allem defensiv, tolerant und adressatengerecht. Kommunikation hat genauso viel mit Zuhören zu tun wie damit, sich selbst zu äußern; das gilt für Lehrende genauso wie für Lernende.

3 Mathematisch argumentieren

3.1 Argumente akzeptieren und nachfragen

„Immer wieder wird gesagt, wie wichtig das Argumentieren sei – real kommt es dagegen kaum vor“ (*Christina Drüke-Noe 2015*). Guter Mathematikunterricht zeichnet sich unter anderem dadurch aus, dass von Lernenden und Lehrenden argumentiert wird. Oft sind es kleine Details, die darauf hinweisen, in welchem Maße in einer Unterrichtssituation Kompetenzen gefördert oder am Vermitteln von Fertigkeiten festgehalten wird. Ein Beispiel aus der Realschule Klasse 9, Thema Strahlensätze:

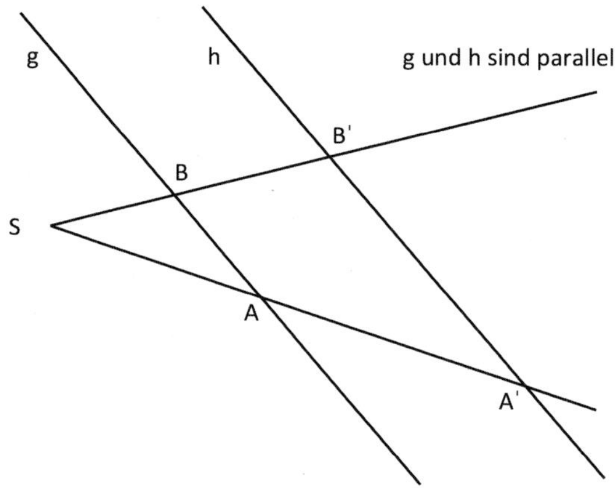

Zu obiger Figur sind folgende Strecken gegeben: $SA = 9$ cm, $AA' = 12$ cm, $SB = 6$ cm. Gesucht ist die Strecke BB'. Ein Schüler stellt eine Gleichung auf und löst sie:

$$\frac{SA}{AA'} = \frac{SB}{BB'}$$
$$\frac{9}{12} = \frac{6}{x}$$
$$9x = 72$$
$$x = 8$$
$$BB' = 8\ cm$$

Sein Lehrer meint dazu: „Erstens gibt es den Strahlensatz, den du hier verwendest, überhaupt nicht, und zweitens machst du es dir leichter, wenn du die Variable in den Zähler nimmst.“

Er hätte gern eine Lösung gehabt wie die folgende:

$$\frac{SA'}{SA} = \frac{SB'}{SB}$$
$$\frac{9+12}{9} = \frac{6+x}{6}$$
$$(9+12)\cdot 6 = 9\cdot(6+x)$$
$$126 = 54+9x$$
$$72 = 9x$$
$$x = 8$$
$$BB' = 8\ cm$$

Mit „zweitens“ hat der Lehrer augenscheinlich nicht Recht, denn nach dem ersten Umformungsschritt macht sein Schüler aus der Bruchgleichung eine Gleichung ohne Bruchterme, und der Lösungsweg des Lehrers erfordert mehr Schritte als der des Schülers.

Das „Erstens“ enthält den Hinweis, dass der Mathematiklehrer sich an der wissenschaftlichen Mathematik und einer Vermittlung von Wissen und Fertigkeiten orientiert. Er hätte auch nach der Argumentationsbasis fragen und die Argumentationskette prüfen können.

Während der Lehrende auf der Argumentationsbasis „Strahlensätze“ besteht, zieht der Lernende die Verhältnisgleichheit von Abschnitt auf von Parallelen geschnittenen Strahlen heran. Was ihm noch nicht gelungen ist: seine Argumentationsbasis explizit zu benennen; allerdings wurde er auch nicht danach gefragt. Hier wurde ein Anlass verschenkt, die Kompetenz *Mathematisch argumentieren* zu fördern. Eine solche Situation, wird sie denn nicht genutzt, führt oft dazu, dass sich Lernende auf einen Standpunkt stellen wie „Mathe verstehe ich gar nicht“. Im günstigeren Fall hat der Lehrer ein Problem: dem Schüler überzeugend zu erklären, weshalb er trotzdem die richtige Lösung gefunden hat, obwohl er auf vermeintlich unerlaubte Weise vorgegangen ist.

Hätte der Lehrende in diesem Beispiel den Lernenden nicht korrigiert, sondern gefragt, wie er zu seiner Lösung gekommen ist, hätte man sich auf eine schlüssige Argumentationskette verständigen können, die auf einer anderen, aber ebenfalls richtigen, Basis steht als der in der Mathematik üblichen. Voraussetzung wäre gewesen, die Argumentationsbasis explizit zu nennen. Die zwei Strahlensätze zu kennen, die üblicherweise in der Sekundarstufe gelehrt werden, ist Wissen. Wer verstanden hat, dass entsprechende Teile in einer Strahlensatzfigur im gleichen Verhältnis zueinander stehen, und wer entsprechende Teile auch zutreffend zuordnen kann, kann Wissen anwenden und Zusammenhänge herstellen, hat also eine höhere Kompetenzstufe erreicht.

Weil schulisches Argumentieren nicht axiomatisch aufgebaut sein muss, können im Prinzip alle als richtig erkannten Vorwissenselemente als Argumentationsbasis dienen: Begriffe, Regeln, Verfahren. Damit ergeben sich drei Strategien des Argumentierens, die alle darauf basieren, dass die Lernenden sich auf ihr vorhandenes Wissen und Können besinnen:

- Identifizieren eines bereits bekannten mathematischen Begriffes und Bezug auf seine Eigenschaften;
- Anwendung einer bereits bekannten Regel;
- Anwendung eines gesicherten Verfahrens.

Aus fachwissenschaftlicher Sicht repräsentieren diese Strategien alle die Beweismethode des direkten Beweises. Beweise durch Kontraposition oder durch Widerspruch sind für Lernende weit weniger zugänglich.

Das Finden von Beispielen ist ein wichtiger Schritt bei der Beantwortung der Frage, ob etwas richtig ist, aber als Argument nicht besonders stark. Lernenden jeden Alters leuchtet aber unmittelbar ein, dass es ein sehr starkes Argument für Unrichtigkeit ist, wenn sie ein einziges Gegenbeispiel gefunden haben. Die Suche nach einem Gegenbeispiel kommt als vierte Strategie also noch hinzu. Das Trainieren dieser Strategie kann unterstützt werden mit Aufforderungen und Fragen wie:

- suche ein Beispiel,
- suche mehrere Beispiele,
- suche ein Gegenbeispiel.

> Strategien zum Finden einer Argumentationsbasis:
>
> - einen bekannten Begriff und seine Eigenschaften zuordnen,
> - eine bekannte Regel anwenden,
> - ein gesichertes Verfahren anwenden,
> - ein Gegenbeispiel finden.

3.2 Mathematisch argumentieren auf sprachlicher Ebene

„Wir alle wissen mehr als das, wovon wir wissen, dass wir es wissen“ *(Thornton Wilder)*. Wir alle verfügen über eine Argumentationsbasis, deren Breite uns möglicherweise erst bewusst wird, wenn wir sie nutzen. Wenn Lernende aufgefordert werden, Behauptungen aufzustellen, und darzulegen, weshalb sie von deren Richtigkeit überzeugt sind, erkennen sie, was sie bereits wissen und können. Der erste Schritt des Argumentierens besteht aus einer Anknüpfung an vorhandenem Vorwissen und erleichtert das Lernen und Vernetzen neuer Wissenselemente. Wissen ist Voraussetzung für Lernen, denn wer viel weiß, kann viel lernen.

Argumentieren ist der Überbegriff für Handlungen des Begründens und Beweisens. Beim Argumentieren werden Behauptungen aufgestellt, Begründungen gegeben und verkettet. Begründen ist sowohl Teilschritt des Argumentierens wie des mathematischen Beweisens. Beim Begründen zeigt der Lernende nicht nur ein Verständnis dafür, wie etwas geht, sondern er kann sagen, weshalb man es so macht. Wenn Lernende Inhalte, die sie erarbeitet haben, vor der Lerngruppe präsentieren, dann ist das nicht automatisch eine Situation, in der begründet wird. Aber bei geschickter Unterrichtsführung wird daraus eine Situation, in der begründet und argumentiert wird. Diesem Ziel kommt man als Lehrender nahe, wenn man nachfragt, ob die Argumentation von den Adressaten als vollständig und überzeugend angenommen werden kann, also die Kette von Begründungen aus Sicht der Lernenden lückenlos ist. Ein zweiter Aspekt ist, ob die Argumentationsbasis als gemeinsames Vorwissen akzeptiert wurde. Argumentieren im Mathematikunterricht muss nicht unbedingt in dialogischen Situationen stattfinden, ist aber in einer monologischen schwieriger zu initiieren, zu organisieren und zu beurteilen.

Wenn sich Lernende gemeinsam mit einem mathematischen Inhalt auseinandersetzen, wird sowohl die Kompetenz *Mathematisch kommunizieren* als auch die Kompetenz *Mathematisch argumentieren* gefördert. Sie lernen, Standpunkte zu beziehen und diese darzulegen, indem Begründungen aneinandergereiht werden. Damit die dabei stattfindende Kommunikation die Kompetenz *Mathematisch kommunizieren* fördert, muss sie davon gekennzeichnet sein, dass über oder mit Mathematik kommuniziert wird. Man kann als Lehrender durchaus eine Zeitlang abwarten, bis dies von selbst passiert.

Argumentieren wird gern in Verbindung gebracht mit dem Umgang mit Fehlern. Gemachte Fehler bieten Anlässe zum Argumentieren, wenn jeweils begründet wird, worin genau der Fehler besteht und weshalb der Fehler ein Fehler ist. Man sollte als Lehrender zurückhaltend sein, selbst absichtlich Fehler in den Unterricht einzubringen, damit die Lernenden sich im Argumentieren üben, denn mit der Verkürzung auf Fragen wie: „Wo ist der Fehler?“ wird ein künstlicher Lernanlass geschaffen. Authentischer als Fehler absichtlich zu erzeugen, ist immer ein angemessener Umgang mit tatsächlich auftretenden Fehlern.

Beim Argumentieren selbst sind Fehler nicht so leicht zu benennen, weil es keine richtigen oder falschen Argumente gibt, sondern solche, die mehr oder weniger überzeugen können. Argumente, die nicht überzeugen, schaffen neue Anlässe zum Argumentieren. Werden Argumente schlüssig und lückenlos zu Argumentationsketten angeordnet, und wird auf axiomatischen Aufbau und formale Strenge Wert gelegt, dann entstehen Beweise. In der Mathematik dienen Beweise dazu, mathematisches Wissen zu ordnen und zu sichern und Zusammenhänge zu erkennen und zu erforschen. Diese Funktionen sind im schulischen Zusammenhang von geringerer Bedeutung. Deshalb entspricht ein schulischer „mathematischer Beweis“ selten den Anforderungen an einen „gültigen“ mathematischen Beweis. Der schulische Beweis wird adressatenbezogen geführt und kann auch über Handlungen oder Visualisierungen erfolgen. Ein Beweis in der Schule ist eine Begründung, die aus Sicht der Lernenden so schlüssig ist, dass sie ihre Richtigkeit nicht anzweifeln.

Beim Argumentieren werden relevante und nicht relevante Aspekte gegeneinander abgegrenzt. Welche Voraussetzungen können impliziert werden und damit unausgesprochen bleiben? Leicht können sich Annahmen einschleichen, die als gegeben vorausgesetzt werden, es aber nicht sind. Und wenn eine bestimmte Eigenschaft für eine Argumentationskette nicht relevant ist, sollte dies begründet werden. „Es ist nicht nur egal, sondern es sollte auch besprochen werden, weshalb es egal ist“ *(Sebastian Wartha 201).*

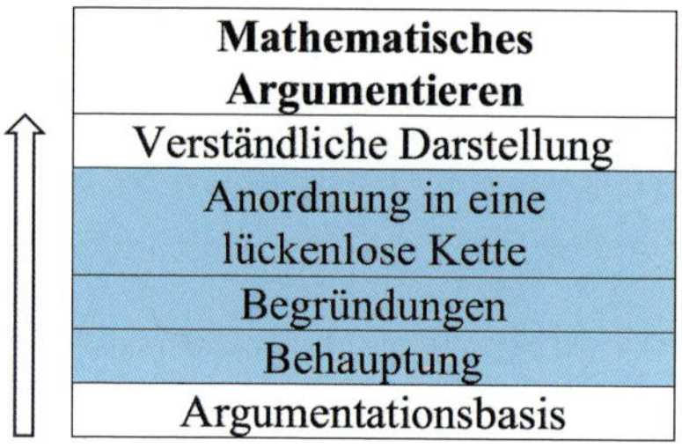

Beim mathematischen Argumentieren wird also eine Behauptung aufgestellt und es werden Begründungen genannt für die Richtigkeit der Behauptung. Bei der Anordnung der Begründungen dürfen keine Lücken entstehen.

Ziel des Argumentierens ist, dass eine Adressatengruppe die Argumentationskette versteht und von der Richtigkeit der Behauptung überzeugt wird. Damit dies gelingt, wird eine verständliche Darstellung verwendet. Als Argumentationsbasis dient der anerkannte gemeinsame Wissensstand der Lerngruppe. Wenn die Argumente so anschaulich und schlüssig präsentiert werden, dass die Zielgruppe damit überzeugt wird, ist es für sie ein „Beweis“. Die Gültigkeit eines Beweises hängt von der Zielgruppe ab, an die er gerichtet ist. Der „allgemeingültige Beweis“ als Begriff füllt sich nur mit Inhalt, wenn geklärt ist, welche „Allgemeinheit“ über die Gültigkeit befindet. Die Frage der Allgemeingültigkeit von Beweisen ist in der Schule immer mit Aspekten einer didaktischen Reduktion verbunden.

Das Argumentieren lernt man, indem man in geeigneten Situationen argumentiert. Das beschreibt eine aktive Perspektive des Argumentierens, die beinhaltet, dass der Lernende seine eigenen Gedanken in schlüssige Begründungsketten bringt und damit zu überzeugen versucht. Aktives Begründen heißt, eigene Rechenwege zu erläutern.

Die passive Perspektive beinhaltet, dass der Lernende Argumentationsketten nachvollzieht, die der Lehrende oder ein parallel Lernender führt, dass ihm also die Richtigkeit einer Behauptung nachgewiesen wird. Eine Unterrichtssituation ist in der Regel davon geprägt, dass die Lernenden von der Richtigkeit der vom Lehrenden dargebotenen Inhalte ausgehen. Die Begründungen dienen weniger dazu, sie von der Richtigkeit zu überzeugen, sondern sie unterstützen das Verstehen. Es kann sehr lernwirksam sein, wenn es dem Lehrenden gelingt herauszustellen, was seine Argumentationsgrundlage ist und wie er seine Argumentation aufgebaut hat, damit keine Lücken entstanden sind. Hier ist ein didaktischer Ort für deduktiv geführte Beweise, die vom Lehrenden vorgetragen werden.

Eine schulische Begründungskultur beschränkt sich nicht auf die sprachliche Ebene. Das wird in den folgenden Abschnitten beschrieben.

3.3 Mathematisch argumentieren auf enaktiver Ebene

„Ich mache das aber so: ... “ Solche Satzanfänge hört man von Kindern, die gewohnt sind, selbst zu verstehen statt nachzuvollziehen. Es wäre nicht richtig, dem Kind zu entgegnen, wie „man es richtig macht“. Sondern angemessene Reaktionen sind ehrliche Fragen nach dem Wie und dem Warum. Der Lehrende begrüßt die Eigenständigkeit des kindlichen Denkens und möchte verstehen; deshalb fordert er den Lernenden zum Argumentieren auf. Seine Fragen helfen, Begründungen in eine schlüssige Reihenfolge zu bringen oder etwa vorhandene Lücken aufzuspüren. Zu Beginn der Sekundarstufe bringen Kinder die Fähigkeit mit, selbst Gedachtes zu begründen und Begründungen in Ketten anzuordnen, die geeignet sind zu zeigen, dass sie Recht haben.

Im folgenden Unterrichtsbeispiel aus der Jahrgangstufe 5 möchte der Lehrer die Begriffe Umfang und Flächeninhalt von Rechtecken gegeneinander abgrenzen und sicherstellen, dass beide auf tragfähige Grundvorstellungen aufgebaut werden. Die Begriffsnamen wird er erst verwenden, nachdem die Grundvorstellungen aufgebaut worden sind. In Schülerbüchern werden Umfang und Flächeninhalt in der Regel als unabhängige Themen nacheinander abgearbeitet und demzufolge von vielen Lernenden ein Schülerleben lang verwechselt. Um dem vorzubeugen, wird der Zusammenhang von Umfang und Flächeninhalt als Einstieg in das Thema „Berechnungen am Rechteck“ thematisiert.

Der funktionale Zusammenhang zwischen Umfang und Flächeninhalt ist weder proportional noch umgekehrt proportional und mit mathematischer Symbolik schwer zu beschreiben. Dennoch ist er einfach erfahrbar: Das Verhältnis des Umfangs eines Rechtecks zu seinem Flächeninhalt ist am kleinsten, wenn die Fläche quadratisch ist und wird immer größer, je mehr sich die Seitenlängen voneinander unterscheiden. Bei festem Umfang hat das Quadrat den größten Flächeninhalt, und je weiter sich ein Rechteck von der quadratischen Form entfernt, desto geringer wird der umschlossene Flächeninhalt.

Mit der Aufgabenstellung wird untersucht, wie sich der Flächeninhalt verändert, wenn man aus einem gegebenen Umfang Rechtecke erzeugt. Als Kontext wurde ein Gehege für einen Hasen gewählt. Der Zaun „drum herum" steht als Repräsentant für den Umfang, der umzäunte Platz „drinnen" für den Flächeninhalt. Die erwartete Lösung braucht nicht unbedingt das größtmögliche Gehege zu sein, sondern sollte nachvollziehbar begründet werden.

Ein Gehege für Sophias Hasen

Sophia möchte für ihren Zwerghasen im Garten ein Gehege bauen. Ihr Vater hat im Baumarkt 18 Zaunelemente besorgt. Jedes Element ergibt 1 Meter Zaun.

a) Jedes Streichholz steht für 1 Meter Zaunlänge.
Baue aus 18 Streichhölzern ein rechteckiges Gehege.
Notiere, wie du die Streichhölzer verteilt hast.

b) Baue aus 18 Streichhölzern eine zweite Möglichkeit.
Notiere, wie du die Streichhölzer verteilt hast.

c) Suche alle Möglichkeiten mit 18 Streichhölzern.
Notiere, welche du noch gefunden hast.

d) Vergleicht eure Gehege.

e) Entscheidet, welches Gehege Sophia bauen soll.

f) Begründet eure Entscheidung und schreibt sie auf.

Kopiervorlage zum Download

Auf einer enaktiven Ebene erarbeiten die Lernenden in Einzelarbeit erste Lösungen, die in Partnerarbeit verglichen und bewertet werden. Aus Streichhölzern werden zweidimensionale Modelle der Gehege gelegt. Dabei stellt sich heraus, dass der maximale Flächeninhalt das am häufigsten angesetzte Kriterium ist, dass die Kinder aber auch andere Aspekte in Erwägung ziehen. In einer solchen Phase sind die Argumentationsketten noch kurz und nicht alle Argumente sind mathematisch. Einige der angeführten Argumente:

„... weil es am größten ist." „... denn es hat den größten Flächeninhalt."

„Ein Meter Breite reicht." „Es kommt auch darauf an, wie groß der Hase ist."

„Wenn das Gehege länglich ist, kann der Hase ein bisschen umherrennen."

„Wenn das Gehege nicht so groß ist, kann ich den Hasen besser streicheln."

„Weil es ist fast gleich lang und gleich breit."

„Sie soll das Gehege oben 3, unten 3, links 6, rechts 6 nehmen, weil ein Hase springen will und er so sehr weit springen kann."

An die Vorgabe, dass das Gehege rechteckig sein soll, haben sich nicht alle Schüler gehalten, weil sie andere Formen „schöner fanden" oder Bedenken hatten, der Hase könne sich an den Ecken verletzen. Für den Erkenntnisgewinn ist das nicht störend, denn auch für andere geometrische Formen gilt, dass der Zusammenhang zwischen Umfang und Flächeninhalt nicht linear ist oder, um es in Schülersprache auszudrücken: „Es gibt unterschiedlich große Flächen, die den selben Umfang haben."

An manchen Tischen sind Streichhölzer übrig geblieben; auch hier wurden die Vorgaben nicht eingehalten. „Ich habe nicht alle Streichhölzer gebraucht", ist ein Argument, das aus Sicht der Lernenden überzeugend ist. Die Vorgabe, alle Streichhölzer verwenden zu müssen, ist im verwendeten Kontext nicht zwingend, denn nichts spricht dagegen, wenn am Ende vom Material etwas übrig bleibt. Man baut nicht größer, nur um das vorhandene Material vollständig zu verbrauchen.

Im Plenum werden die gefundenen Lösungen systematisch zusammengestellt, wobei ikonische und symbolische Darstellungen gegenübergestellt werden. „Wenn man die Streichhölzer halbieren dürfte, hätte ich noch eine Lösung gefunden; und das ist dann ein Quadrat." Das ist eine Begründung für die Richtigkeit einer selbst gefundenen Lösung. An solchen Äußerungen kann man erkennen: Es ist eine Situation entstanden, in der individueller Lernzuwachs stattfinden kann. Die Lernenden tauschen untereinander und mit dem Lehrenden Argumente aus. Schließlich kann ein Lernender selbstständig das Stundenergebnis formulieren: „Der Zaun ist immer gleich lang, aber die Flächen haben unterschiedlich viel Platz."

Die Streichhölzer als Repräsentanten für die Zaunelemente hat der Lehrende deshalb eingesetzt, damit die Lösungen auf ganzzahlige Möglichkeiten beschränkt werden. Das war auch deshalb geschickt, weil mit der Vorstellung des Halbierens trotzdem die Möglichkeit offen blieb, zusätzlich das optimale Verhältnis von Flächeninhalt zu Umfang zu entdecken.

Zur Systematisierung und Sicherung werden nun die gefundenen ganzzahligen Möglichkeiten im Plenum zusammengestellt:

4 Meter lang, 4 Meter breit	→	16 Meter Umfang
4 Meter lang, 3 Meter breit	→	14 Meter Umfang
4 Meter lang, 5 Meter breit	→	18 Meter Umfang
7 Meter lang, 2 Meter breit	→	18 Meter Umfang
6 Meter lang, 3 Meter breit	→	18 Meter Umfang
8 Meter lang, 1 Meter breit	→	18 Meter Umfang

Die beiden ersten Möglichkeiten werden nicht weiter betrachtet, weil der vorgegebene Umfang nicht ausgenutzt wurde. Sie sind nicht „ganz falsch", aber es bleibt von dem Zaun etwas übrig.

Um alle Abstraktionsebenen zu berücksichtigen, werden die Gehege an der Tafel mit magnetischen Geometrie-Bausteinen[10] aufgebaut, als Flächen gezeichnet und symbolisch dargestellt. Nun werden die Flächeninhalte berechnet; die Berechnungen können auf allen Darstellungsebenen überprüft werden. Für die Darstellung der Einheiten werden Abkürzungen verwendet, die gefundenen Möglichkeiten werden systematisch angeordnet.

„Eigentlich" gäbe es noch eine Lösung, meldet sich der Schüler, der schon gefragt hatte, ob er die Streichhölzer halbieren darf, und dann wäre der Flächeninhalt „wirklich" am größten. Er hat Recht; daraufhin wird die Zusammenstellung um die quadratische Lösung ergänzt.

[10] Magnetische Geometriebausteine sind eigentlich gedacht, um geometrische Körper zu bauen; sie werden zum Beispiel angeboten von Merlin Didakt GmbH in 74670 Forchtenberg und von Lupus GmbH in 83677 Reichersbeuren.

	Zaun	Platz
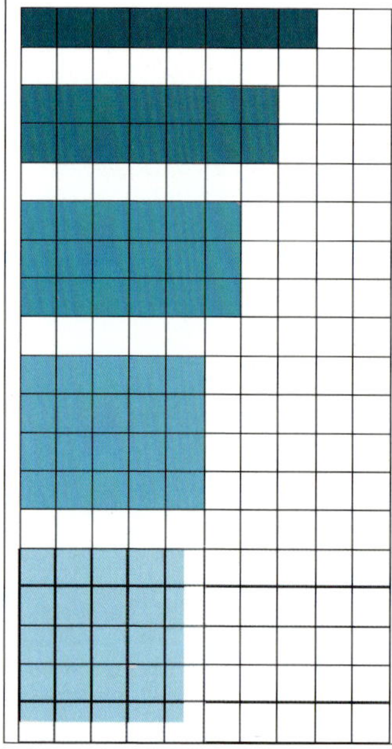	8 m +1 m + 8 m +1 m = 18 m	1 m · 8 m = 8 m²
	7 m + 2 m + 7 m + 2m = 18 m	2 m · 7 m = 14 m²
	6 m + 3 m + 6m + 3m = 18 m	3 m · 6 m = 18 m²
	5m + 4 m + 5 m + 4 m = 18 m	4 m · 5 m = 20 m²
	4,5 m + 4,5 m + 4,5 m + 4,5 m = 18 m	4,5 m · 4,5 m = 20,25 m²

Wenn Lernende Entdeckungen gemacht haben, verwenden sie in ihren Aussagen gern das Wort „eigentlich“. „Eigentlich gibt es noch mehr Möglichkeiten“ leitete hier auch das weitere Argument ein, dass durch eine Vertauschung von Länge und Breite aus Sicht der Lernenden weitere verschiedene Rechtecke entstehen, die es sich aber nicht lohnt, auch noch aufzuführen, weil sie ja „nicht wirklich“ verschieden sind.

An der linken (ikonischen) Spalte der Tabelle fällt auf, dass der untersuchte funktionale Zusammenhang einer gewissen Gesetzmäßigkeit folgt, die zwar erkannt und beschrieben, aber nicht benannt wird. In der Übungsphase, die nun folgt, wird den Lernenden freigestellt, auf welcher Abstraktionsebene sie arbeiten wollen. Aufgaben auf drei Niveaustufen werden zur Auswahl angeboten:

Stufe I: Ein anderer Umfang ist gegeben (dieselbe Aufgabenstellung noch einmal mit anderen Zahlen).

Stufe II: Von einem gegebenen Flächeninhalt wird auf mögliche Umfänge geschlossen (Umkehrung der Aufgabenstellung).

Stufe III: Durch die Situation „Garagenwand als Begrenzung“ wird der Umfang auf die Summe dreier Seiten abstrahiert (Transfer auf eine neue Situation).

Die Begriffe „Umfang“ und „Flächeninhalt“ werden als Begriffsnamen immer noch nicht verwendet; nach wie vor geht es um den „Zaun“ und um den „Platz“. Aus der schriftlichen Unterrichtsvorbereitung des Lehrenden geht hervor, dass die Begriffe „eingeführt“ worden wären, sobald einer der Lernenden die Initiative ergriffen oder einen Anlass geboten hätte. Das zeigt, dass der Lehrende bei seiner Unterrichtsplanung konsequent von der Perspektive der Lernenden ausgegangen ist, und dass ihm eine flexible Planung kein Problem bereitet hat.

Für die Phase der Sicherung werden im Plenum erneut die magnetischen Geometrie-Bausteine herangezogen und auf der Tafel werden Situationen dargestellt. Rechteckige Elemente repräsentieren den „Zaun“ und werden stehend eingesetzt, die quadratischen Bausteine werden als Repräsentanten für den „Platz“ auf der Tafel aufliegend verwendet. Eine Seitenlänge der Rechtecke muss der Seitenlänge der Quadrate entsprechen, sonst wäre der Einsatz dieser Medien schwierig, und die unterschiedlichen Farben wirken einer Verwechslung entgegen. Trotzdem ist der Medieneinsatz nicht ganz unproblematisch, denn für Längen und Flächen werden Repräsentanten verwendet, die sich prinzipiell sehr ähnlich sind.

Sofern immer alle rechteckigen Elemente als Repräsentanten für Längen verwendet werden, fehlen bei den Flächenrepräsentanten mal Elemente zur Vergleichsfläche, bei anderen Rechteckformen bleiben welche übrig; je mehr sich das Rechteck vom Quadrat entfernt, umso mehr Einheitsflächen bleiben übrig, wenn man die Hasengehege an der Magnettafel zusammenstellt.

Zaun: $3 + 6 + 3 + 6 = 18$

Platz: $3 \cdot 6 = 18$

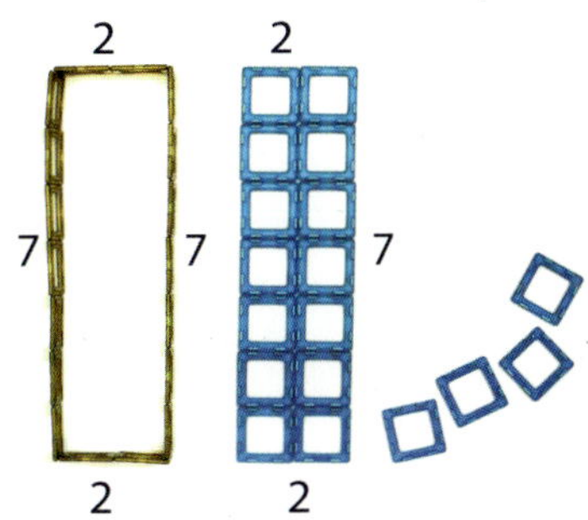

Zaun: $2 + 7 + 2 + 7 = 18$

Platz: $2 \cdot 7 = 14$

4 übrig

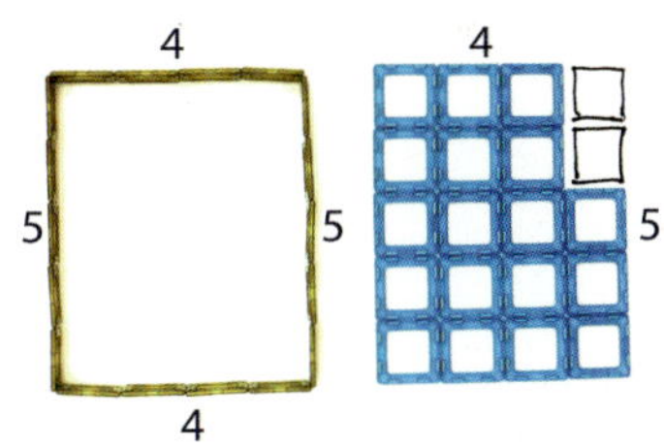

Zaun: $4 + 5 + 4 + 5 = 18$

Platz: $4 \cdot 5 = 20$

2 fehlen

Umgekehrt werden unterschiedliche Anzahlen von Elementen für den Umfang gebraucht, wenn aus einer festen Anzahl von Flächenelementen unterschiedliche Rechtecke gelegt werden. Im Unterrichtsgespräch wird argumentiert, es werden Behauptungen aufgestellt und mit Begründungen unterstützt.

Das Rechteck mit einer Länge von 6 und einer Breite von 3 Längeneinheiten bestätigte anscheinend die ursprüngliche Erwartung, dass Umfang und Flächeninhalt zusammenhängen würden, denn für beide ergibt sich als Maßzahl 18. Die Zusammenschau der Lösungen zeigt anschaulich, dass es Flächen unterschiedlichen Flächeninhalts mit demselben Umfang gibt. Diese Erkenntnis war das zentrale Anliegen der Stunde, verbunden mit der Anforderung, diesen Sachverhalt begründen zu können. Ein Fokus auf die prozessbezogenen Kompetenzen legt zudem das Potenzial an Differenzierung offen, das in der Stunde angelegt war und genutzt werden konnte.

3.4 Mathematisch argumentieren auf ikonischer Ebene

Argumentieren ist nicht gezwungener Maßen an Sprache und Symbolik gebunden. Argumentieren bedeutet, Aussagen in Ketten so anzuordnen, dass sie für Andere nachvollziehbar sind und überzeugen können; verschiedene Arten der Darstellung sind dabei möglich. Als Beispiel für die ikonische Ebene nehme ich eine Schülerarbeit[11] aus dem KOSIMA-Projekt. Es geht um Vorstellungen für Volumina in Klasse 5. Aufgabe war, möglichst viele oder alle Möglichkeiten zu finden, um aus 24 Würfeln quaderförmige Körper herzustellen. In Zeichnung a) sieht man eine gelungene Schülerarbeit. Der Lernende hat eine ikonische Darstellungsform gewählt, weil ihm diese offensichtlich angemessen erschien. Er hat sie ansprechend dargestellt, wenn dies auch aufwändig zu erstellen war. Er hat sechs Möglichkeiten gefunden, die 24 Würfel zu Quadern anzuordnen. Aber sind das wirklich alle?

a)

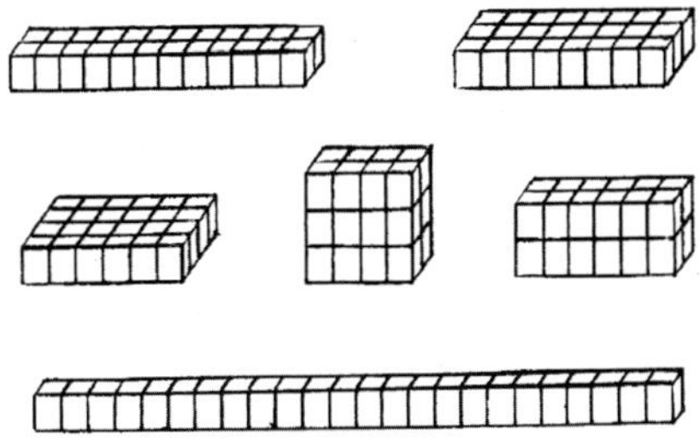

b)

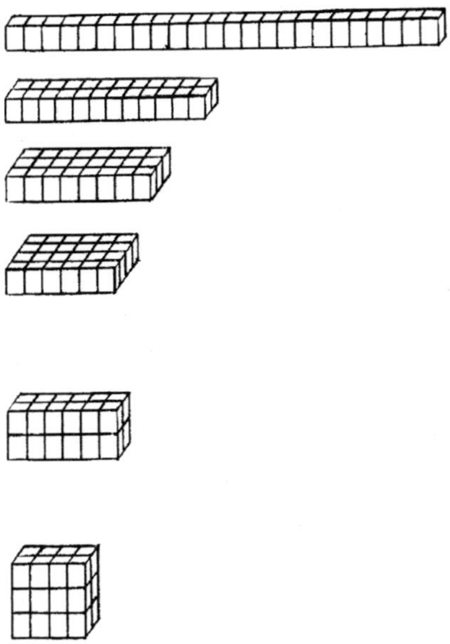

Mit dieser Frage wird der Lernende gezwungen zu argumentieren. Denn wenn er der Meinung ist, alle Möglichkeiten gefunden zu haben, muss er seinen Lehrer und seine Mitschüler überzeugen, dass es keine weiteren Möglichkeiten gibt. Mit der Zeichnung a) gelingt das nicht ganz. Um damit zu argumentieren, müssten die gefundenen Lösungen systematischer angeordnet werden. Dabei entsteht nichts Neues, sondern schon Gedachtes wird in eine neue Struktur übertragen. Aus vorhandenem Wissen wird ein Argument.

Das ikonisch dargestellte Argument könnte aussehen wie die Zeichnung b). Die Lösungen werden geordnet und es wird eine Vorgehensweise erkennbar, die besser überzeugen kann. Zunächst werden alle 24 Würfel in eine Reihe gelegt und es entsteht ein „langer" Quader, die extreme Lösung. Durch Halbieren entsteht die nächst mögliche, benachbarte Lösung. Durch Dritteln und Vierteln erhält man weitere Möglichkeiten. Fünfteln geht nicht und durch Sechsteln entsteht kein anderer Quader als durch Vierteln, vorausgesetzt, man lässt kongruente Quader in anderer Lage nicht als neue Lösungen zu. Damit sind die Mög-

[11] Zeichnungen: a) aus Susanne Prediger 2012, b) und c) neu angeordnet Robert Storz

lichkeiten, bei denen alle Würfel auf derselben Fläche liegen, ausgeschöpft. Es gibt dann noch eine Möglichkeit, die 24 Würfel in zwei Lagen anzuordnen, und ebenfalls eine mit drei Lagen. Aber sind das wirklich alle?

c)

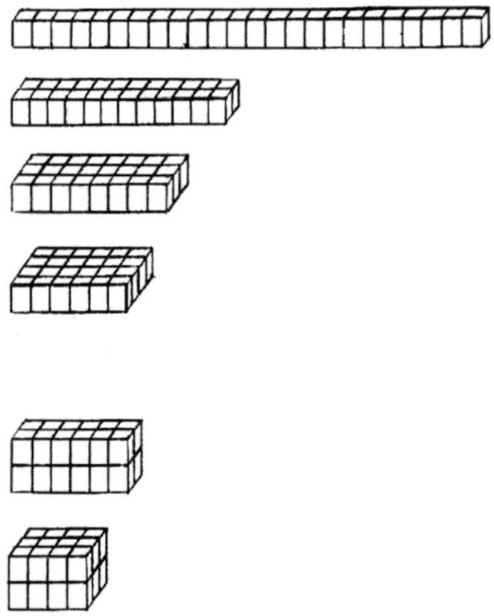

Genau hier liegt die Lücke in der Argumentationskette des Zeichners. Denn der dreilagige Quader ergibt um 90° gedreht einen zweilagigen. Oder anders herum: Der vermeintlich dreilagige Quader ist in Wirklichkeit zweilagig. Mit 24 Würfeln lässt sich kein „dreilagiger" Quader legen; jede Zerlegung der Zahl 24 in genau drei Faktoren enthält mindestens einmal den Faktor 2. Man muss die Zeichnung also noch einmal umgestalten, siehe Zeichnung c). Ein mathematischer Beweis ist das natürlich immer noch nicht. Die gefundenen Möglichkeiten wurden jedoch nun in einer Weise dargestellt und systematisch angeordnet, dass mit nur geringer verbaler Unterstützung andere Lernende von der Richtigkeit und Vollständigkeit der Lösung überzeugt werden können.

Wenn sich wie hier herausstellt, dass die gefundenen Lösungen zwar richtig waren, aber nicht überzeugend kommuniziert werden konnten, kann der Lernende angeleitet werden, eine Lücke in seiner Argumentationskette zu schließen, übt sich im Argumentieren und lernt zu überzeugen. Er erfährt, was es bedeutet, wenn er etwas „beweisen" will.

Waren begleitend zu den obigen Zeichnungen noch relativ viele Worte nötig, so kann mit einem Übergang auf eine symbolische Ebene die Argumentation noch ökonomischer gestalten werden.

Es gibt folgende Möglichkeiten für Quader aus 24 Würfeln:

$$1/1/24 \quad 1/2/12 \quad 1/3/8 \quad 1/4/6 \quad 2/2/6 \quad 2/3/4$$

Das sind die möglichen Zerlegungen der Zahl 24 in drei Teiler. Es gibt keine Zerlegung, deren kleinster Faktor größer als 2 ist.

Mit dem Übergang auf die symbolische Ebene wird endgültig klar, dass die drei Lagen in der ursprünglichen Zeichnung nur zwei sind, denn den vermeintlich „dreilagigen" Quader (3/2/4) kann man zu einem zweilagigen (2/3/4) drehen. Damit kann eine Lücke in der ikonischen Argumentationskette auf der symbolischen Ebene geschlossen werden. Trotzdem ist die ikonische Argumentation für viele Lernende diejenige, die sie besser überzeugen kann.

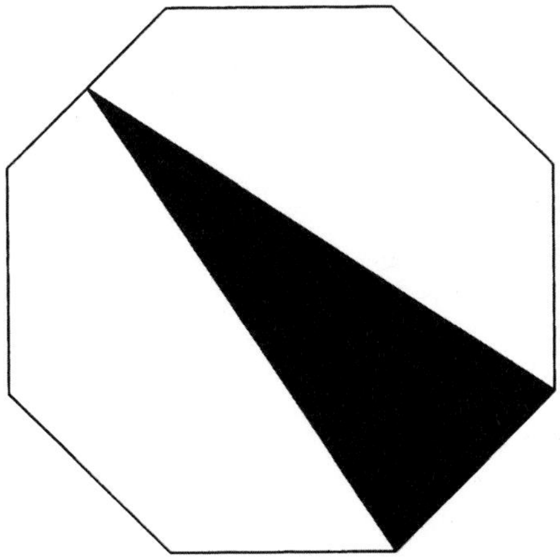

Das zweite Unterrichtsbeispiel ist an keine Jahrgangsstufe gebunden. Die hier vorgestellten Schülerarbeiten wurden in der Klasse 6 einer Realschule erstellt. Anhand der Skizze[12] eines regelmäßigen Achtecks mit einbeschriebenem Dreieck (siehe oben) sollte herausgefunden werden, welcher Bruchteil der Figur schwarz eingefärbt ist.

Die Lösung sollte begründet oder „bewiesen“ werden. In der Klasse, in der die Schülerarbeiten entstanden sind, war der Flächeninhalt des Dreiecks im Mathematikunterricht noch nicht thematisiert worden.

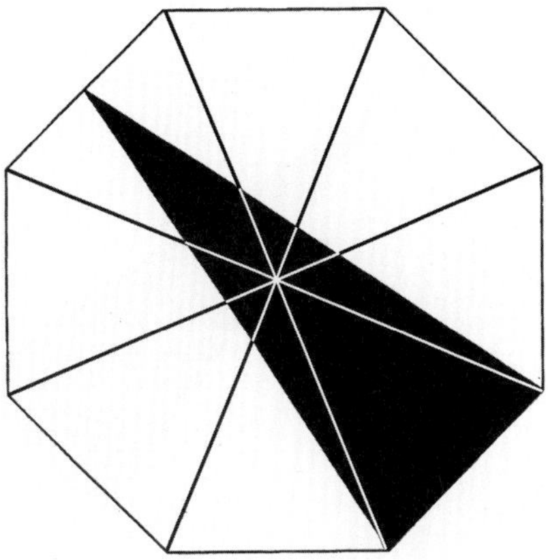

Die Lösung: Der Pfeil bedeckt ein Viertel der Fläche des regelmäßigen Achtecks. Naheliegender Beweis aus der Rückschauperspektive des Lehrenden: Das Achteck wird in acht Teildreiecke zerlegt, deren Spitzen sich im Schnittpunkt der Diagonalen des Achtecks treffen. Jedes dieser Dreiecke bedeckt ein Achtel der Fläche des Achtecks. Der Pfeil hat dieselbe Grundseite, aber die doppelte Höhe im Vergleich zu einem dieser Teildreiecke. Also bedeckt der Pfeil zwei Achtel gleich ein Viertel der Fläche des Achtecks.

Es war nicht zu erwarten, dass die Lernenden auf diesen Beweis kommen würden, da die Flächeninhaltsformel des Dreiecks noch nicht bekannt war. Wäre die Flächeninhaltsformel im Unterricht schon thematisiert worden, dann wäre diese Aufgabe dem Problemlösen zuzuordnen gewesen, wobei es sich um eine relativ schwierige Problemlöseaufgabe gehandelt hätte. Aktuell ging es jedoch ums Argumentieren.

[12] Abbildung aus: Rüdiger Vernay, MatheMix 5/6, Bildungshaus Schulbuchverlage Schroedel-Verlag Braunschweig 1996, S. 202

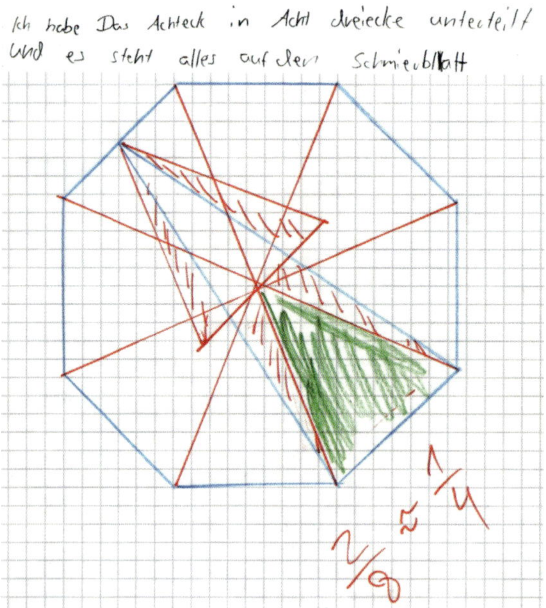

Bilal hat im Prinzip die richtige Lösung gefunden und ist ganz nahe am mathematischen Beweis; er ist sich zwar nicht ganz sicher, deshalb merkt er an, dass die Lösung nur ungefähr ein Viertel sei. Die Richtigkeit seiner Schraffur kann er nicht „beweisen“, das behauptet er auch nicht; aber er hat gewichtige Argumente dafür gefunden, dass sie richtig sein könnte. Er hat die für einen Beweis sinnvolle Einteilung in acht Teildreiecke gefunden und verständlich gemacht, weshalb er meint, die Fläche des Pfeils sei ungefähr doppelt so groß.

Die Argumentationskette von Marina ist ebenfalls gut nachvollziehbar. Sie hat Diagonalen eingezeichnet und ist dabei auf sieben Dreiecke gekommen; also bedecke der Pfeil ein Siebentel des Achtecks.

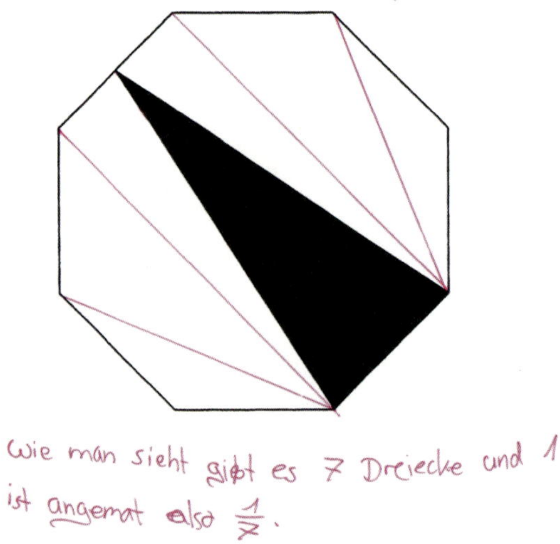

Weil sie die Dreiecke systematisch erzeugt hat, ist sie von deren Flächengleichheit ausgegangen, was nicht stimmt. Die Summe der an den Pfeil angrenzenden beiden Dreiecke ist tatsächlich flächeninhaltsgleich zu dem Pfeil. Wenn sie den Pfeil also in zwei Teildreiecke zerlegt hätte, wäre sie trotz der falschen Annahme möglicherweise auf die richtige Lösung gekommen. Denn dann hätte sie acht Dreiecke gehabt, von denen vier in der Tat den gleichen Flächeninhalt aufweisen und von denen zwei durch den Pfeil abgedeckt sind. Nicht Marinas Lösung ist falsch, sondern nur eine einzige der Behauptungen, die sie verwendet hat, ist falsch.

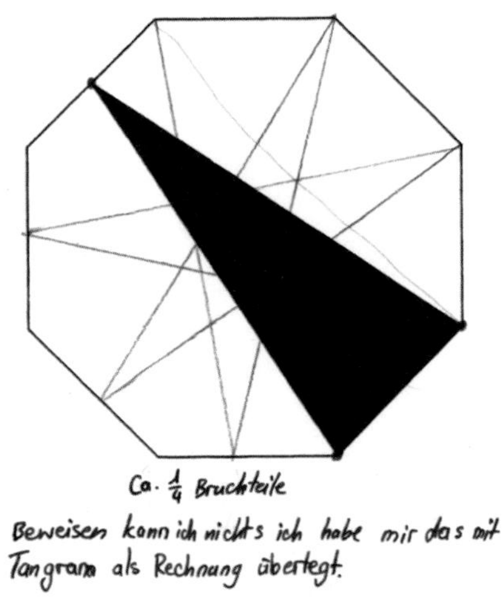

Auch Eva ist sich nicht sicher. Sie hat angefangen, auf den Achteckseiten entsprechende Dreiecke zu errichten. Als sie bei vieren angelangt ist, war sie der Meinung, das reiche zum Aufteilen.
Vielleicht ist sie nur deshalb nicht weiter gekommen, weil sie ausgerechnet dasjenige Teildreieck nicht dabei hat, welches ein gut erklärender Lehrer als erstes eingezeichnet hätte. Eva hat dann Tangram hinzugezogen und ist zur richtigen Schlussfolgerung gekommen. Ist das für eine Zwölfjährige etwa kein Beweis?

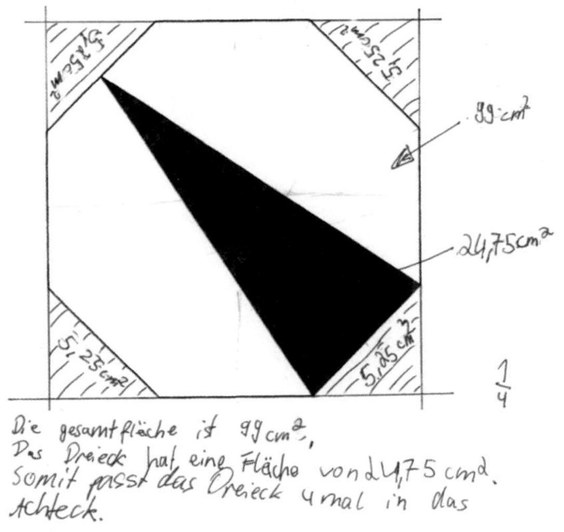

Julia hat vermutlich die Flächeninhaltsformel für das Dreieck schon gekannt. Sie berechnet die Achteckfläche als Differenz aus dem umhüllenden Quadrat abzüglich der vier Ecken und vergleicht diese mit dem Flächeninhalt des Pfeils. Sie hat ein Beispiel durchgerechnet; ihre Argumentation kann nachvollziehen, wer den Flächeninhalt von Dreiecken berechnen kann.

Ulla hat den leicht beweisbaren Teil erkannt: Wenn man auf der Grundseite des Pfeils ein Rechteck errichtet, nimmt der Pfeil genau dessen halben Flächeninhalt ein; „rote Fläche ist gleich groß wie die schwarze Fläche“. „Aus den Flächen B und C lässt sich mit Tangram-Teilen die grün umrandete Fläche A legen.“ Ulla geht in ihrem Zerlegungsbeweis von richtigen Annahmen aus, argumentiert schlüssig, lediglich ein Argument hat sie nicht explizit ausgeführt. Auf der Rückseite ihres Lösungsblatts hat Ulla die Tangram-Zerlegung abgezeichnet. Aber auch ohne einen zeichnerischen Nachweis hat sie einen altersgemäßen „Beweis“ gefunden: „Ich habe es mit Tangram-Teilen gelegt und es stimmt.“

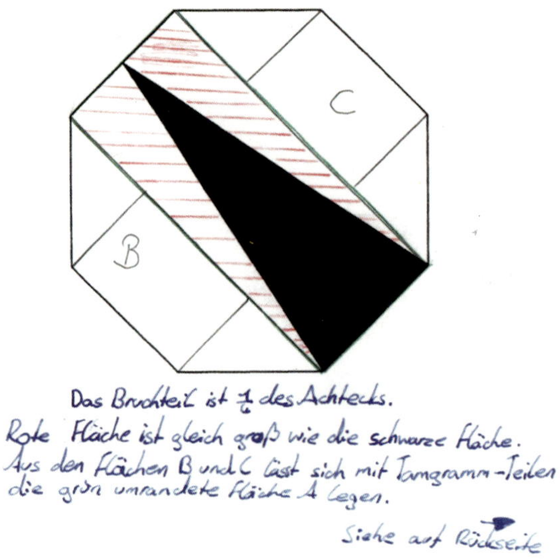

Im Mathematikunterricht dieser Klasse wurde noch nie mit Tangram gearbeitet. Es überrascht, dass mehrere Lernende mit diesem Spiel argumentieren. Das macht es möglich, das Argumentieren gegen eine andere Kompetenz, das Problemlösen, abzugrenzen. Beide sind von einer in gewissem Sinne offenen Situation gekennzeichnet. Beim Problemlösen muss man einem Problem einen Algorithmus zuordnen, mit dessen Hilfe man es lösen kann. Der Algorithmus ist dem Problemlöser in der Regel bekannt, er muss aus einer Anzahl vorhandener lediglich einen passenden zuordnen.

Argumentieren ist mehr subjektbezogen als Problemlösen. Auch hier steht am Anfang eine Situation, in der der Lernende nicht weiß, was er machen soll. Aber eine Auswahl an Lösungsstrategien ist nicht unbedingt vorhanden. Subjektive Behauptungen werden geäußert, Begründungen werden erprobt und aneinandergereiht. Argumente sind nicht falsch oder richtig, sondern sie führen weiter oder nicht, können in einem sozialen Umfeld überzeugen oder nicht.

3.5 Hilfen zum mathematischen Argumentieren anbieten

Ein Beispiel zum Thema Körpernetze zeigt, wie man Lernenden wirksame Hilfen zum Argumentieren an die Hand gibt. Körpernetze werden am Anfang der Sekundarstufe zuerst als Würfel- und Quadernetze, später als Netze von Prismen, Pyramiden und Zylindern thematisiert. Mit Netzen von geometrischen Körpern beschäftigt man sich im Mathematikunterricht, um das räumliche Vorstellungsvermögen zu fördern und insbesondere um eine bereits vorhandene Vorstellung vom mathematischen Begriff der Oberfläche zu schärfen und zu präzisieren. „Über Körpernetze wird eine Brücke zwischen räumlichen Objekten und der ebenen Geometrie geschlagen" *(Roth/Weigand 2015, S. 5)*.

Wissenselemente wie die Tatsache, dass es elf nicht kongruente Würfelnetze gibt, sind weder Lerninhalt noch Lernziel. Sondern das Netz eines geometrischen Körpers bietet die Möglichkeit, seine Oberfläche tatsächlich als Fläche darzustellen. Die Lernenden sollen wissen, dass es mehrere Würfelnetze gibt und sie sollen Darstellungen von Netzen in Beispiele und Nichtbeispiele für Würfelnetze unterscheiden können. Nachdem geklärt wurde, was man unter einem Würfelnetz versteht, ist eine unterrichtliche Umsetzung möglich mit einer Aufgabenstellung wie:

a) finde ein Würfelnetz,

b) finde mehrere,

c) finde alle,

d) begründe, weshalb du alle gefunden hast.

Ein Kontextbezug ist möglich, aber nicht zwingend. Die Aufgabenteile c) und d) sind als Maximalziele anzusehen und dienen vor allem der Differenzierung. Wie viele Würfelnetze in einer konkreten Unterrichtssituation tatsächlich gefunden werden, ist unerheblich. Sondern es werden Anlässe geschaffen zu begründen, weshalb manche Netze Würfelnetze sind, und andere nicht.

Aufgaben in Schülerbüchern beschränken sich in der Regel auf die Frage, ob vorgegebene Netze Würfelnetze sind, ohne Begründungen dafür zu verlangen. Deshalb findet man dort oft Zusammenstellungen mehrerer Würfelnetze, die nicht systematisch angeordnet sind. Das Lösen der Aufgaben beschränkt sich darauf, dass die Lernenden in Gedanken aus Netzen Körper falten. Dabei ist es kaum möglich, einen Lösungsweg anzugeben oder die Richtigkeit einer Lösung zu begründen, außer man wechselt auf die enaktive Ebene und schneidet entsprechende Würfelnetze aus. Das ist auf Dauer aufwändig und bei mehreren Aufgaben dann auch schnell unbefriedigend.

In einer systematischen Anordnung liegt dagegen der Ansatz, weitere Möglichkeiten zu finden, nachdem einige Möglichkeiten identifiziert wurden. Die Art der Zusammenstellung der gefundenen Möglichkeiten dient dabei als Argumentationshilfe. Wenn nämlich der Mantel eines Prismas im Netz insgesamt ein zusammenhängendes Rechteck ergibt, lässt sich die Anzahl möglicher

Netze in dieser Konstellation systematisch bestimmen; Grund- und Deckfläche können an jeder Fläche des Mantels angehängt sein, wobei bei nicht regelmäßigen Prismen auf die Orientierung zu achten ist. Beim Sonderfall Würfel führt dies zu sehr übersichtlichen Darstellungen und visualisiert den räumlichen Zusammenhang deutlich.

Wenn also von den Lernenden aktiv Würfelnetze konstruiert werden, können die Argumentation und das Finden überzeugender Begründungen zu Teilen der Zielsetzung werden. Man kann die Lernenden auf der Suche nach möglichst vielen Würfelnetzen mit Hilfen unterstützen, die verbal gegeben werden oder auf Kärtchen vorbereitet sind.

Hilfe „Viererstange"

Hilfe „Viererstange"

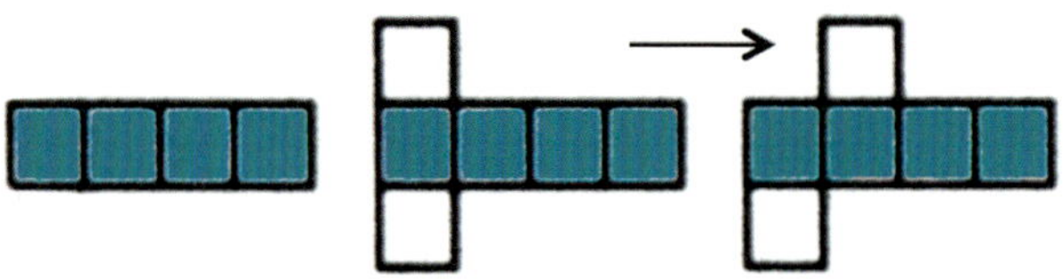

Zeichne eine Viererstange.
Ergänze zwei Quadrate so, dass ein Würfelnetz entsteht.
Lass die Quadrate an der Viererstange wandern und finde weitere Würfelnetze.

Hilfe „Drilling"

Hilfe „Drilling"

Zeichne einen Drilling.
Ergänze drei Quadrate so, dass ein Würfelnetz entsteht.
Lass die Quadrate an dem Drilling wandern und finde weitere Würfelnetze.

Die Hilfe „Viererstange" unterstützt eine Vorstellung von einem Körper über die Summe seiner Begrenzungsflächen. Bei den „Drillingen" wird der Körper ausgehend von einer Ecke gedanklich dreidimensional aufgebaut, wird also durch eine Raumvorstellung repräsentiert. Mit den obenstehenden Hilfen können sechs Würfelnetze mit einer „Viererstange“ gefunden werden und drei, die einen „Drilling“ enthalten.

Damit sind die Lernziele erfüllt: Die Lernenden können die Oberfläche von Würfeln als Würfelnetz darstellen, sie kennen mehrere Würfelnetze und sie können begründen, weshalb ein Netz Würfelnetz ist, oder weshalb nicht. Außerdem können sie Zusammenhänge herstellen zwischen Oberfläche und Volumen. Mit den beiden noch möglichen Würfelnetzen, die eine Fläche enthalten, die nicht direkt an einem „Drilling“ angehängt ist, steht sogar eine Zusatzaufgabe für besonders leistungsfähige Lernende bereit. Damit wird es möglich, alle Würfelnetze kennenzulernen, wenn dies auch nicht das Anliegen für alle war. Die mathematisch interessantere Frage, weshalb es darüber hinaus keine weiteren Würfelnetze gibt, bleibt dem Lehrenden vorbehalten.

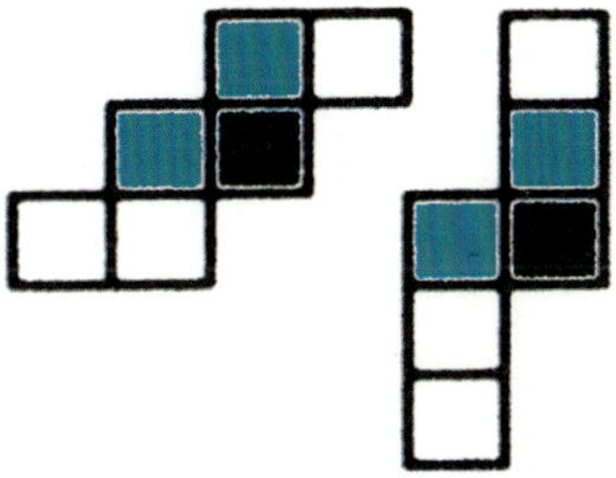

Der Kreis im Unterricht schließt sich, indem wiederum begründet wird. Man stelle sich zum Beispiel vor, die schwarz markierte Fläche in der Mitte des „Drillings“ wäre die Grundfläche, also unten, und ordnet nun jeder einzelnen Fläche eine Lagebezeichnung zu: vorne, hinten, rechts, links und oben. Wenn dies gelingt, reicht das als Begründung, dass ein Würfelnetz vorhanden ist. Die Begründungsmethode „den Flächen ihre Lage zuordnen“ wird anschließend auf die einfacheren, schon gefundenen Beispiele angewandt.

Auch bei den Netzen anderer geometrischer Körper ergeben sich Anlässe zum Begründen, wenn aktiv möglichst viele Netze eines Körpers konstruiert werden und nicht nur von vorgegebenen Netzen festgestellt wird, ob sie die Oberfläche des jeweiligen Körpers repräsentieren.

Bei der Darstellung der Netze von Prismen und Zylindern sind die Argumentationshilfen analog zu den Würfelnetzen. Für die „Viererstange“ steht der Mantel des Prismas, der Aufbau über einer Grundfläche steht für die Vorstellung „Drilling“. Zielführend ist die Aufforderung, Netze zu finden, die die Mantelfläche nicht „am Stück“ enthalten. Solche Darstellungen aus der Rückschauperspektive finden nämlich die Lernenden in den Büchern fast ausschließlich.

Hilfe „Mantelfläche“

Hilfe „Mantelfläche“

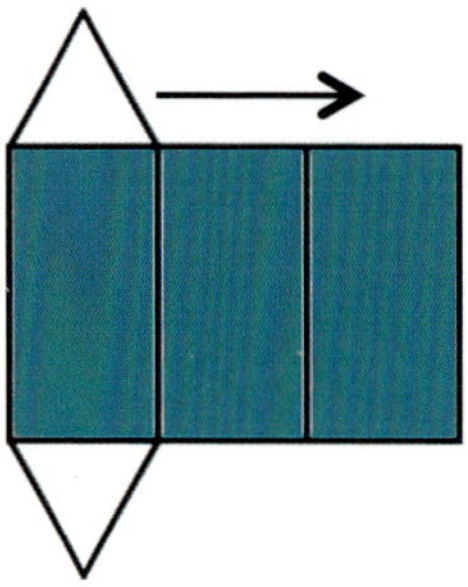

Zeichne alle Mantelflächen in einer Reihe. Ergänze die Grundflächen so, dass ein Netz des Prismas entsteht. Lass die Grundflächen an den Mantelflächen wandern und finde weitere Netze des Prismas.

Hilfe „Grundfläche“

Hilfe „Grundfläche“

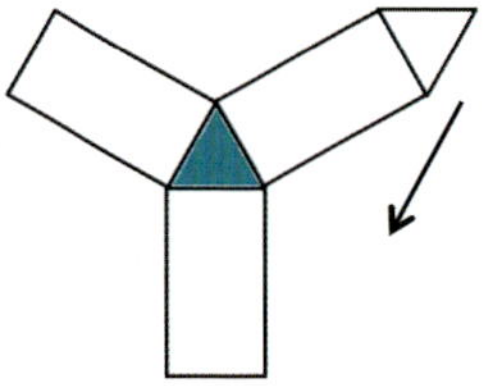

Zeichne eine Grundfläche. Füge die Mantelflächen einzeln an der Grundfläche an. Lass die Deckfläche auf den Mantelflächen wandern und finde weitere Netze des Prismas.

Mit einer weiteren Argumentationshilfe begibt man sich zurück auf die enaktive Ebene: „Ein Netz eines Körpers ist die vollständige Abwicklung seiner Oberfläche in der Ebene“ *(Roth/Weigand 2015; S. 5)*. Lernende können begründen, dass ein Netz aus Flächen das Netz eines bestimmten geometrischen Körpers ist, indem sie den Körper tatsächlich oder in Gedanken auf dem Netz abrollen. Die Argumentation ist allerdings nicht reversibel, denn aus der Tatsache, dass sich ein Körper auf einem Netz nicht in einem Zug abrollen lässt, kann noch nicht geschlossen werden, dass das Netz nicht Netz des Körpers ist. Beispiel dafür sind die meisten der Netze, die die Mantelfläche als zusammenhängendes Rechteck darstellen. Auch hier gibt es noch weitere Möglichkeiten, indem man nicht alle Mantelflächen mit derselben Grundfläche[13] verbindet, aber auch hier kommt es nicht darauf an, alle Möglichkeiten zu finden, sondern zu argumentieren und zu begründen, weshalb gefundene Möglichkeiten Beispiele sind und weshalb andere es nicht sind.

[13] Im Sinne einer didaktischen Reduktion wird hier der Begriff „Prisma“ wie üblich für gerade Prismen und die Begriffe „Grundfläche“ und „Deckfläche“ werden synonym verwendet.

3.6 Was meinen Lernende eigentlich mit „eigentlich"?

„Eigentlich ist die Blüte des Hartriegels ja schon symmetrisch", meint Emil, nachdem er die Symmetrie mit einem Taschenspiegel überprüft hat, und „eigentlich" zu einem anderen Ergebnis gekommen ist, „aber irgendwie auch nicht". Zuvor hat er anhand vielfältiger Beispiele aus dem Alltag und aus der Welt der Mathematik gelernt, was symmetrisch bedeutet: das Gleiche woanders. Er hat gelernt, dass das Gleiche durch Verschieben, durch Drehen oder durch Spiegeln woanders hinkommen kann. An grafischen Darstellungen hat er geübt, symmetrische von nicht symmetrischen Darstellungen zu unterscheiden; er hat gelernt, in achsensymmetrische Darstellungen die Spiegelachse einzuzeichnen. „Eigentlich" würde er das auch in dem obigen Foto können, aber wäre das noch richtig? Das Blütenblatt links oben ist doch viel größer als das rechts unten. Liegt das an der Aufnahmeperspektive und ist zu vernachlässigen, oder ist das ein Hinweis, dass die Blüte nicht symmetrisch ist? Der Hintergrund ist überhaupt nicht symmetrisch. Gehört er zur Aufgabe dazu oder geht es nur um die Blüte? Das Ende des rechten oberen Blattes ist nach unten gebogen, das gegenüber liegende nach links unten; das könnte ein Hinweis auf Drehsymmetrie sein, aber danach wurde nicht gefragt. Emil zeichnet keine Symmetrieachse ein.

Emil hat selbst überprüft, dass der linke und der rechte Teil des Fotos nicht übereinstimmen, deshalb ist seine Lösung: keine Symmetrieachse. Trotzdem findet er die Blüte „eigentlich" immer noch „irgendwie" symmetrisch. Er wird mit dieser Diskrepanz nicht allein gelassen, sondern unterstützt, indem er aufgefordert wird, Fragen zu formulieren. Die Antworten kann er selbst finden oder er bekommt sie von parallel Lernenden oder vom Lehrenden.

Für die Aufgabe gibt es keine richtige oder falsche Lösung, sondern Argumentationsketten, mit denen sowohl eine Symmetrie als auch Nicht-Symmetrie begründet werden kann. Indem er Begründungen einfordert, veranlasst der Lehrende den Lernenden, sein kindliches „Eigentlich" mit Argumenten zu unterstützen. Sätze mit „eigentlich", von Lernenden geäußert, sind also oft Einstiege ins Argumentieren, weil diese Konjunktion einen ganzen Nebensatz enthalten kann: Mir ist ein Widerspruch aufgefallen. Oder mit „eigentlich" wird zum Ausdruck gebracht, dass eine gemachte Aussage nur unter einer bestimmten Bedingung gilt. Der Lehrende fragt nach der Argumentationsbasis und unterstützt dadurch den Lernenden beim Erwerb der Kompetenz *Mathematisch Argumentieren*.

Wenn dies gelingt, wird es möglich, die Symmetrie der Zeichnung[14], die während der Lernphase eingesetzt wurde, und die auch nicht exakt symmetrisch ist, auf einem höheren Niveau zu hinterfragen. Über das Argumentieren wird eine Verbindung gelegt zur Kompetenz *Mathematisch Modellieren*. Ist die Vereinfachung, die in der Zeichnung enthalten ist, tragfähig, um den Symmetriebegriff zu repräsentieren? Oder sind die geringfügigen Abweichungen von der Symmetrie, die aus gestalterischen Gründen sinnvoll sind, geeignet, ein Verständnis für den mathematischen Begriff zu erschweren?

Wahrscheinlich nicht. Problematisch wäre es jedoch, Darstellungen wie das Foto oben mit einer Aufgabenstellung zu verbinden wie folgender: „Das Blütenbild des Hartriegels hat mehrere Symmetrieachsen. Wie viele findest du? Zeichne sie ein.“ Fahrlässig wäre es, Lernende mit solchen Aufgaben sich selbst zu überlassen und nur die Lösungen zur Selbstkontrolle zur Verfügung zu stellen. Welche Lösung ist richtig? Und wie geht der Lernende damit um, wenn seine Lösung mit der Musterlösung nicht übereinstimmt?

Das Beispiel zeigt, dass die Qualität von Aufgaben sich erheblich unterscheiden kann, wenn man berücksichtigt, zu welchem Zweck sie eingesetzt werden. Dieselbe Aufgabe, die willkommene Anlässe zum Argumentieren bietet und gleichzeitig die Kompetenz, mathematische Modelle zu reflektieren fördert, kann in einem anderen Zusammenhang unangemessen sein, weil sie offene Fragen enthält, deren Klärung Teil der Aufgabe ist.

[14] Zeichnung aus: Sabine Kliemann u. a., mathe live 5, Mathematik für die Sekundarstufe I, Ernst Klett Verlag Stuttgart 2006, S. 123

3.7 Warum Begründungen wichtig sind

Frage 1: TISCHLER *M266Q01*

Ein Tischler hat 32 Laufmeter Holz und will damit ein Gartenbeet umranden. Er überlegt sich die folgenden Entwürfe für das Gartenbeet:

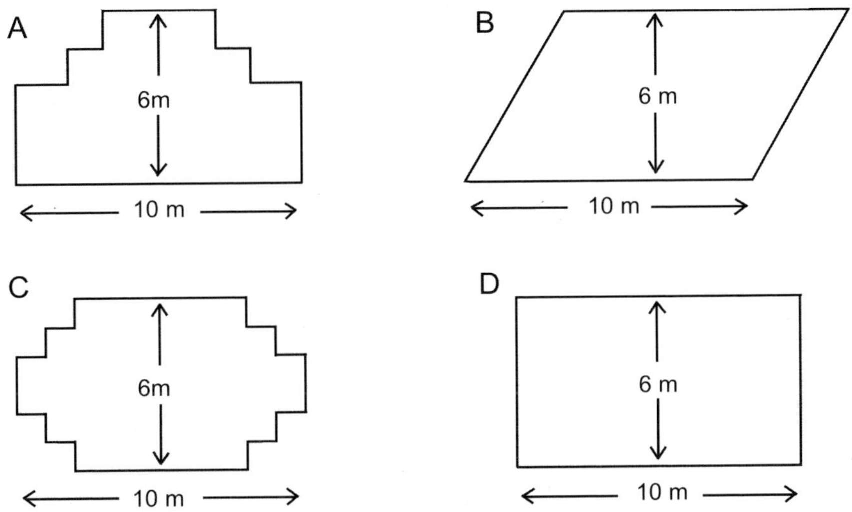

Kann jeder Entwurf mit 32 Laufmetern Holz hergestellt werden? Kreise entweder „Ja" oder „Nein" ein.

Gartenbeet-Entwurf	**Mit diesem Entwurf: kann das Gartenbeet mit 32 Laufmetern Holz hergestellt werden?**
Entwurf A	**Ja / Nein**
Entwurf B	**Ja / Nein**
Entwurf C	**Ja / Nein**
Entwurf D	**Ja / Nein**

Die obige Aufgabe[15] wurde in der PISA-Studie 2000 eingesetzt, um die mathematischen Kompetenzen von Schülern aus den OECD-Ländern zu vergleichen.

Die einzig richtige Antwort auf die Frage: „Kann jeder Entwurf mit 32 Laufmetern Holz hergestellt werden?" ist: „Nein, keiner." Die Zeichnungen der Beete A, C und D zeigen zwar einen Umfang von exakt 32 Metern, Beet B einen größeren. Aber die Frage ist mit einem Realkontext eingekleidet. Kein Tischler kann aus „32 Laufmetern Holz" eines der skizzierten Beete herstellen. Denn erstens entsteht durch jeden Schnitt ein Verlust von ein paar Millimetern, der bei D am geringsten und bei C schon erheblich ausfällt. Zweitens bestehen „32 Laufmeter Holz" nicht

[15] Aufgabe und Lösung aus Bifie o. J., S. 30

aus einem 32 Meter langen Stück Holz, das man beliebig aufteilen kann, sondern aus einer entsprechenden Anzahl an Brettern zum Beispiel der Länge 4 Meter. Dadurch entsteht zusätzlicher Verschnitt. Der Tischler müsste diese Aspekte berücksichtigen und bräuchte auf jeden Fall mindestens ein zusätzliches Brett (zum Beispiel der Länge 4 Meter). Damit könnte er dann auch das Beet nach Entwurf B herstellen, wenn er es geschickt anstellt. Wem diese Problematik bewusst ist, dessen Antwort ist für alle vier Entwürfe: Nein. Damit hat er drei der von PISA erwarteten Antworten falsch gegeben und es fehlt ihm anscheinend an der getesteten Kompetenz.

TISCHLER BEWERTUNG 1

Full Credit

Code 2: Genau 4 richtige Antworten.

Entwurf A	Ja
Entwurf B	Nein
Entwurf C	Ja
Entwurf D	Ja

Erwartet wurde „Ja“ für die Entwürfe A, C und D. In der Aufgabenstellung wurde ein mathematisches Modell vorgegeben, das nicht unmissverständlich zum Kontext passt. Wer bei B „Nein“ eingekreist hat, hat erkannt, dass das Beet B einen größeren als den vorgegebenen Umfang besitzt. Denn hier beträgt die Höhe des Parallelogramms 6 Meter und deshalb muss die kürzere Seite mindestens länger als 6 Meter sein. Bei den Entwürfen A, C und D kann allein daraus, dass „Nein“ eingekreist wurde, nicht gefolgert werden, die Gleichheit der Umfänge wäre nicht erkannt worden. Erst wenn eine Begründung verlangt wird, kann zuverlässig entschieden werden, ob die Antwort richtig ist.

Ähnliche Konstellationen kommen im Mathematikunterricht leider häufig vor: Richtige und sinnvolle Schülerlösungen und Schülerantworten werden nicht erkannt oder nicht wertgeschätzt, weil der Kontext von Fragen oder Antworten unklar ist. Deshalb ist der Austausch von Lösungswegen und Begründungen wichtig, die solche Missverständnisse ausräumen können.

Wenn Lehrende Begründungen einfordern, wollen sie nicht nur die Kompetenz der Lernenden schulen, mathematisch zu argumentieren, sondern dadurch wird auch das subjektive Denken der Lernenden geschützt und wertgeschätzt. Deshalb fragt ein Lehrender nach Begründungen, sobald Lernende zu abweichenden Antworten und vermeintlich falschen Lösungen kommen.

3.8 Wie wichtig sind Fachbegriffe?

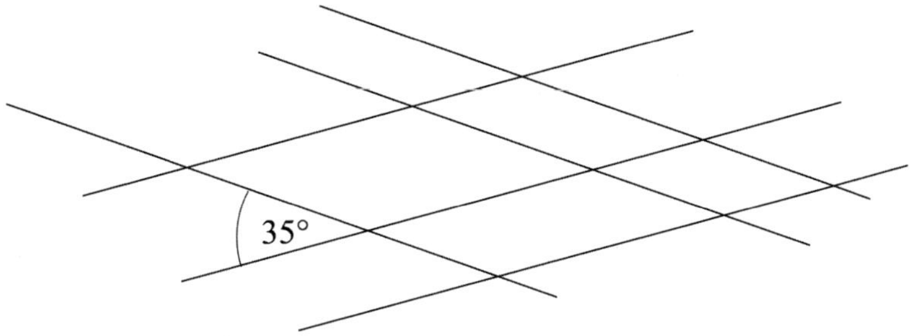

In Figuren geschnittener Parallelen kann man die Größe aller Winkel bestimmen, sofern die Größe eines einzigen Winkels bekannt ist. Zwei Winkel, die auf einer Geraden nebeneinander liegen, ergänzen sich zu 180°, sonst wäre es keine Gerade. Die Größe des Winkels neben dem eingezeichneten Winkel mit der Größe 35° beträgt 180° – 35° = 145°. Winkel, die sich im Schnittpunkt zweier Geraden gegenüber liegen, sind gleich groß. Das kann man mit demselben Argument begründen, indem man auf die schneidende Gerade wechselt, nachdem die Winkelgröße 145° ermittelt wurde; also ist der dann neben diesem Winkel liegende Winkel wiederum 35° groß. Die Begründung erfordert zwei Schritte, aber der zweite Schritt gründet auf derselben Argumentationsbasis wie der erste. Die Argumentation ist einleuchtend, es wäre jedoch aufwändig, sie mathematisch formal sauber darzustellen. Mit einem einzigen Argument lässt sich in der obigen Figur die Größe aller Winkel begründen, man muss das Argument nur oft genug anwenden. Es gibt nur zwei Möglichkeiten: ein Winkel besitzt entweder die Größe 35° oder (180° – 35°) beziehungsweise α oder $(180° - \alpha)$.

Obwohl sie diesen Zusammenhang meist problemlos verstehen, müssen Lernende bei solchen Anlässen Begriffsnamen wie Nebenwinkel, Scheitelwinkel, Stufenwinkel und Wechselwinkel lernen, die sie in ihrem Leben außerhalb der Schule kaum irgendwann mehr benutzen werden. Nachdem sie die Begriffe gelernt haben, lernen sie Sätze wie:

- Nebenwinkel ergänzen sich zu 180°;
- Scheitelwinkel sind gleich groß;
- Stufenwinkel sind gleich groß;
- Wechselwinkel sind gleich groß.

Aber was sie da lernen, ist eigentlich falsch. Denn in der Mathematik werden die oben verwendeten Begriffe unabhängig von der Parallelität der sich schneidenden Geraden verwendet. Sobald zwei Geraden von einer dritten Geraden geschnitten werden, nennt man die Winkel an der schneidenden Geraden Stufen- und Wechselwinkel. Diese sind nur unter der Bedingung gleich groß, dass die geschnittenen Geraden parallel sind: „Stufenwinkel sind gleich groß genau dann, wenn sie an parallelen Geraden liegen“ *(Rolles/Unger Duden 2008, S. 189)*. Was die Jugendlichen beim Thema „Winkel an geschnittenen Parallelen“ im Sinne einer didaktischen Reduktion gelernt haben, ist weder alltagsrelevant noch ist es wissenschaftlich korrekt. Warum sollen sie es dann lernen? Wenn darauf verzichtet wird, die Begriffsnamen Stufen-, Scheitel- und Wechselwinkel überhaupt zu verwenden, entsteht mehr Wissenschaftsbezug. Denn dann muss begründet werden, weshalb die Winkelpaare gleich groß sind. Eine Regelmäßigkeit gilt unter einer bestimmten Voraussetzung; die Winkelpaare sind nur dann gleich groß, wenn die Geraden, an denen sie anliegen, parallel sind; Mathematik ist gekennzeichnet von Wenn- … dann- … Beziehungen.

„Das ist ja eigentlich derselbe Winkel, nur ist er an einer anderen Stelle“, meinte ein Schüler, als ihm seine Lehrerin umständlich und mit aufwändigem und buntem Medieneinsatz erklären wollte, dass in ihrer Figur α'' der Wechselwinkel zu α sei. „Wieso Wechselwinkel? Ihr α'' ist doch der Scheitelwinkel vom Stufenwinkel von α, das habe ich schon kapiert, aber ich nenne ihn wie den anderen einfach nur α. Weil er nämlich gleich groß ist.“ Genau so wird mathematisch argumentiert. Vielfach sind Begriffe nützlich, um die Kommunikation zu vereinfachen. Aber sie werden dadurch nicht automatisch zum Lerninhalt, der gesichert und vor dem Vergessen bewahrt werden müsste.

Es ist sinnvoll, wenn Lernende zu reflektieren lernen, über welche Informationen sie noch zusätzlich verfügen, wenn ihnen nur wenige Angaben bekannt sind, zum Beispiel in einer geometrischen Figur. Das ist eine wichtige heuristische Strategie. Größengleiche Winkel in einer Figur mit geschnittenen Parallelen lassen sich auch ohne Vokabeln wie „Stufenwinkel“ und „Wechselwinkel“ identifizieren, und man kann trotzdem begründen, weshalb sie gleich groß sind.

Eine angemessene Strategie, die Aufgaben auf dem Arbeitsblatt der nächsten Seite zu lösen, besteht darin, gleich großen Winkeln dieselbe Bezeichnung zuzuweisen oder sie mit derselben Farbe zu kennzeichnen. Behutsam wird von der Bestimmung konkreter Werte auf Variablen übergegangen, sodass die Lernenden selbst zu der Erkenntnis gelangen, dass etwas immer gilt, wenn man es nicht nur an konkreten Werten nachweisen, sondern mit Buchstaben beschreiben kann. Entscheidend ist nicht, dass die Winkel gleich groß sind, sondern weshalb, und dieses „Weshalb“ gilt es zu begründen.

Winkel an geschnittenen Parallelen

Trage in die Figuren alle Winkel ein, deren Größe du bestimmen kannst und begründe für jeden Winkel, weshalb dir seine Größe bekannt ist.

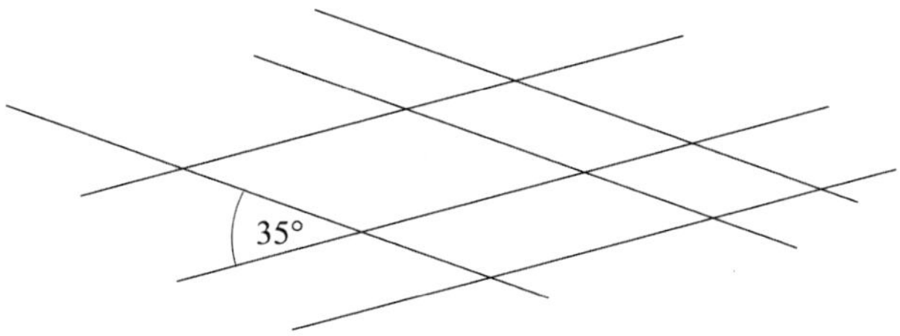

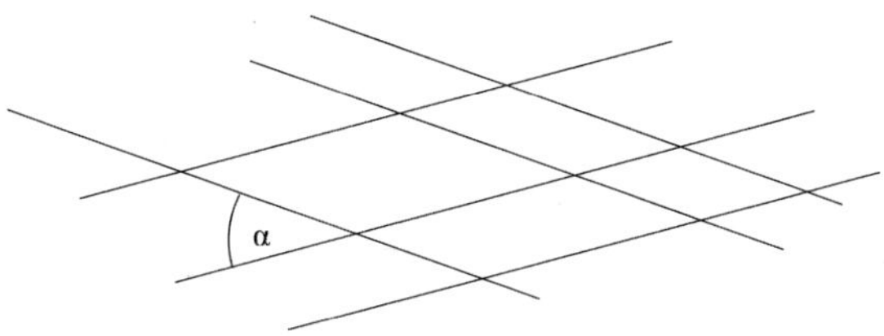

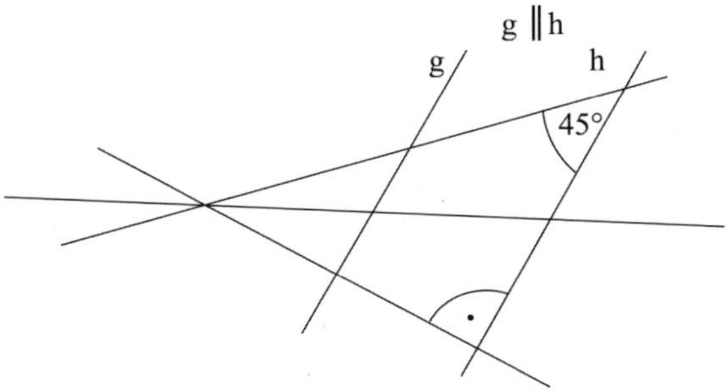

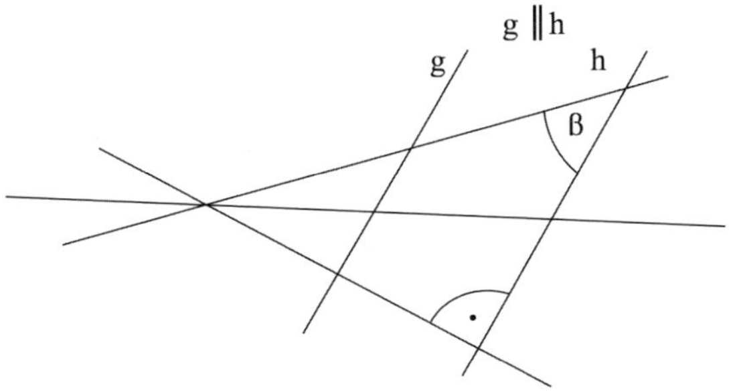

Kopiervorlage zum Download

3.9 Mathematisches Argumentieren in Schülersprache

Wenn Lernende im Mathematikunterricht argumentieren, ist dies ein Hinweis auf eine weiterentwickelte Unterrichtskultur. Denn die Lernenden würden kaum argumentieren, wenn sie einen Unterricht gewohnt wären, in dem

- sie nur auf Impulse des Lehrers zu reagieren haben;
- grundsätzlich verlangt wird, dass sie etwas nur so zu machen haben, wie es ihnen gezeigt wurde;
- der Lehrer schon deshalb immer Recht hat, weil er der Lehrer ist;
- Lösungen unkommentiert in „richtig“ und „falsch“ sortiert werden;
- ausschließlich formale Sprache verwendet wird;
- Lösungen wichtiger genommen werden als Lösungswege,
- Lösungswegevielfalt nicht zugelassen wird;
- nur fertige Denkergebnisse ausgetauscht werden;
- auch beim Lernen und Üben Fehler negativ sanktioniert werden.

„... und begründe deine Antwort“ kann in Schülersprache übersetzt heißen: „Finde die Lösung der Aufgabe heraus und schreibe deinen Rechenweg auf.“ Um letzteres durchzusetzen, gehört bisweilen Überzeugungskraft von Seiten des Lehrenden, denn Lernende sind oft der Meinung, es reiche doch, wenn sie eine Lösung gefunden hätten. Mit der Forderung nach „nachvollziehbaren Rechenwegen“ wurden Lernende auch schon in einem traditionellen, fertigkeitsorientierten Mathematikunterricht zum Argumentieren angehalten. Die Dokumentation des Lösungswegs ist eine wichtige Teilkompetenz der Kompetenz *Mathematisch argumentieren*.

Auf der Ebene der Metakognition muss man auch schon in frühen Jahrgangsstufen Lernenden vermitteln, jeden Denkschritt zu dokumentieren, damit sie die Richtigkeit ihrer Überlegungen nachweisen können. Jeder Schritt ist ein Argument, die Argumente werden aneinandergereiht, und die Argumentation kann insgesamt nur überzeugen, wenn die Reihe lückenlos ist. Ist ein Argument dabei, das nicht überzeugen kann, wird nur diesem Argument widersprochen, nicht der Argumentation im Ganzen. Nicht nur bei der Leistungsfeststellung sollte dies konsequent eingefordert werden, auch im Unterricht werden nur lückenlos dargestellte Lösungswege akzeptiert. Nur so ist es dem Lehrenden möglich, in Alltagssituationen die Lernprozesse diagnostisch zu begleiten. Nur dann kann er herausfinden, welches der zahlreichen Argumente nicht überzeugend ist und weshalb, also wo der Fehler oder wo die Fehlvorstellung liegt.

Wenn auf der Lückenlosigkeit einer Argumentation bestanden wird, kann bezüglich der Darstellung großzügig verfahren werden, denn die Argumentation hat immer einen Adressaten. „Ich habe verstanden, was du meinst“, signalisiert einem Lernenden, dass er bei der Darstellung seines Lösungswegs alle Schritte lückenlos kommuniziert, sich aber zum Teil nicht an formale Konventionen gehalten hat. Ein Lehrer, der Leistungsnachweise konsequent so bewertet, fördert auch bei diesem Teil seiner Tätigkeit indirekt die Kompetenz des mathematischen Argumentierens.

Auch in der verbalen Kommunikation wird die Kompetenz *Mathematisch argumentieren* gefördert, wenn darauf bestanden wird, dass jeder Schritt verständlich dargestellt und begründet werden muss, damit andere von seiner Richtigkeit überzeugt werden.

Aus der Perspektive der Lernenden bedeutet Argumentieren:

- jeden Schritt eigener Überlegungen nennen beziehungsweise aufschreiben;
- zur Dokumentation eigener Überlegungen geeignete mathematische Begriffe und Darstellungen verwenden;
- eigene Überlegungen so darstellen, dass sie von anderen Lernenden und dem Lehrenden verstanden werden;
- eigene Überlegungen erläutern und begründen;
- eigene Überlegungen so darstellen, dass keine Lücken bleiben;
- fehlerhafte Schritte in eigenen Überlegungen herausfinden;
- fremde Überlegungen nachvollziehen und auf ihre Richtigkeit überprüfen;
- fehlerhafte Schritte in der Darstellung fremder Überlegungen herausfinden und benennen.

Dem Beweisen ist in diesem Buch ein eigenes Kapitel gewidmet, weil Beweisen einen höheren Anspruch erfüllt als Argumentieren, wenn es auch in der Kompetenz *Mathematisch argumentieren* enthalten ist. Es ist sinnvoll, in der Sprache der Lernenden solch eine Unterscheidung ebenfalls vorzunehmen. Beim Argumentieren geht es darum, Ketten von mathematischen Handlungen lückenlos darzustellen, zu bewerten und zu kommunizieren. Beim Beweisen geht es darüber hinaus über allgemeingültige Aussagen, um das Aufstellen und Überprüfen von Behauptungen, um die Unterscheidung zwischen Voraussetzungen und Behauptungen.

3.10 Die Kompetenz: *Mathematisch argumentieren*

Beim mathematischen Argumentieren werden auf der Basis von mathematischen Begriffen und Regeln mathematische Aussagen zu logischen Argumentationsketten verbunden. Beim Beschreiben von Lösungswegen, beim Begründen von Behauptungen oder bei der Herleitung mathematischer Sätze und Formeln wird mathematisch argumentiert. Die Kompetenz *Mathematisch argumentieren* beinhaltet neben dem aktiven auch einen passiven Aspekt: das Verstehen und das Nachvollziehen mathematischer Argumentationen. Argumentieren fördert in allen Klassenstufen logisches Denken und trägt zu einem tieferen mathematischen Verständnis bei. Verschiedene Darstellungsformen der Argumentation sollten genutzt werden: verbal, ikonisch, formalisiert. Plausibilitätsbetrachtungen gehören ebenso zum mathematischen Argumentieren wie formal strenge Beweise.

Die Anforderungen beginnen bei der Wiedergabe von Routineargumentationen und der Nennung von Beispielen, führen über den Nachvollzug mehrschrittiger Argumentationsketten bis hin zur Entwicklung eigener und Bewertung fremder komplexer Argumentationsketten.

Der passive Aspekt der Kompetenz äußert sich darin, dass mathematische Aussagen hinterfragt und auf ihre Richtigkeit überprüft werden, Zusammenhänge erkannt, Vermutungen entwickelt, Begründungen gesucht und gegebene Begründungen nachvollzogen werden. Dadurch, dass Lehrende oder parallel Lernende sprachlich logisch und inhaltlich korrekt argumentieren, wird eine Grundlage geschaffen, auf der Lernende selbst diese Kompetenz erwerben und einsetzen.

Das Argumentieren trägt auch dazu bei, den sachlogischen Aufbau der Mathematik zu verstehen, insbesondere die Rolle des Beweisens, wenn exemplarisch Beweise geführt oder nachvollzogen werden. Außerdem besitzt es überfachliche Alltagsrelevanz im Hinblick, Dinge sachlich schlüssig zu begründen (aktive Perspektive) und kritisch zu hinterfragen (passive Perspektive).

Bereits Grundschüler argumentieren, wenn sie Vermutungen über mathematische Gedankengänge äußern, oder wenn sie berichten, wie sie beim Rechnen vorgegangen sind, obwohl ihnen dabei oft nicht bewusst ist, dass sie argumentieren. Die Kompetenz, mathematisch aktiv zu argumentieren, kann gezielt gefördert werden, indem man die Lernenden auffordert, zunächst Fragen[16] zu stellen; dies sind einengende „W-Fragen" der Art:

- Wie bin ich vorgegangen?
- Wie viel ...?
- Was passiert, wenn ...?
- Warum ...?

[16] Bei der Zusammenstellung der Fragen habe ich mich an den „Forscher-Fragen" nach Brigitte Lutz-Westphal (2014) orientiert und diese erweitert.

- Welche Muster oder Regelmäßigkeiten erkenne ich?
- Welche Mathematik kann ich einsetzen?
- Wo kommt das noch vor?
- Wozu kann man das verwenden?
- Welchen Zusammenhang kenne ich, in dem ... ?

Der mathematische Gegenstand wird dabei reflektiert mit Fragen der

- Dokumentation,
- Quantifizierung,
- Erkundung,
- Kausalität,
- Struktur,
- mathematischen Werkzeuge,
- Übertragbarkeit,
- Anwendung,
- Kontexte.

Die Fragen werden aus subjektiver Sicht auf ihre Beantwortbarkeit untersucht und führen nicht unbedingt zu Lösungen. Aber sie führen zu Teilantworten und damit zu Lernfortschritten; selbst gefundene Teilantworten können als Argumente verwendet werden. Wer argumentiert, der kennt nicht unbedingt schon die Antworten. Argumentieren ist auch ein Prozess, an dessen Ende Antworten stehen, die am Anfang dem Argumentierenden noch nicht bekannt waren und Fragen beantwortet werden, die am Anfang nicht gestellt wurden. Mit Fragen wie „Ist das immer so?" wird schließlich die Grenze zum Beweisen erreicht.

Hier macht sich ein Unterschied von Vorschau- und Rückschauperspektive, von Argumentieren und Beweisen, deutlich. Ein Lehrender, der vor seiner Klasse einen Beweis führen möchte, verfügt über die Perspektive der Rückschau und legt sich sorgfältig eine Argumentationskette zurecht, damit möglichst viele Lernende seine Argumentation nachvollziehen können.

Ein Lernender befindet sich in der Perspektive der Vorschau, er argumentiert, stellt Fragen, findet Antworten und findet auf andere Fragen keine Antworten. Die Argumentationskette muss er erst aufbauen, ohne zu wissen, wie lang sie wird und bei welcher Erkenntnis sie enden wird. Ist ihm eine Argumentationskette gelungen, wechselt er bei diesem Wissenselement, und nur bei diesem, in die Perspektive der Rückschau. Aus Argumenten werden Begründungen, Begründungen sind Argumente, die den Adressaten überzeugen können. Begründungen erfordern die Perspektive der Rückschau. Wer begründen kann, hat bereits gelernt.

Aufgabenteile oder Aufforderungen, in denen Begründungen eingefordert werden, unterstützen die Kompetenz *Mathematisch argumentieren*. Auch die Forderung nach der Darstellung eines vollständigen Lösungswegs ist nichts anderes als dass mathematisches Argumentieren eingefordert wird. Ein Vergleich von Lösungen ohne Lösungsweg ist im Mathematikunterricht unergiebig, weil damit kein Adressat von der Richtigkeit überzeugt werden kann und weil derjenige, der zu abweichenden Lösungen gelangt ist, dadurch keine Hinweise erhält.

4 Beweisen im Mathematikunterricht

Mit der Einführung kompetenzorientierter Bildungspläne an allgemeinbildenden Schulen wurde die Frage, welchen Stellenwert das Beweisen dort haben soll, geklärt: Es soll stattfinden. Allerdings fordern Bildungspläne in der Regel keine abstrakten, formalen, mathematischen Beweise, sondern das Beweisen findet aus einer Perspektive der Lernenden in einer weicheren Form als Prozess des Argumentierens und Überzeugens statt. Mit der Förderung der Kompetenz *Mathematisch argumentieren* wird mathematisches Beweisen im Ansatz kennengelernt. Der didaktische Ort des Beweisens im allgemeinbildenden Mathematikunterricht ist hauptsächlich das Lernen und Üben des Argumentierens am aufgezeigten Beispiel.

Ein mathematischer Beweis beruht auf Axiomen und bereits Bewiesenem. Auf dieser Basis wird eine Behauptung aufgestellt, und deren Richtigkeit wird mit einer lückenlosen Kette von Begründungen nachgewiesen; dabei ist formal strenge Darstellung geboten. Um einen mathematischen Beweis führen zu können, bedarf es notwendigerweise einer Perspektive der Rückschau; nur wer über einen Sachverhalt bereits Bescheid weiß, kann einen lückenlosen und formal fehlerfreien Nachweis über dessen Richtigkeit führen.

Mathematischer Beweis
Formal strenge Darstellung
Anordnung in eine lückenlose Kette
Begründungen
Behauptung
Axiome

Axiomatisches Denken ist weder Inhalt noch Ziel allgemeinbildenden Mathematikunterrichts. Insofern haben „richtige" mathematische Beweise dort nur geringe Bedeutung. Die schulische Form des Beweisens basiert auf bereits Gelerntem, was fortan als Argumentationsbasis akzeptiert wird. Statt formal strenger ist adressatengerechte Darstellung zulässig. Die Struktur des schulischen Beweises lässt sich mit derselben tabellarischen Darstellung beschreiben wie weiter oben schon das mathematische Argumentieren[17].

Schulischer Beweis
Verständliche Darstellung
Anordnung in eine lückenlose Kette
Begründungen
Behauptung
Argumentationsbasis

[17] siehe Seite 28

Beweise werden im Mathematikunterricht hauptsächlich eingesetzt,

- um Lernende von der Richtigkeit des Gelernten zu überzeugen,
- um ein Entdecken von Zusammenhängen zu unterstützen,
- um im Anschluss an das Lernen einen Kompetenzzuwachs nachzuweisen,
- um einen Kompetenzzuwachs im mathematischen Argumentieren zu unterstützen.

Zur Erreichung solcher Ziele können aktive und passive Rollen der Lernenden gleichermaßen geeignet sein. Lernende können einen Beweis führen, um sich ihren Kompetenzzuwachs selbst bewusst zu machen oder um ihn gegenüber anderen nachzuweisen. Oder sie können durch Nachvollzug eines Beweises Erkenntnisse gewinnen und diese vertiefen.

Wenig erfolgversprechend erscheint ein Ansinnen, mithilfe von fragend-entwickelnden Unterrichtsverfahren Beweise vom Lehrenden und den Lernenden gemeinsam zu „erarbeiten". Weshalb sollte in einer nur scheinbar offenen Situation, in der die Lernenden sich noch in der Vorschauperspektive befinden, ein Zwischenweg zwischen Kreation und Darbietung für die Lernenden von Vorteil sein? Denn solche Arrangements sind grundsätzlich auf Nachvollzug angelegt.

Ist der Lernprozess noch nicht abgeschlossen, befindet sich der Lernende in der passiven Rolle und wird von einem adressatenbezogenen Beweis überzeugt, den selbst zu führen er noch nicht in der Lage wäre. Nachvollzug ist ein sinnvoller unter einer Vielfalt von Lernwegen. Er ist nur dann abzulehnen, wenn Lernangebote oder Lernarrangements auf Nachvollzug als einzigem Weg reduziert werden. Ist der Lernprozess bezüglich eines Lerngegenstandes abgeschlossen, können Lernende in einer aktiven Rolle adäquate Beweise selbst führen.

4.1 Argumentieren, Begründen und Beweisen

Begründen und Beweisen sind ähnliche Handlungsmuster, die aus deduktiv geprägtem Denken hervorgehen. Sowohl das Begründen als auch das Beweisen sind Teilkompetenzen der Kompetenz *Mathematisch argumentieren.* Ein mathematischer Beweis besteht aus einer lückenlosen Kette formal strenger, deduktiver Folgerungen aus bereits Bewiesenem, an deren Ende neues Wissen steht. Dabei ist Beweisen vernünftiges Denken in reiner Form und bedarf keiner realen Erfahrungsbezüge. Die Mathematik ist eine axiomatisch und deduktiv geordnete Welt. „Eine mathematische Wahrheit verstehen heißt einsehen, wie sie auf einer einfacheren ruht."[18]

Beweise sind zentrale Elemente der Mathematik auf der Suche nach formal Richtigem. Zum Beispiel beruht der Satz des Thales auf dem Basiswinkelsatz und dem Winkelsummensatz und lässt sich mithilfe dieser Sätze beweisen. Eine streng axiomatische Vorgehensweise in der Schule würde es nötig machen, die beiden obengenannten Sätze zunächst zu beweisen, bevor ein Beweis

[18] Martin Wagenschein 1960, zitiert nach Hans Freudigmann 2009, S. 3

des Thales-Satzes möglich wäre. Das würde die Ansprüche und die Möglichkeiten schulischen Unterrichts übersteigen. Die Welt der Mathematik muss notwendigerweise verlassen werden, wenn die Mathematik in der Schule zum Lerngegenstand gemacht wird. Erst dadurch wird es möglich, die singulären Welten der Lernenden zu betreten.

Im Mathematikunterricht der allgemeinbildenden Schule ist das Beweisen kein zentrales Anliegen; die schulische Form des Beweisens ist das Begründen. Allgemeinbildender Mathematikunterricht geht von den Perspektiven der Lernenden aus, von ihren konkreten Erfahrungen und Anschauungen. Die Wirklichkeit wird erkundet und schafft Ausgangspunkte, die mit mathematischen Begriffen beschrieben und geordnet werden. Ein schulischer Beweis unterstützt das Verstehen und kann deshalb die strengen Anforderungen wissenschaftlicher Beweise nicht erfüllen; täte er es dennoch, würde der Lernende schon dadurch in die rezeptive, passive Rolle gedrängt, denn Beweise werden stets monologisch geführt. Schulische Beweise können aber auf Anschauung bauen, können auf Voraussetzungen zurückgreifen, die im sozialen Umfeld des Unterrichts zum Teil unbewiesen bleiben. Plausibilitätsüberlegungen können herangezogen werden, um Hypothesen aufzustellen: Plausibel ist, wenn ich mir vorstellen kann, dass etwas stimmt. Indem eine Hypothese formuliert wird, wird die Überlegung nachprüfbar. Beweisen schafft dann Gewissheit: Ich bin mir sicher, dass es stimmt.

Mit der Förderung der Kompetenz *Mathematisch argumentieren* ist das Beweisen in didaktisch reduzierter Form Teil des Mathematikunterrichts. An Stelle der Hypothese im wissenschaftlichen Beweis stehen im schulischen Beweis Fragen nach der Existenz, nach funktionalen Zusammenhängen und nach Allgemeingültigkeit[19]:

- Gibt es …?
- Wie verändert sich …?
- Ist das immer so?

Darüber hinaus umfasst die Kompetenz *Mathematisch argumentieren*, Vermutungen begründet zu äußern, Argumentationen zu entwickeln, Plausibilitätsüberlegungen, sowie die Beschreibung und Reflexion von Lösungsideen und Lösungswegen. Der didaktisch reduzierte Begriff des Beweises im Mathematikunterricht liegt näher an einem Alltagsverständnis als am wissenschaftlichen.

Modelle des Beweisens aus der Wissenschaft sind also für den Mathematikunterricht der Sekundarstufe I anzupassen, denn hier geht es um kindgerechtes Überzeugen. Begründen und Überzeugen sind „soziale Formen" des Beweisens, weil sie adressatenbezogen sind und eher dialogisch angewandt werden können. Insofern sind für schulische Beweise auch geeignete Beispiele und anschauliche zeichnerische Darstellungen als Argumente zulässig, sofern sie in einen schlüssigen

[19] Quelle: Kultusministerkonferenz 2003, S. 8

Begründungszusammenhang eingebunden sind. Schulische Beweise sollen mathematische Zusammenhänge einsichtig machen, sollen die Lernenden von der Richtigkeit der Zusammenhänge überzeugen. Sie werden nur in begrenzten, überschaubaren Zusammenhängen geführt und sind nicht Teile eines vollständigen deduktiven Systems. Im schulischen Zusammenhang kann die Richtigkeit von Aussagen auch dadurch bestätigt werden, dass nachgemessen oder nachgerechnet wird; Hans Freudigmann *(Freudigmann 2009)* verwendet dafür den Begriff des empirischen Beweises, weil er auf Handlungserfahrungen aufgebaut ist.

Man kann nicht nur begründen, weshalb etwas gilt, sondern auch, weshalb etwas nicht gilt. Während als Begründung für die Richtigkeit einer Behauptung auch noch so zahlreiche Beispiele nicht als Beweis ausreichen, reicht ein einziges Gegenbeispiel als Beweis, wenn etwas nicht gilt. Lernende eignen sich eine wichtige Beweisstrategie an, wenn sie angeleitet werden, beim Begründen eines Zusammenhangs nach Beispielen, dann aber auch nach einem Gegenbeispiel zu suchen. Damit lernen sie in didaktisch reduzierter Form eine wissenschaftliche Beweismethode.

Beim Begründen und Beweisen gibt es die zwei Stufen „ob“ und „warum“. Oft ist es der Lehrende, der aktiv Fragen des „Warum“ in den Raum stellt. Erstrebenswert ist, dass möglichst oft Lernende von selbst nach einem „Warum“ fragen. Der Fall, dass der Lehrende von den Lernenden Begründungen einfordert, für Sachverhalte, die er selbst vertritt, wäre wenig authentisch, denn wer sollte es schließlich besser wissen als der Lehrende selbst?

Beweisen im Mathematikunterricht besteht seltener aus formal-deduktivem Schließen, denn für dieses ist eine Perspektive der Rückschau nötig. Wenn im Mathematikunterricht also deduktive Beweise geführt werden, geschieht dies sehr häufig durch den Lehrenden, die Lernenden befinden sich in einer passiven Rolle. Dabei ist es von Vorteil, wenn der Lehrende die Beweise so führen und erklären kann, dass die Lernenden seine Gedanken gut nachvollziehen können.

Wenn dagegen Lernende sich gegenseitig Mathematik erklären, einander überzeugen und beweisen, dass etwas gilt, dann werden die Kompetenzen *Mathematisch argumentieren* und *Mathematisch kommunizieren* im aktiven Handeln gefördert. Als Beispiele für Beweismöglichkeiten in diesem Sinne seien genannt:

- dass es unendlich viele Primzahlen gibt,
- weshalb die Teilbarkeitsregel für die Zahl 9 über die Quersumme gilt,
- weshalb es irrationale Zahlen gibt.

4.2 Zur didaktischen Funktion von Argumentieren, Begründen und Beweisen

Argumentieren und Begründen liegen begrifflich nahe beieinander. Bei beidem geht es nicht darum, ob, sondern weshalb Sachverhalte richtig oder falsch sind. Begründungen sind Teile der Unterrichtskultur im Mathematikunterricht und bilden Gegenpole zu der Sichtweise, der Lehrende hätte qua Amt immer Recht und müsste den Lernenden die Mathematik nur anschaulich genug erklären. Argumentieren besteht im stringenten Aneinanderreihen geeigneter Begründungen. In einem Mathematikunterricht, in dem Begründungen und Argumente eine Rolle spielen, sind weniger Erklärungen und Nachvollzüge erforderlich.

Begründen und Argumentieren sind die didaktisch reduzierten Formen des mathematischen Beweisens. Beim Argumentieren werden auch solche Begründungen verwendet, die nicht als Beweise herangezogen werden können, weil es ihnen an der formalen Strenge mangelt. Formale Strenge kann immer nur aus einer Perspektive der Rückschau gefordert und erfüllt werden, über die die Lernenden aber nicht verfügen.

Unter einem mathematischen Beweis wird eine lückenlose formale Argumentationskette verstanden; dabei wird „eine Behauptung in gültiger Weise Schritt für Schritt formal deduktiv aus als bekannt vorausgesetzten Sätzen und Definitionen gefolgert" *(Esther Brunner 2014, S.7, zitiert nach Michael Meyer)*. Der mathematische Beweis ist ein typisches Merkmal der Rückschauperspektive des bereits Verstandenen und steht damit eher für ein wissens- und fertigkeitsorientiertes als für eine kompetenzorientiertes Verständnis von Mathematikunterricht. Schulische Beweise dagegen sind Teil einer Begründungskultur und geben Antworten auf Fragen nach dem Warum, sie dienen zum Überzeugen und Erklären.

Der Beweis im Mathematikunterricht ist eine Form des Argumentierens. Argumente sind nicht richtig oder falsch, sondern sie können überzeugen oder nicht. Der schulische Beweis klärt aus Sicht der Lernenden, ob ein Zusammenhang „immer gilt". Die didaktische reduzierte Form eines mathematischen Beweises ist eine Kette von Argumenten, die dazu dient, einen Sachverhalt zu begründen und die Lernenden von dessen Richtigkeit zu überzeugen. Mit dieser Sichtweise manifestiert sich deduktives, formal strenges Beweisen im Mathematikunterricht der Sekundarstufe indirekt in zielgruppengerechtem Begründen, Argumentieren und Überzeugen durch Beweise, die den Lernenden dargeboten werden.

Wenn die Lernenden sich selbst aktiv im Begründen und Beweisen üben, wird die Kompetenz *Mathematisch argumentieren* gefördert. Hier werden subjektive Begründungen gefunden, die oft erst während des Lernprozesses entstehen.

Argumentieren, Begründen und Beweisen sind immer dialogisch, denn es gibt stets ein Gegenüber, das man mit Argumenten oder Begründungen überzeugen, oder dem man etwas beweisen möchte. Argumentieren, Begründen und Beweisen finden in einem sozialen Bezugsrahmen statt.

Wenn im Unterricht Lernende von der Gültigkeit einer Regel überzeugt werden sollen, dann können auch Voraussetzungen als gegeben herangezogen werden, die innerhalb dieses sozialen Rahmens noch nicht explizit bewiesen wurden. Natürlich müssen Argumente und Begründungen fachlich korrekt verwendet werden, dies aber bezogen auf die Perspektive der Lernenden.

Wenn ein Lernender eine aufgestellte Behauptung verifiziert, indem er beispielsweise in eine Zeichnung zusätzliche geeignete Hilfslinien einzeichnet, dann argumentiert er nonverbal, gibt eine angemessene Begründung für die Richtigkeit seiner Behauptung und „beweist" somit seinen Mitlernenden, dass er Recht hat. Er ist weit davon entfernt, seinen „Beweis" formal richtig und vollständig führen zu können, trotzdem argumentiert er mathematisch und erwirbt damit einen Baustein im Verständnis mathematischer Vorgehensweisen. Die soziale Gruppe entscheidet selbst über die Akzeptanz der dargelegten Argumente, „es muss (also) geklärt werden, was im jeweiligen Unterricht als Beweis gilt" *(Esther Brunner 2014, S. 56)*, und ob das, was gezeigt wurde, tatsächlich immer gilt. Durch eine Verifizierung wird die Richtigkeit einer Behauptung wahrscheinlicher, aber sie ist noch kein eindeutiger Nachweis, während eine Widerlegung eindeutig ist. Deshalb sollte in Begründungszusammenhängen nicht nur nach Argumenten gesucht werden, die die Vermutung bestätigen, sondern auch nach Möglichkeiten der Widerlegung.

In der Wissenschaft wird zwischen induktiven, deduktiven und aduktiven Begründungsarten unterschieden. Im schulischen Begründen gibt es dazu Entsprechungen.

Induktion

„Warum ist das immer so, oder finde ich ein Gegenbeispiel?" Eine induktive Begründung liegt vor, wenn von Einzelfällen auf das Allgemeine geschlossen wird. Lernende begründen gern induktiv, schließen oft voreilig von Einzelfällen auf eine angebliche Allgemeingültigkeit. Als Lehrender akzeptiert man diese Vorgehensweise, führt die Lernenden gleichzeitig behutsam an die Grenzen der Vorgehensweise. Dies kann dadurch geschehen, dass man sie auffordert, bestimmte andere Beispiele zu überprüfen oder indem man sie auf den Weg zu einer vollständigen Induktion schickt; geeignete Beispiele können hier hilfreich sein. Eine weitere Möglichkeit, induktive Begründungen zu überprüfen, ist die Suche nach Gegenbeispielen. Die Lernenden können selbst entdecken, dass man etwas begründen kann, indem man nachweist, dass das Gegenteil falsch ist: Beweis durch Widerspruch.

Trotzdem ist es schwierig, durch induktive Argumentation Gewissheit zu erlangen, dass etwas tatsächlich immer zutrifft, das Zutreffen ist lediglich wahrscheinlich, aber nicht sicher. Man kann induktive Vorgehensweisen jedoch durch geeignete Aufgabenbeispiele unterstützen.

Dies möchte ich an einem Beispiel von Esther Brunner verdeutlichen: „Die Summe $13+15+17+19$ ist durch 8 teilbar. Gilt dies für jede Summe von vier aufeinanderfolgenden ungeraden Zahlen?" *(Esther Brunner 2014, S. 21)* Die Aufgabe fordert die Lernenden auf, das Beispiel durchzurechnen, $13+15+17+19=64$, $64:8=8$. Weitere Zahlenbeispiele können vorgegeben werden oder die Lernenden können aufgefordert werden, selbst Beispiele zu generieren. Sie werden feststellen, dass die Regel bei allen Beispielen gilt, vorausgesetzt, sie verrechnen sich nicht. Aber wie kommt jetzt der Schritt zur Allgemeingültigkeit?

Der Schritt zur Allgemeingültigkeit geht über formale Symbolik: Eine ungerade Zahl wird durch den Term $2n+1$ repräsentiert. Dann kann man die Aufgabe verallgemeinern:

$$\begin{aligned}(2n+1)+(2n+3)+(2n+5)+(2n+7) &= 2n+1+2n+3+2n+5+2n+7\\ &= 2n+2n+2n+2n+1+3+5+7\\ &= 8n+16\\ &= 8(n+2)\end{aligned}$$

Lernende brauchen Erfahrungen im Beweisen, um einen solchen formalen Beweis zu führen. Das fällt ihnen oft schwer. Leichter fällt der Nachvollzug. Zum Teil ist es ihnen auch nicht bewusst, dass sie dabei sind, etwas zu beweisen. Man kann und sollte Lernenden bewusst machen, dass sie die Richtigkeit einer Lösung begründen, wenn sie ihren Lösungsweg formal korrekt und vollständig dokumentieren. Dies erlangt besondere Bedeutung, wenn „umständliche" Lösungswege gegangen werden oder wenn Lösungswege Fehler enthalten.

Man könnte die Aufgabe auch so stellen:

a) Überprüfe die folgenden Rechnungen:

$1+3+5+7=16$	○
16 ist durch 8 teilbar	○

$3+5+7+9=24$	○
24 ist durch 8 teilbar	○

$5+7+9+11=32$	○
32 ist durch 8 teilbar	○

b) Bei den Aufgaben oben wurden immer vier aufeinander folgende ungerade Zahlen addiert, und die Summe war durch 8 teilbar.
Erfinde drei weitere Aufgaben dieser Art und überprüfe, ob die Summe wieder durch 8 teilbar ist.

c) *„Jede Summe von vier aufeinander folgenden ungeraden Zahlen ist durch 8 teilbar."*
Begründe, weshalb das immer so ist oder beweise, dass es nicht immer so ist.

Wenn die kleinstmöglichen natürlichen Zahlenbeispiele vorgegeben werden, enthält die Aufgabe nicht mehr die formale Beweisidee. Es wäre schwieriger, einen geeigneten Term aufzustellen und diesen „elegant" umzuformen; denn man müsste für das kleinste Zahlenbeispiel zulassen, dass $n = 0$ ist.

Den Lernenden fällt es mit der veränderten Aufgabenstellung leichter, zu begründen, weshalb der Sachverhalt für alle Zahlenbeispiele gilt. Denn sie sehen die Achterreihe vor sich und können entdecken, dass jedes nächste Zahlenbeispiel eine um 8 größere Summe generiert, weil die vier Zahlen jeweils um 2 erhöht werden: vollständige Induktion. Diese Begründung reicht für einen schülerorientierten Beweis. Durch Untersuchen eines Musters wurde Sicherheit gewonnen, dass der Zusammenhang „die Summe ist durch 8 teilbar" immer gilt, weil die Summe immer um 8 erhöht wird, wenn das nächstgrößere Beispiel generiert wird.

Deduktion

„Ich kenne Voraussetzung und Behauptung und kann alle Begründungsschritte in die richtige Reihenfolge bringen."

Deduktion ist die eher wissenschaftsbezogene Begründungsart: vom Allgemeinen zum Speziellen. Beim deduktiven Begründen entsteht aus vorhandenem Wissen neues Wissen, eine bekannte Regel wird auf einen unbekannten Fall angewendet. Da dies beim schulischen Lernen von Mathematik selten der Fall ist, passt der deduktive Beweis nur insofern in ein Konzept schülerorientierten Mathematiklernens, als er dazu dient, das Verstehen zu unterstützen. Denn letztendlich gehört zum Verstehen einer mathematischen Regel notwendigerweise die Überzeugung, dass sie immer gilt. Diese Gewissheit kann auf individueller Ebene erlangt werden oder im sozialen Gefüge einer Lerngruppe. Die Allgemeingültigkeit auf der formal-abstrakten Ebene dagegen ist für das schulische Lernen von untergeordneter Bedeutung. Wenn es um den Erkenntnisgewinn geht, spielen induktive und abduktive Prozesse eine wichtigere Rolle als deduktive.

Abduktion

„Ich habe es durchprobiert."

Eine abduktive Begründung ist wie die induktive eine Begründungsart, die selten Gewissheit über die Richtigkeit eines Zusammenhangs verschafft. Ein abduktiver Schluss ist einleuchtend und erklärend, aber nicht zwingend wahr, denn die Erklärungen haben lediglich hypothetischen Charakter. Andererseits können durch Betrachtungen von Beispielen und die Systematisierung solcher Betrachtungen Erklärungen gefunden werden. Deren Tragfähigkeit reicht für den schulischen Kontext aus oder macht die Notwendigkeit einer genaueren Überprüfung deutlich.

Das folgende Beispiel ist der Leitidee Zahl und darin dem Thema Teilbarkeit zuzuordnen. Hauptsächlich als Teilkompetenz des Bruchrechnens wird in der Sekundarstufe der Primzahlbegriff gelernt und die Primzahleigenschaft kleinerer Zahlen bestimmt. Dabei wird über die Primzahleigenschaft einzelner Zahlen hauptsächlich nach zwei Methoden entschieden:

- „ich weiß auswendig, ob diese Zahl eine Primzahl ist“;
- „ich habe ausprobiert, von welchen kleineren Zahlen diese Zahl geteilt wird, und wenn ich keine gefunden habe, ist die Zahl wohl eine Primzahl.“

Im Zusammenhang mit dem Bruchrechnen reichen diese Strategien aus. Aber für viele Lernende ist das nicht befriedigend, weil sie das Ausprobieren nicht als verlässliches Verfahren ansehen und weil sie Rechenergebnissen mehr vertrauen als solch eher vagen Begründungen.

Mit dem Sieb des Eratosthenes als Begründungshilfe werden sie an ein Verfahren des systematischen Probierens herangeführt. Dieses ermöglicht Begründungen, die in einem überschaubaren Zahlenraum für alle Zahlen gelten. Mit dem Sieb des Eratosthenes wird eine Liste erstellt, mit der man über die Primzahleigenschaft jeder Zahl in diesem Bereich befinden kann. Wenn Lernende solche Listen ausfüllen, kann man schnell beobachten, wie Entdeckungen gemacht und Erklärungen gefunden werden: die Reihe 15, 25, 35, ... wird komplett gestrichen, weil das „ja klar“ sei; 22, 33, 44, ... wird diagonal weitergeführt; Abstände werden abgezählt.

Die Überzeugungskraft der fertigen Liste ist hoch, weil der Lernende sie selbst erstellt hat. Als Lehrender sollte man sie deshalb nicht abschirmen, sondern als Hilfsmittel im folgenden Unterricht zulassen.

Das Sieb des Eratosthenes
zur Bestimmung von Primzahlen

Große Primzahlen spielen in der modernen Technik eine Rolle bei der Verschlüsselung von Daten und sind damit durchaus ein aktuelles Thema. Das führt zu der Frage, wie viele Primzahlen es eigentlich gibt. Hört das irgendwann mal auf? Es würde das Rechnen erleichtern, wenn man nicht nur die kleinste, sondern auch die größte Primzahl kennen würde.

Hier kann ein Nachweis hilfreich sein, den die Lernenden zunächst nur nachvollziehen: Es gibt keine größte Primzahl. Nebenbei lernen sie ein ihnen bisher unbekanntes Beweisverfahren kennen: Man behauptet zunächst das Gegenteil von dem, was man beweisen will und weist dann nach, dass die Behauptung falsch war.

Angenommen, es gäbe eine größte Primzahl und dies wäre die Zahl 7. Dann bildet man ein Produkt aus allen Primzahlen, die es vermeintlich gibt: $2 \cdot 3 \cdot 5 \cdot 7 = 210$. Dieses Produkt wird von jeder der verwendeten Primzahlen geteilt. Nun addiert man zu dem Produkt die Zahl 1 und erhält 211. Da keine Zahl gleichzeitig Teiler zweier benachbarter Zahlen sein kann, wird die Zahl 211 von keiner der verwendeten Primzahlen geteilt. Also war die Behauptung falsch und es gibt doch eine Primzahl, die größer als 7 ist, denn jede Zahl ist ein Produkt aus Primzahlen oder sie ist selbst Primzahl.

Mit dieser Methode hat Euklid bewiesen, dass es unendlich viele Primzahlen gibt. Allerdings wird sein Satz oft verkürzend falsch dargestellt. Denn wenn man zum Produkt aus endlich vielen Primzahlen 1 addiert, dann ist die Summe nicht zwangsläufig eine neue Primzahl, sondern sie enthält nur einen zusätzlichen Primfaktor, der zuvor nicht verwendet worden ist. Kleinstes Beispiel, wo dies der Fall ist: $2 \cdot 3 \cdot 5 \cdot 7 \cdot 11 \cdot 13 + 1 = 30031 = 59 \cdot 509$. Im Unterricht bieten solche Fragestellungen Differenzierungsmöglichkeiten für leistungsfähigere Lernende, während der Rest der Lerngruppe Primzahlen erfindet und vorgegebene Zahlen auf ihre Primzahleigenschaft überprüft.

Aus den verschiedenen Begründungsarten ergeben sich drei Niveaustufen der Überzeugung, dass ein Zusammenhang immer gilt:

I. der Lernende ist von der Richtigkeit selbst überzeugt; die Begründung fördert das Verstehen;

II. der Lernende kann parallel Mitlernende von der Richtigkeit überzeugen; der Lernende fördert seine Kompetenz des mathematischen Argumentierens;

III. es kann ein adressatenbezogener formaler Beweis geführt werden.

Begründen vollzieht sich wie das Beweisen zuerst auf individueller und dann auf sozialer Ebene. Damit hat Begründen sowohl mit dem Verstehen als auch mit gegenseitigem Überzeugen zu tun.

4.3 Handlungen als Beweis

Gleichseitiges Dreieck

Kern des Beweisens im Mathematikunterricht ist das Überzeugen. Wenn der Lernende überzeugt wird, dass etwas richtig ist und immer gilt, ist es aus seiner Sicht bewiesen. Der Weg solchen Überzeugens ist eine Kette von Argumenten, von denen jedes für sich als richtig anerkannt sein muss. Lernende können solche Ketten von Argumenten nur unter bestimmten Umständen selbst finden. Beweise entdeckt man nicht. Nur wer etwas schon weiß, kann möglicherweise beweisen, dass es stimmt.

Lernende können also selten etwas beweisen, was sie zuvor entdecken mussten. Aber in einer bereits angelegten Kette von Argumenten können sie nächste weiterführende Argumente selbst finden. Und sie können beurteilen, ob jedes der vorgebrachten Argumente sie überzeugen kann.

Lernende überzeugt man mit dem Wiedererkennen von Wissenselementen, die sie schon gelernt haben: „Das kenne ich, das weiß ich schon." In der wissenschaftlichen Mathematik bauen Beweise auf bereits bewiesene Axiome auf, im Mathematikunterricht auf bereits Gelerntem. Elemente des Vorwissens sind die Axiome des Schulbeweises. Wenn Lernenden die Erfahrung, dass sie selbst überzeugt wurden, verschafft wird, dann fördert das die Kompetenz des Argumentierens, denn es wurde erlebt.

Während mathematische Beweise auf der abstrakt formalen Ebene geführt werden, gibt es in der Schule Anschauungsbeweise. Die beste Anschauung liefert das konkrete Handeln, das, verbunden mit Begründungen aus dem Vorwissen, überzeugen, also Beweise liefern kann. Dazu ein Unterrichtsbeispiel aus dem Bereich Dreieckslehre.

A

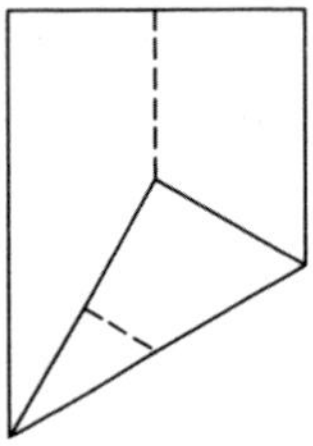

B

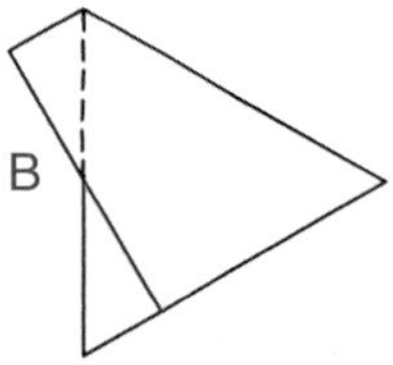

C

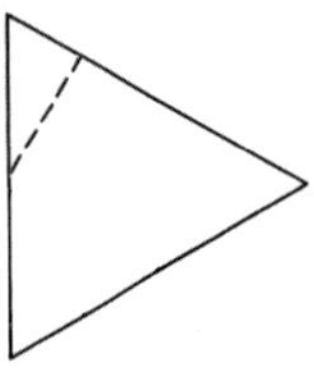

Man beginnt die Stunde mit einem Faltdiktat[20]:

a) *Falte ein DIN-A4-Blatt so in zwei Hälften, dass die langen Seiten aufeinander liegen.*

b) *Falte das Blatt wieder auf und lege es hochkant.*

c) *Falte die rechte untere Ecke so nach oben, dass sie auf der ersten Faltkante liegt und dass gleichzeitig die Blattkante genau in die linke untere Ecke geht (Zeichnung A).*

d) *Falte den oberen Teil des Blattes über das entstandene Dreieck so, dass die Papierschichten unten genau aufeinander liegen (Zeichnung B).*

e) *Oben steht eine Ecke über; falte sie nach hinten (Zeichnung C).*

f) *Vor dir liegt ein Dreieck. Beschreibe seine Eigenschaften.*

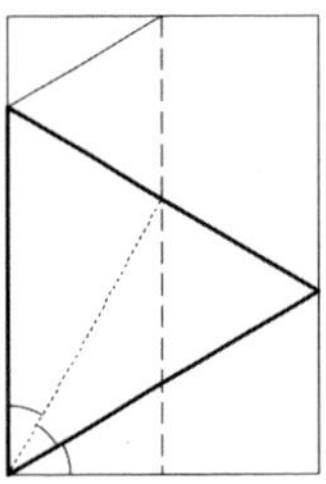

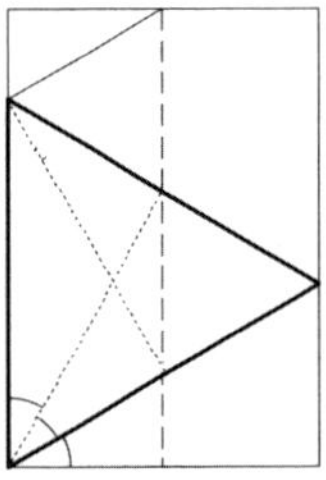

Nachdem die Lernenden es geschafft haben, auf diese Weise Dreiecke zu falten, werden sie aufgefordert, diese näher zu betrachten. Dies geschieht in Einzelarbeit, sollte aber nicht zu viel Zeit in Anspruch nehmen, denn es geht nicht darum, dass die Lernenden etwas entdecken sollen, was in der Aufgabe versteckt ist, sondern es geht um Beschreibungen und Begründungen. In der Regel beschreiben die meisten Lernenden das entstandene Dreieck als gleichschenklig, andere messen die Seitenlängen und kommen darauf, dass es sogar gleichseitig ist. Ist das aber Zufall, ist das Dreieck nur ungefähr gleichseitig, oder kann man das beweisen?

Ein Beweis aus der Rückschauperspektive kann geführt werden, indem das Blatt wieder aufgefaltet wird und die Faltlinien benannt werden. In der Skizze *(aus Albrecht Beutelspacher/Marcus Wagner (2008))* sieht man, dass durch die beschriebene Faltung bis zur Blattmitte die ehemals untere Papierkante zur Höhe des am Ende entstandenen Dreiecks

[20] Das Schwierige an dieser Beschreibung ist die Ausformulierung des Faltdiktats und ich weiß nicht, ob es mir besser gelungen ist als Albrecht Beutelspacher/Marcus Wagner (2008) oder Katja Lengnik u. a. (2014). Im Unterricht gestaltet sich das Diktat weniger problematisch, wenn es durch die enaktive Ebene ergänzt wird, wenn also der Lehrende zur Demonstration mitfaltet oder die Faltergebnisse gezeigt werden. Eine solche enaktive Ebene wird für den Leser durch die ikonische Ebene der Abbildungen ersetzt, aber auch das ist weniger wirksam als es zu zeigen oder vorzumachen. Bitte falten Sie deshalb ein Blatt wie angegeben, dann verstehen wir uns, und gleichzeitig haben Sie eine Erfahrung gemacht, wie schwierig es sein kann, wenn einem etwas nur beschrieben und nicht gezeigt wird.

wurde, das außerdem gleichschenklig ist. Wenn man nun die zweite Höhe einzeichnet, die sich über die Blattmitte ebenfalls bestimmen lässt, ergibt sich die entsprechende Konstellation. Ein Dreieck, das mit zwei verschiedenen Seiten als Basis jeweils gleichschenklig ist, muss gleichseitig sein.

Dieser Beweis verfolgt eine Rückwärtsstrategie. Es ist weniger empfehlenswert, den Beweis so mit den Lernenden zu besprechen, außer einer der Lernenden würde in dieser Weise argumentieren.

Verknüpft man die durchgeführten Handlungen mit dem Vorwissen der Lernenden, ergibt sich eine andere Reihenfolge. Diese Argumentationskette lässt sich nur verfolgen, wenn das gefaltete Blatt zur Hand ist. Durch Faltung bis zur Blattmitte wurde der rechte Winkel gedrittelt; der untere Blattrand wurde zur Winkelhalbierenden. Gleichzeitig wurde er im Verhältnis 1: 2 aufgeteilt. Wenn man die Faltkante betrachtet, entstanden drei kongruente Teilflächen: die untenliegende, die darüber gefaltete und die Restfläche. Mit dem Faltvorgang hat man also 30° von der Blattecke abgetrennt, es bleibt ein Winkel von 60°. Der untere Blattrand teilt das Dreieck außerdem achsensymmetrisch. Deshalb teilt sich der Restwinkel von $180° - 60° = 120°$ auf in zweimal 60°. Alle drei Winkel sind 60° groß, das Dreieck ist also gleichseitig.

Bei leistungsstarken Lernenden reicht ein Hinweis, wie vorhandene Winkel durch die Faltungen aufgeteilt werden, und sie können den Beweis „zeigen“. Anderen wird der Beweis „gezeigt“; sie erfahren, wie man einen Beweis führt, indem man Lerninhalte aneinanderreiht, von deren Richtigkeit man überzeugt ist, weil man sie schon gelernt hat:

- in der Mitte falten halbiert,
- ich kann kongruente Flächen identifizieren,
- kongruente Dreiecke haben gleichgroße Winkel,
- die Winkelsumme im Dreieck beträgt 180°,
- ein Dreieck mit drei gleich großen Winkeln ist ein gleichseitiges,
- jeder Winkel im gleichseitigen Dreieck beträgt 60°.

Wieder fällt auf, dass die verbale Beschreibung der Argumentationskette umständlich und schwer zu verstehen ist. Würde man sich konsequent mathematischer Symbolik bedienen, wäre es einfacher. Daraus den Schluss zu ziehen, man müsste erst auf die nötige Symbolik zugreifen können, bevor man in der Schule ans Beweisen gehen kann, halte ich für falsch. Alle prozessbezogenen mathematischen Kompetenzen müssen parallel gefördert werden; es gibt diesbezüglich keine Hierarchie. Wenn Lernende Handlungsabläufe durchführen, mit bereits vorhandenen Wissenselementen beschreiben und begründen, was sich dabei ergibt, und wenn diese Begründungen in eine sinnvolle Reihenfolge gebracht werden, dann sind das Beweise, und die Kompetenz *Mathematisch argumentieren* wird gefördert. In der Sekundarstufe gibt es dafür in allen Jahrgängen Gelegenheiten.Weitere Fragen führen nun zu „Gilt das immer?"

- Funktioniert die Umwandlung eines Rechtecks in ein gleichseitiges Dreieck nur mit einem DIN-A4-Blatt und wenn ja, warum?
- Geht das auch mit anderen Rechtecken?
- Geht es mit allen Rechtecken?
- Geht es im Besonderen auch mit Quadraten?

In einem differenzierenden Unterricht kann man mit solchen Fragestellungen den Leistungsstarken weitere Lernchancen anbieten, ohne sie nur erneut mit denselben Anforderungen zu beschäftigen. Sie durchlaufen dabei dieselben Handlungsketten ein weiteres Mal und üben, als Beweis eine neue Argumentationskette aufzustellen, beschäftigen sich dabei aber mit einer erweiterten Fragestellung.

Zusätzliche Argumente werden nötig, um zu begründen, wie Rechtecke beschaffen sein müssen, damit beim Falten möglichst wenig Papier übrig bleibt oder dass der Schritt, bei dem am Ende eine kleine Ecke weggeklappt wird, entfällt. Damit öffnet sich in höheren Klassenstufen die Tür zu Winkelfunktionen und zum Satz des Pythagoras. Die Lernenden nehmen mathematische Werkzeuge zur Hand, um einen Sachverhalt zu beschreiben und zu strukturieren. Als Aufgabe kann gestellt werden, verschieden große Rechtecke herzustellen, die erlauben, „ohne weggeklappte Ecke" gleichseitige Dreiecke zu erzeugen.

Teilbarkeit durch 3 und 9

Teilbarkeitsrelationen werden memoriert mit Regeln wie: „Eine Zahl ist nur dann durch 9 teilbar, wenn ihre Quersumme durch 9 teilbar ist."[21] Damit solche Regeln nicht nur unverstanden reproduziert werden, müssen sie beim Lernen mit Fragen nach dem „Warum?" verknüpft werden. Nur wenn der Lernende überzeugt ist, dass sie immer gilt, hat er eine Regel verstanden; er braucht einen Beweis.

Dieses Verständnis wird in Schülerbüchern mit Zerlegungen angebahnt, die darauf hinauslaufen, dass man die Teilbarkeit einer Zahl durch 3 und 9 erkennen kann, indem ihre Quersumme auf die Teilbarkeit durch 3 bzw. 9 untersucht wird. Wenn auf eine geschickte Summenzerlegung[22] abgehoben wird, ist dafür das Distributivgesetz nötig. Wenn mit der Division mit Rest argumentiert wird[23], ist das Assoziativgesetz nötig. In beiden Fällen entstehen lange Ketten von mathematischen Termen. Solche Ketten schrecken viele Lernende ab; sie setzen sich mit der Begründung

[21] Schnittpunkt 2, Mathematik für Realschulen Baden-Württemberg, Ernst Klett Verlag Stuttgart 2005, S. 31
[22] vgl. Schnittpunkt a. a. O.
[23] Mathewerkstatt 2 Baden-Württemberg, Cornelsen Schulverlage Berlin 2013, S. 30

ungern auseinander und lernen die Regel lieber unverstanden auswendig. Bei Lernenden, denen solche Begründungen zu viel mathematische Symbolik enthalten, die aber ansonsten bereit sind, sich mit der Sache kognitiv auseinanderzusetzen, kann eine weniger formal aufgebaute Begründungskette am Beispiel besser ankommen.

1. Schritt: Ist die Zahl 1639 ohne Rest durch 9 teilbar?

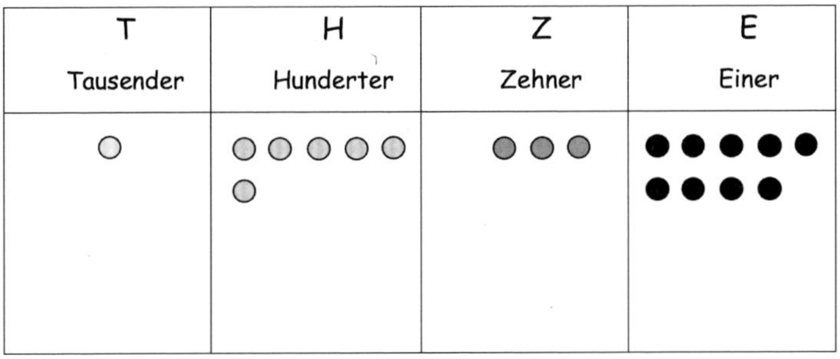

Die Darstellung der Zahl, deren Teilbarkeit untersucht wird, erfolgt mit Plättchen in einer Stellenwerttafel. Wird der Nachweis ikonisch geführt, ist die Anordnung der Plättchen eher ordentlich wie oben. Werden in der Tabelle tatsächlich Plättchen bewegt, sind sie wahrscheinlich weniger strukturiert angeordnet. Auf jeden Fall wird jetzt vermutet, dass die dargestellte Zahl durch 9 teilbar ist, was aufgrund der darin enthaltenen Ziffern für die Lernenden nicht abwegig erscheinen mag. Dann beginnt die Argumentationskette.

2. Schritt: Das Tausender-Plättchen wird in die Einer-Spalte verschoben; dadurch „zählt“ es nur noch 1 statt 1000. Das Plättchen hat 999 „verloren“. Da 999 durch 9 teilbar ist, spielt der Verlust für die Frage, ob ein Rest bleibt, keine Rolle.

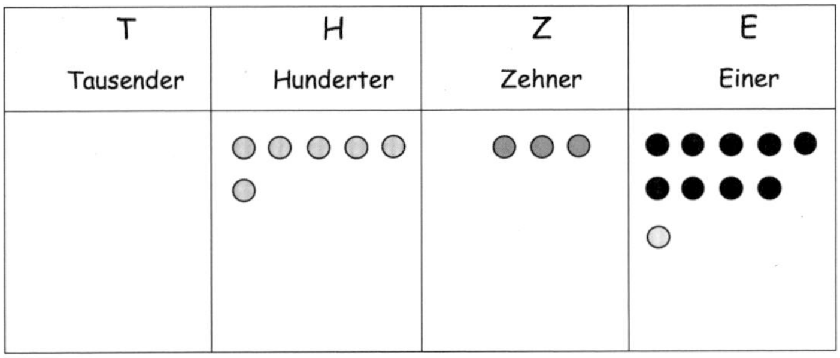

Aus Sicht der Lernenden widerspricht dieser Schritt Vereinbarungen, die in der Grundschule getroffen wurden, und erzeugt einen kognitiven Widerspruch. Dieser „Regelverstoß“ bedarf einer Begründung: Wir wollen nur wissen, ob ein Rest bleibt. Da der „Regelverstoß“ den ganzen

Begründungsablauf trägt, sollte genügend Zeit zugestanden werden, um diesen Schritt auch wirklich vollziehen zu können.

3. Schritt: Die Hunderter-Plättchen werden in die Einer-Spalte verschoben. Aus 600 wird 6; der Verlust von sechsmal 99 spielt für die Frage, ob ein Rest bleibt, keine Rolle.

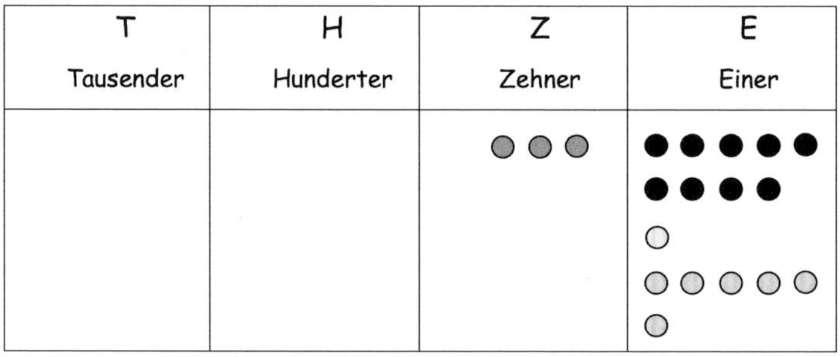

4. Schritt: Nachdem auch die Plättchen aus der Zehner- in die Einerspalte ohne Einfluss auf den Rest verschoben wurden, kann allein aufgrund der Anzahl der Plättchen festgestellt werden, dass tatsächlich ein Rest bleibt, denn die 19 Plättchen lassen sich ohne Rest nicht durch 9 dividieren; eines bleibt übrig.

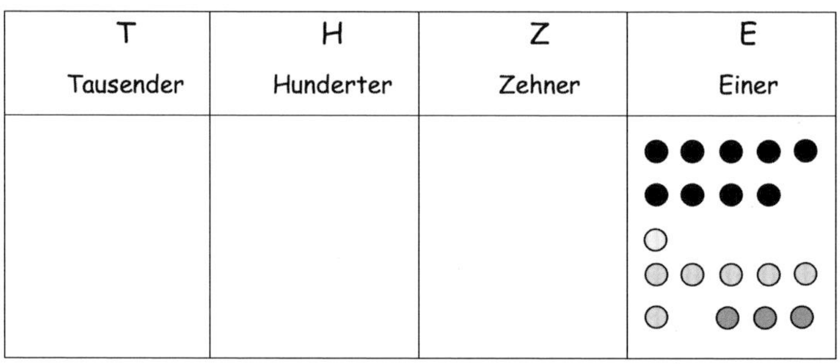

5. Schritt: Gilt das immer?

Assoziativität und Distributivität wurden intuitiv verwendet, sind als Regelwissen nicht vorausgesetzt worden. Das Argumentieren muss an dieser Stelle in ein Begründen übergehen. Kann man durch diese Verschiebung der Plättchen in die Einerspalte immer sehen, ob bei der Division durch 9 ein Rest bleibt? Geht das auch mit der Teilbarkeit durch andere Zahlen? Warum nicht? Und warum geht es mit der Teilbarkeit durch 3 dann doch wieder?

Nachdem im Plenum festgestellt wurde, dass die Zahl 1639 von der 9 nicht ohne Rest geteilt wird, weil ein Rest 1 bleibt, werden die Lernenden aufgefordert, ähnlich große Zahlen zu finden, die von der 9 geteilt werden. Nicht alle entdecken, dass sie sich diese Aufgabe mit Lösungen wie 1638 oder 1647 ganz einfach machen können.

In einem nächsten Schritt führen die Lernenden nun jeder für sich mit derselben Vorgehensweise den Nachweis, dass die Zahl 1347 durch 3 ohne Rest geteilt werden kann. Bei der Bearbeitung des Arbeitsblattes durchläuft jeder Lernende die Argumentationskette ein zweites Mal am nur scheinbar einfacheren Fall der Teilbarkeit durch 3. Am Ende steht eine Regel, die von den Schülern ungefähr so formuliert wird: „Ich muss nur prüfen, ob die Anzahl der Plättchen durch drei teilbar ist, dann weiß ich, ob die ganze Zahl durch 3 teilbar ist.“

Ist die Zahl 1639 ohne Rest durch 9 teilbar?

Woran erkennst du, dass eine Zahl durch 9 teilbar ist?

T Tausender	H Hunderter	Z Zehner	E Einer
○	○ ○ ○ ○ ○ ○	○ ○ ○	● ● ● ● ● ● ● ● ●

T Tausender	H Hunderter	Z Zehner	E Einer

T Tausender	H Hunderter	Z Zehner	E Einer

T Tausender	H Hunderter	Z Zehner	E Einer

Kopiervorlage zum Download

Ist die Zahl 1347 ohne Rest durch 3 teilbar?

Woran erkennst du, dass eine Zahl durch 3 teilbar ist?

T Tausender	H Hunderter	Z Zehner	E Einer
○	○ ○ ○	◍ ◍ ◍ ◍	● ● ● ● ● ● ●

T Tausender	H Hunderter	Z Zehner	E Einer

T Tausender	H Hunderter	Z Zehner	E Einer

T Tausender	H Hunderter	Z Zehner	E Einer

Kopiervorlage zum Download

Im Sinne einer sprachlichen Ökonomisierung ist es an dieser Stelle sinnvoll, die „Anzahl der Plättchen" nun mit einem Begriff wie „Summe der Ziffern einer Zahl" oder eben „Quersumme" zu abstrahieren. Aber eben erst jetzt, denn auch ohne diesen Begriff ist es gelungen, zu argumentieren, zu begründen und sich gegenseitig zu überzeugen.

Ein anderer Weg zur Teilbarkeitsregel durch 9 ist auf der symbolischen Ebene möglich. Die Zahlen werden in einer dem Hunderterfeld ähnlichen Tabelle dargestellt, die jedoch nur 9 Spalten hat:

1	2	3	4	5	6	7	8	9
10	11	12	13	14	15	16	17	18
19	20	21	22	23	24	25	26	27
28	29	30	31	32	33	34	35	36
37	38	39	40	41	42	43	44	45
46	...							

Die Tabelle ergibt sich aus der Aufgabestellung: Wir betrachten die Teilbarkeit durch 9 und ordnen dafür die Zahlen in Neunerreihen an. In der letzten Spalte stehen Vielfache von 9, anders ausgedrückt stehen hier Zahlen, die durch 9 teilbar sind. Die Lernenden können selbst entdecken, dass die Summe der Ziffern in der letzten Spalte stets 9 ergibt. Ist das Zufall oder gilt das immer? Wird die Auswahl an Beispielen vergrößert, stellt sich heraus, dass die Ziffernsumme zwar nicht immer 9 ist, aber immer ein Vielfaches von 9. Damit wurde der Kern der Quersummenregel entdeckt, wobei die Formulierung der Regel als Umkehrung des Beobachteten meist erst möglich wird, nachdem mit parallel Lernenden und dem Lehrenden ausführlich darüber kommuniziert wurde.

Erst nach solchen Vorüberlegungen kann auf einen Beweis auf der formalen Ebene übergegangen werden zum Beispiel:

Für die Zahl $dcba$ mit der Quersumme $a+b+c+d$ gilt:

$$\begin{aligned} dcba &= a+10b+100c+1000d \\ &= a+b+9b+c+99c+d+999d \\ &= a+b+c+d+9b+99c+999d \\ &= (a+b+c+d)+(9b+99c+999d) \end{aligned}$$

Jeder Summand in der zweiten Klammer ist durch 9 teilbar, also lässt sich die 9 ausklammern. Über die Teilbarkeit des Terms und damit der Zahl $dcba$ entscheidet nur die Summe in der ersten Klammer.

$$=(a+b+c+d)+9\cdot(b+11c+111d)$$

Den formalen Beweis führt der Lehrende so, dass die Lernenden ihn möglichst gut nachvollziehen können. Der Nachvollzug dient nicht dazu, den Sachverhalt zu begründen und zu beweisen; das hat schon vorher stattgefunden. Der Lehrende bringt mit seinen Ergänzungen den bereits gefundenen „Beweis" auf eine formal abstrakte Ebene. Zu diesem Zeitpunkt sind die Lernenden bereits überzeugt, dass der Sachverhalt „immer gilt", sie haben diesbezüglich bereits eine Perspektive der Rückschau eingenommen. Dieser Beweis wird nicht geführt, um zu überzeugen, sondern um an einem Beispiel zu zeigen, wie man einen formalen Beweis führt.

Sofern der Beweis mit der Teilbarkeit durch 9 geführt wurde, ist es leicht, die gewonnenen Erkenntnisse auf die Teilbarkeit durch 3 zu übertragen. Dies ist ein Beispiel dafür, dass nicht immer der Grundsatz „vom Einfachen zum Schweren" zu den kürzesten Lernwegen führt.

Mit Aufgaben wie:

- Ist 123 456 durch 3 teilbar?
- Ist 111 111 111 durch 9 teilbar?

wird das Verstehen gesichert. Wenn dann bei der Fragestellung, ob die Zahl 123 456 durch 3 teilbar ist, argumentiert wird: „12 ist durch 3 teilbar, 3 sowieso, 45 ist durch 3 teilbar und 6 auch, also ist 123 456 durch 3 teilbar", ist dies ein Beispiel für eine Argumentation, die auf mehr Verständnis und Eigenständigkeit schließen lässt, als wenn mit der Quersumme 21 argumentieren worden wäre. Ähnlich verhält es sich mit der Begründung, die 111 Milliarden 111 Millionen und 111 seien deshalb durch 9 teilbar, weil es 9 gleiche Ziffern sind; also sei 777 777 777 ebenfalls eine Neunerzahl.

4.4 Wie formal sollen schulische Beweise sein?

Beweise im Rahmen eines segmentierenden, von fragend-entwickelnden Gesprächsformen geprägten Unterrichts passen nicht so recht in ein Konzept allgemeinbildenden Mathematikunterrichts. Auch wenn Regeln gelernt, ihre Anwendung geübt, und schließlich ein Beweis nachgereicht wird, fragt man sich: wozu das noch? Trotzdem spielen auch im allgemeinbildenden Mathematikunterricht Beweise eine Rolle, weil sie das Verstehen unterstützen.

Aus einer Begründung oder aus einer Kette von Begründungen kann ein Beweis entstehen. Der Ablauf kann dabei durchaus so sein, dass vom Lehrenden eine Behauptung mit der Aufforderung an die Lernenden vorgegeben wird: „Beweise, dass das richtig ist.“ Oder der Lehrende beweist die Richtigkeit. Die Grenze zwischen Begründen und Beweisen ist im schulischen Kontext nicht scharf gezogen.

Begründungsschritte müssen adressatenbezogen richtig sein; sie müssen andere parallel Lernende überzeugen und das Verstehen unterstützen. Ein häufiger Schülerfehler besteht darin, dass eine Vermutung oder Behauptung mit einer Voraussetzung verwechselt oder vermischt wird, unter der die Behauptung gilt. Wenn es darum geht, Beweise als Begründungen einzusetzen, können und sollten solche Missverständnisse im Unterricht thematisiert werden.

Die Argumente oder Beweisschritte müssen schlüssig, „logisch“, überzeugend angeordnet sein. Nicht jeder Lerngegenstand braucht bewiesen zu werden, aber auf Begründungen kann nicht verzichtet werden. Der Lernende braucht eine plausible Erklärung für jede Regel; damit er sie nicht nur lernt, sondern versteht, muss er davon überzeugt sein, dass sie immer gilt. Das muss ihm „bewiesen“ werden.

Umgangssprachlich klärt ein „Beweis“ einen Sachverhalt. Schüler A kann „beweisen“, dass Schüler B ihn geschlagen hat, weil er einen Schüler C an seiner Seite hat, der dies bestätigt. Zwei gegen einen als Beweis, quasi ein Mehrheitsentscheid. Grundsätzlich sollte im Mathematikunterricht die Richtigkeit nicht durch Mehrheitsentscheid ermittelt werden, zum Beispiel, indem abgestimmt wird. Dies könnte man zwar aus der Überzeugung heraus machen, bei der Mehrheit der Schüler das Lernziel erreicht zu haben. Aber es wäre ein falsches Zeichen.

Wenn im Fernsehkrimi ein Täter überführt wird, geht es um ein anderes Verständnis von Beweis: Eine Hypothese, ein Verdacht, wird durch unbestreitbare Sachverhalte verifiziert, und damit ist sie „bewiesen“. Oder auch nicht; der Aspekt der „nicht verwertbaren“ Beweise rückt die Bedeutung des Begriffs „Beweis“ näher an die mathematische. Wenn nämlich ein Beweis mit Hilfe nicht erlaubter Methoden gefunden wird, kann er nicht verwertet werden, er „gilt nicht“. Der Sachverhalt zählt nur dann, wenn alle geltenden Regeln eingehalten wurden.

Der mathematische Beweis geht noch einen Schritt weiter. Der Sachverhalt selbst gewinnt erst dadurch an Relevanz, dass er auf schon „bewiesene“ Sachverhalte zurückgeführt werden kann. Ein mathematischer Beweis funktioniert nach dem Muster: Wenn A, dann B. Von welchem A auszugehen ist, ist die große Herausforderung der didaktischen Reduktion. Was setzt man voraus, um den Lernenden die mathematische Denkweise nahe zu bringen, ohne sie mit alltagsfremder Axiomatik zu beschäftigen? Kann man sich zum Beispiel darauf stützen, dass in einem gleichschenkligen Dreieck die Basiswinkel gleich groß sind, wenn man den Satz des Thales beweisen will, weil es offensichtlich ist? Oder muss der Basiswinkelsatz erst bewiesen werden und wenn ja, wie? Ein Teil der Kunst des Mathematiklehrens besteht darin, in der jeweiligen Situation angemessen zu entscheiden, wie streng mathematisch ein Beweis sein muss, dass er der aktuellen Lerngruppe angemessen ist, dass er also als Begründung zulässig ist und verstanden wird.

Man muss im Einzelfall abwägen, welche Aussagen als gegeben, als „bewiesen" vorausgesetzt werden können und wie streng formal der Beweis zu sein hat. Eine weitere Entscheidung gilt der Frage, wie konsequent mathematische Symbolik genutzt wird. Wie muss die hier gezeigte Situation beschrieben werden:

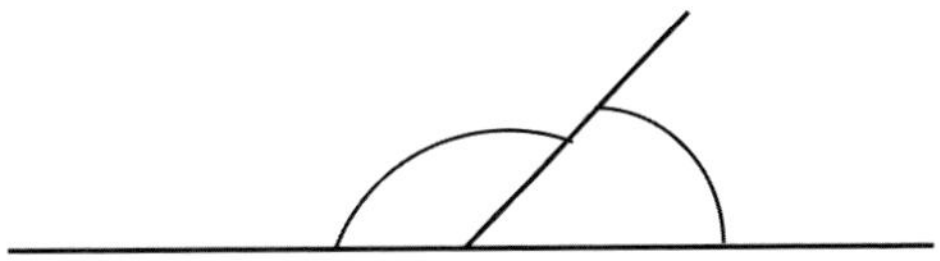

- Die nebeneinander liegenden Winkel ergeben zusammen eine Gerade;
- Die benachbarten Winkel ergeben zusammen 180°;
- Die Winkelsumme von Nebenwinkeln beträgt 180°;
- $\alpha + \beta = 180°$ (natürlich in Verbindung mit entsprechender Beschriftung der Zeichnung)?

Beweisen im Sinne der Kompetenz *Mathematisch argumentieren* ist etwas anderes als „einen Beweis als logische Kette der bereits bekannten Teilargumente zu erstellen" *(Ufer/Heinze 2009, S. 43)*. Wenn vorgegebene Beweise in nachvollziehender Weise wiedergegeben werden, steht der Beweis als fertiges Produkt von Denkprozessen im Mittelpunkt. Bei der Kompetenz *Mathematisch argumentieren* geht es um den Prozess des Argumentierens. Der Beweis muss kompetent geführt werden, und die Adressaten müssen ihn verstehen.

Eine Zwischenstufe von mathematischem Begründen und formalem Beweisen stellt das Begründen mit Beispielen dar. Damit lassen sich Lernende oft leichter überzeugen als mit formalen Schritten, die sie bestenfalls nachvollziehen, aber kaum selbstständig aufstellen können. Lernende sehen schnell ein, dass viele Beispiele eine bessere Begründung ergeben als ein einziges Beispiel, aber noch keinen „Beweis", dass aber ein einziges Gegenbeispiel ausreicht zu begründen, dass etwas nicht gilt. Eine schülergemäße Begründungsstrategie könnte also aus den Schritten bestehen:

- finde ein Beispiel,
- finde viele Beispiele,
- versuche, ein Gegenbeispiel zu finden.

„Ich nehme ein Rechteck; das hat vier rechte Winkel, also eine Winkelsumme von $4 \cdot 90^\circ = 360^\circ$. Wenn ich das Rechteck an einer Diagonale halbiere, erhalte ich zwei gleiche Dreiecke, also hat jedes Dreieck die Hälfte der Winkelsumme nämlich 180°. Abgesehen davon, dass man präzisieren müsste, was „zwei gleiche Dreiecke" sind, enthält diese Schüleräußerung die ersten zwei Schritte eines Lernenden-Beweises:

- Eine Vermutung wird aufgestellt.
- Die Vermutung wird an einem Beispiel überprüft.

Indem im Anschluss Parallelogramme und Drachen in „zwei gleiche Dreiecke" halbiert werden, entsteht eine Argumentationskette, und es werden weitere Beispiele gefunden. Die Argumentationskette lässt sich jedoch nicht schließen. Denn dass die Winkelsumme jedes Vierecks durch Aufteilung in zwei Dreiecke halbiert wird, folgt daraus nicht. Trotzdem sollten Schüleräußerungen wie die obige angemessen wertgeschätzt werden, weil sie auf einen Kompetenzzuwachs im mathematischen Argumentieren hinweisen. Ein Beweis ist zwar noch nicht gelungen, aber eine Vermutung wurde durch Argumente gestützt.

Für einen beispielgebundenen Beweis verwendet man konkrete Zahlenbeispiele und variiert die Zahlen. Wenn erkannt und verbalisiert wurde, dass die Umformungen unabhängig von den eingesetzten Zahlenwerten gelten, können sie als gültig betrachtet werden. Der Schritt zu einem Beweis mit Variablen ist dann nur noch ein kleiner, auf den auch verzichtet werden kann. Ein Beispiel nach Julian Krumsdorf *(Krumsdorf 2009)* für die Regel: „Multipliziert oder dividiert man Potenzen mit gleichem Exponenten, so werden die Basiszahlen multipliziert oder dividiert und ihr Produkt bzw. Quotient wird mit dem gemeinsamen Exponenten potenziert."[24] Von einem Zahlenbeispiel wie

$$3^2 \cdot 4^2 = (3 \cdot 3) \cdot (4 \cdot 4) = (3 \cdot 4) \cdot (3 \cdot 4) = (3 \cdot 4)^2$$

und einem weiteren Beispiel mit anderen Zahlen ist es nur ein kurzer Weg zur Umformung mit Variablen

$$a^2 \cdot b^2 = (a \cdot a) \cdot (b \cdot b) = (a \cdot b) \cdot (a \cdot b) = (a \cdot b)^2$$

[24] Mathematik 5 XQuadrat Ausgabe A, Oldenbourg Verlag München, Düsseldorf, Stuttgart 2007, S. 27

Der Lernende hat erkannt, dass er in Produkten aus Potenzen die Basen multiplizieren darf, sofern die Exponenten dieselben sind. Wenn er dann das Produkt potenziert, erhält er dasselbe als wenn er die Faktoren einzeln potenziert hätte. Unter Verwendung bereits bekannter Regeln ist eine neue hinzugekommen. Die Regel ist bewiesen worden, weil der Lernende davon überzeugt wurde, dass die neue Regel immer gilt: „Was mit Buchstaben geht, geht immer."

Dass die Regel auch für die Hochzahlen 3, 4, ..., sogar für „alle" Exponenten gilt, erscheint also plausibel. Soll nun von der beispielgebundenen auf die formale Ebene weitergegangen werden?

$$
\begin{aligned}
a^n \cdot b^n &= \underbrace{(a \cdot a \cdot \ldots \cdot a)}_{n \text{ Faktoren } a} \cdot \underbrace{(b \cdot b \cdot \ldots \cdot b)}_{n \text{ Faktoren } b} \\
&= \underbrace{(a \cdot b) \cdot \ldots \cdot (a \cdot b)}_{n \text{ Faktoren } (a \cdot b)} \\
&= (a \cdot b)^n
\end{aligned}
$$

$$\text{für } a,\ b \in \mathbb{Z};\ n \in \mathbb{N}$$

Fraglich ist, welchen Mehrwert der formale Beweis für $a^n \cdot b^n = (a \cdot b)^n$ erwarten lässt. Zumal ein Hinweis auf die Gültigkeit (für $a,\ b \in \mathbb{Z};\ n \in \mathbb{N}$) formal notwendig ist, aber weiteren Erklärungsbedarf erzeugt, der wenig lernwirksam sein dürfte, da er nur durch den spiralförmigen Aufbau der Curricula bedingt ist.

Auch ohne die formale Variante des Beweises können sich als Differenzierungsmöglichkeit spannende Fragen für besonders leistungsfähige, also nur einzelne Lernende, ergeben:

- gilt dies auch für negative Zahlen als Basis?
- gilt dies auch für negative Zahlen als Exponent?
- gilt dies auch für gebrochene Zahlen als Basis?
- gilt dies auch als gebrochene Zahlen als Exponent?

Gegen allzu formales Beweisen im Mathematikunterricht spricht auch, dass von den Lernenden kein Bedürfnis des Beweisens ausgeht. Dazu würde gehören, dass sie selbst Vermutungen äußern, deren Richtigkeit sie begründen müssen. Wenn dann formale Mathematik weiterhilft, umso besser.

Die Kompetenz *Beweisen* als Teilkompetenz des mathematischen Argumentierens ist im Mathematikunterricht von großer Bedeutung, wenn auch nicht von zentraler. Nicht alles, was im Mathematikunterricht gelernt wird, muss bewiesen werden, sondern schulische Beweise sind exemplarisch und verständnisfördernd. Beweisideen werden von Lernenden eher selten entdeckt; das

Beweisen geht also im Mathematikunterricht mit eher gesteuerten und lehrerzentrierten Lernformen einher. Die Lernenden erleben das Beweisen als Begründen neuer mithilfe bereits gelernter Wissenselemente.

Falls ein Lerngegenstand durch ein Beweisbedürfnis komplizierter würde, ist dies für den Lehrenden ein deutlicher Hinweis, auf den Beweis zu verzichten. Auch für Zusammenhänge, die für die Lernenden offensichtlich sind, sollten keine Beweise oder abstrakte Begründungen aufgedrängt werden. Man sollte als Lehrender Situationen vermeiden, bei denen „sich der Lernende nur logisch in die Enge getrieben sieht und das Resultat anerkennen muss, ohne inhaltlich überzeugt worden zu sein“ *(Freudigmann 2009, S. 26)*.

4.5 Beweise als Basis des Verstehens

Beweise können wesentlich zum Verstehen beitragen, wenn sie im Lernen und im Erkunden verortet werden, und dadurch wertvolle Beiträge zum Kompetenzerwerb leisten.

Lernende lassen sich oft gerade dann von der Richtigkeit mathematischer Zusammenhänge überzeugen, wenn es den Begründungen an formaler Stringenz mangelt. Denn ein Verzicht auf formale Genauigkeit kann im schulischen Umfeld die Überzeugungskraft gegebener Begründungen und Beweise erhöhen, weil er höhere Anschaulichkeit und Plausibilität erlaubt. Plausibel ist etwas, wenn es wahrscheinlich richtig ist, die Richtigkeit aber nicht mit Sicherheit nachgewiesen werden kann. Fast immer kann ein Plausibilitätsbeweis das Verstehen der Lernenden besser unterstützen als ein formal-deduktiver Beweis, wenn letzterer von den Lernenden zwar nachvollzogen, aber nicht wirklich verstanden worden ist.

Neben der Unterstützung des Verstehens haben geeignete Beweise im Mathematikunterricht ihre Berechtigung darin, dass sie die Kompetenz des mathematischen Argumentierens fördern können. Deduktive Fähigkeiten werden weiter entwickelt, indem der Lerngegenstand logisch strukturiert wird.

Beweise in der Schule überzeugen Lernende von der Richtigkeit dessen, was sie lernen, und fördern das Verstehen. Es wäre wenig hilfreich, Sachverhalte zuerst unverstanden zu lernen, um sich erst im Anschluss an das Lernen von ihrer Richtigkeit überzeugen zu lassen. Deshalb sind schulische Beweise am Anfang des Lernprozesses, als Teilschritte des Erkundens, besser verortet als an dessen Ende.

Beweise als Lernschritte versetzen die Lernenden in gewissem Sinne in eine übernehmende Rolle; mathematische Beweise kann man selten entdecken, Regeln schon. Der Lehrende setzt seine Kompetenzen ein, indem er passende Beweise auswählt, mit deren Hilfe die Lernenden den Inhalt verstehen und gegebenenfalls Regelmäßigkeiten selbst entdecken können. Indem er eine Vielfalt an Beweisideen anbietet und passende Methoden einsetzt, legt der Lehrende die Grundlage, dass Lernende dabei weitgehend selbst tätig sein können und Vorgegebenes entdeckend verstehen.

Winkelsumme im Dreieck

Betrachtungen von Winkelsummen schaffen frühe Anlässe für anschauliche Beweise. Die Beweise sind dabei mehr als nur Vehikel, mit deren Hilfe Inhalte vermittelt werden. Denn gleichzeitig wird erlebt, wie man mithilfe von Veranschaulichung kommuniziert und versteht. Für die Winkelsumme im Dreieck bieten sich unterschiedliche Beweise an, die sich vor allem im Grad ihrer Formalisierung unterscheiden. Man erreicht mehr Lernende, wenn man parallel mehrere Beweise anbietet. Trotzdem reicht für jeden einzelnen Lernenden ein einziger Beweis, um überzeugt zu werden, aber es ist nicht für alle Lernenden derselbe.

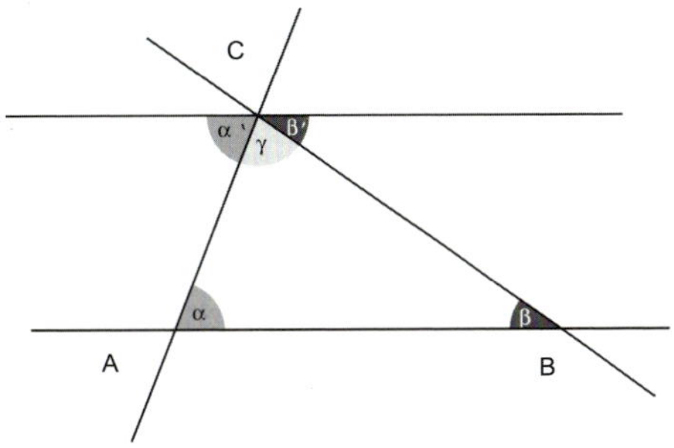

Zeichnungen wie die oben stehende werden in Schülerbüchern oft verwendet, um die folgende Argumentationskette zu unterstützen:

a) durch den Dreieckspunkt C wird eine Parallele zu der ihm gegenüberliegenden Dreiecksseite $AB = c$ gelegt;

b) α', γ und β' bilden zusammen einen gestreckten Winkel, es gilt $\alpha' + \gamma + \beta' = 180°$;

c) α und α' sowie β und β' sind Wechselwinkel und damit paarweise gleich groß, also gilt auch $\alpha + \gamma + \beta = 180°$.

Die Bezeichnungen sind so gewählt, dass eine möglichst „elegante“ Argumentation möglich ist. Die Winkel α, β und γ sind die Dreieckswinkel, mit α' und β' werden die entsprechenden Wechselwinkel bezeichnet. Was für die Beweisführung von Vorteil und Eleganz ist, wirkt auf den Lernenden willkürlich und verwirrend, weil er den Grund nicht kennt. Wieso ist oben an der Geraden, wo man als erstes hinschaut, die Reihenfolge: α', γ , β'?

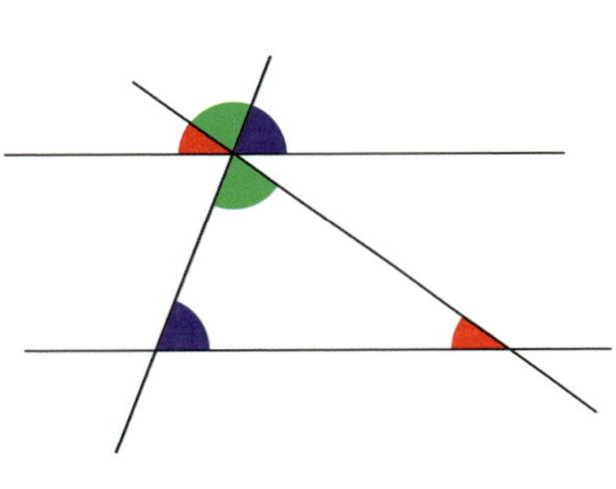

Der mathematisch „eleganteste“ Beweis ist aus den Perspektiven von Lernenden nicht immer gut geeignet. Besser zu verstehen ist, wenn man auf die Symbolik verzichtet, zumindest am Anfang, und stattdessen gleich große Winkel gleich kennzeichnet, zum Beispiel mit derselben Farbe. Das Dreieck besitzt je einen Winkel jeder Farbe, und oberhalb des Dreiecks ergeben diese drei Winkel einen gestreckten Winkel. Also ist die Summe der Winkel im Dreieck gleich groß wie ein gestreckter Winkel, nämlich 180°. Argumentationsbasis ist die Gleichheit der Größe von Stufenwinkeln (rot und blau) und Scheitelwinkeln (grün) an parallelen Geraden.

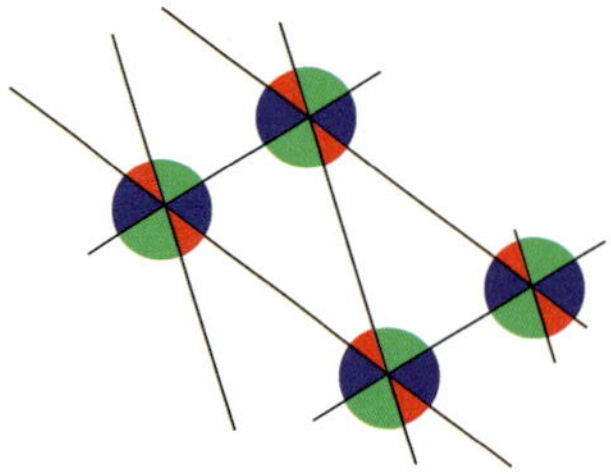

Der nächsten Beweisidee liegt eine Parkettierung zugrunde. Wieder werden Winkel gleicher Größe gleich gekennzeichnet.

In der Umgebung eines Dreiecks können gestreckte Winkel entdeckt werden, waagerecht, senkrecht oder in schräg ansteigender Linie. Es kommen nur drei Winkelgrößen vor; je einer von jeder Farbe ergeben zusammen einen gestreckten Winkel und damit die Summe 180°. Weil jedes Dreieck von jeder Farbe genau einen Winkel besitzt, ist seine Winkelsumme 180°. Wenn an mehreren Dreiecken die Winkel gemessen werden und man feststellt, dass ihre Summe jedes Mal 180° ergibt, ist das kein Beweis, aber ein wichtiger Zwischenschritt auf dem Weg zum Überzeugen. Aufgrund von Ablesefehlern und Ungenauigkeiten kommen Lernende meist spontan eher zu der Einschätzung, die Winkelsumme im Dreieck sei „immer ungefähr 180°", oder sie schätzen „so zwischen 170° und 190°", um erst dann auf die Möglichkeit einer Allgemeingültigkeit zu kommen.

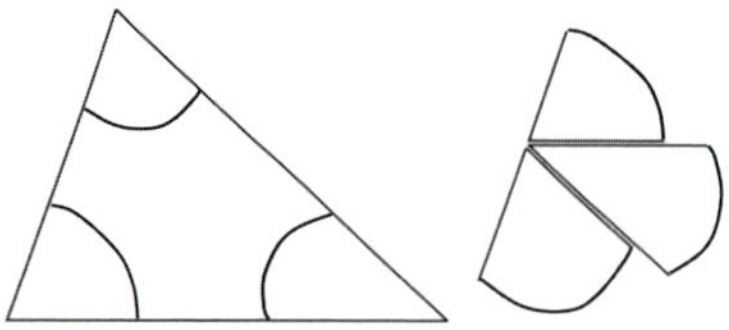

Auch der Weg, auf der enaktiven Ebene die Ecken eines Papier-Dreiecks abzureißen und aneinander zu legen, unterstützt das Verstehen des Winkelsummensatzes im Sinne eines adressatengerechten Beweises. Allerdings sollten die methodischen Tücken dieser Vorgehensweise beachtet werden. Denn wenn Lernende aufgefordert werden, die Ecken eines Dreiecks zu entfernen und aneinanderzulegen, dann werden immer welche zu einer Schere greifen, um am Ende drei kleine Dreiecke in den Händen zu halten, die zwar richtig aneinandergelegt einen gestreckten Winkel ergeben würden, die sich aber vielfältig kombinieren lassen und dann eben keine Erkenntnis fördern und nichts beweisen. Die Ecken müssen wirklich abgerissen werden.

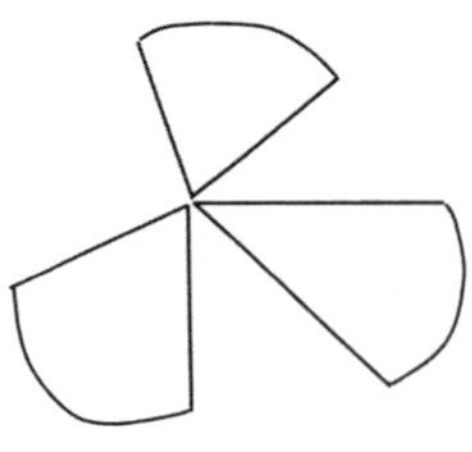

Die Aufgabenstellung für einen entdeckungsoffenen Arbeitsauftrag könnte zum Beispiel lauten: „Reiße von einem ausgeschnittenen Dreieck die Ecken ab und lege sie so aneinander, dass sie mit den Spitzen zusammenstoßen." Dabei können Schülerlösungen entstehen, bei denen die Spitzen zwar zusammenstoßen, zwischen den abgerissenen Ecken aber Abstände bleiben wie in der Abbildung. Das sind keine falschen Lösungen, denn sie entsprechen der Aufgabenstellung. In einem Unterricht mit Begründungskultur können im Gegenteil solche Fehler konstruktiv den Erkenntnisprozess vorantreiben, denn manchen Lernenden wird die Regelmäßigkeit auffallen, die die anscheinend falsche Lösung trotzdem enthält. Einige werden beim Argumentieren darauf kommen, dass die Lücken auffallend ähnlich zu den Ecken sind, in der Summe gleich groß wie die abgerissenen Ecken, und werden dann über diesen Umweg der Halbierung des Vollwinkels zu einem ganz eigenen Argument gelangen. Andere werden auf die Idee kommen, in die Lücken die Ecken eines anderen Dreiecks zu legen und erstaunt feststellen, dass das sogar dann noch aufgeht, wenn die Winkel der beiden Dreiecke völlig verschieden sind. Weil die Lücken „gleich groß" sind wie die Ecken, kann der ursprüngliche „Fehler" sogar dazu dienen, die Vorstellung von Winkel und Winkelsumme zu vertiefen. Die Entdeckung erzeugt eine neue Begründung: Alle drei Ecken zusammen sind so groß wie ein halber Vollwinkel; also 180°. Die Grenzen der prozessbezogenen mathematischen Kompetenzen verlaufen fließend und oft ergeben sich ungeplante Chancen, hinzukommende inhaltsbezogene Kompetenzen zu fördern.

Winkelsumme im Viereck

Auf ähnlichem Weg wie im Dreieck kann die Winkelsumme im Viereck bewiesen werden; beim enaktiven Beweis mit den abgerissenen Ecken gibt es dann keine Lücken mehr. Eigentlich gibt es keine überzeugenden Gründe, die Winkelsummen von Dreiecken und Vierecken im Unterricht getrennt zu betrachten, sondern die Betrachtungen über Winkelsummen im Dreieck werden durch eine Übertragung auf Vierecke und Vielecke vertieft und gesichert. Sofern der Winkelsummensatz im Dreieck bereits bewiesen wurde, kann er als Argumentationsbasis verwendet werden, ist aber nicht zwingende Voraussetzung. Für das Verständnis des Winkelsummensatzes im Viereck sind wieder mehrere Beweismöglichkeiten zur Unterstützung des Verstehens möglich, die im Idealfall parallel angeboten werden:

- Die Ecken abreißen und aneinander legen: Das ergibt zusammen einen Vollwinkel.

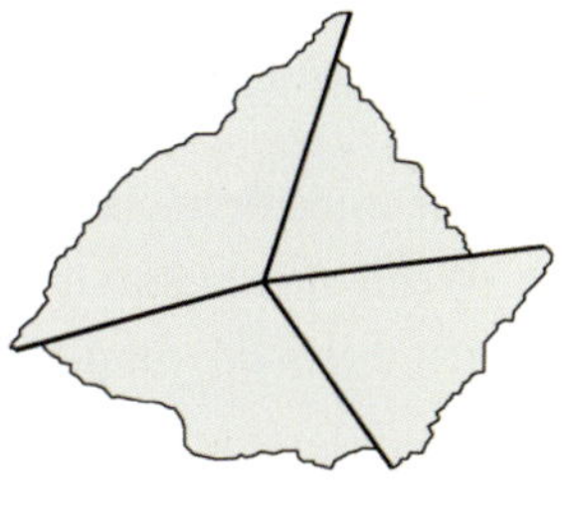

- Parkettieren: Jedes Viereck besitzt von jeder Winkelgröße einen Winkel und diese ergeben in der Summe 360°, was an jeder Ecke festzustellen ist.

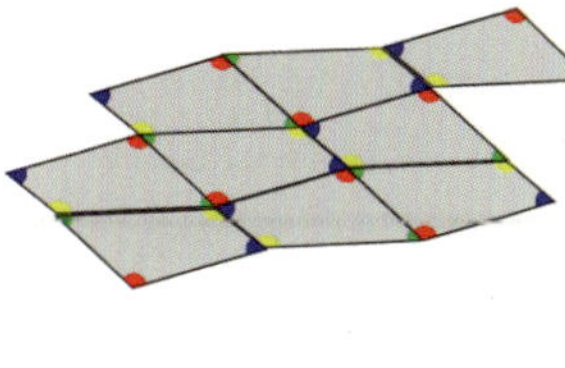

- Das Viereck über eine Diagonale in zwei Dreiecke aufteilen: macht zweimal die Winkelsumme des Dreiecks.

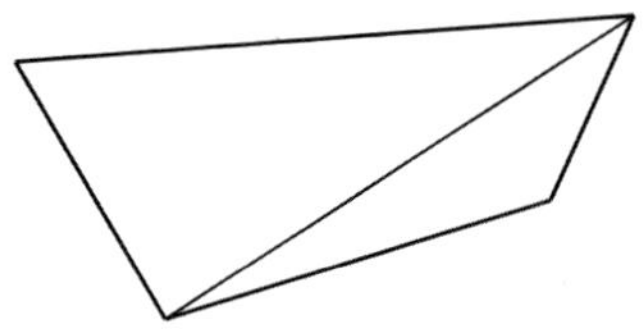

- Das Viereck über einen beliebigen Punkt innerhalb des Vierecks in vier Teildreiecke aufteilen: die Winkelsumme des Vierecks ist dann $4 \cdot 180° - 360° = 360°$.

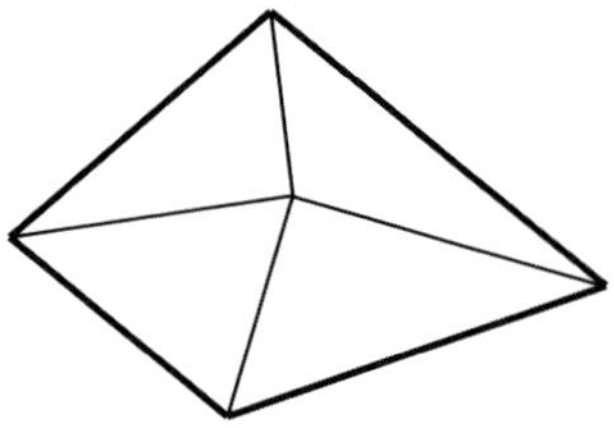

- Sonderfälle an regelmäßigen Vierecken betrachten: Gilt das immer?

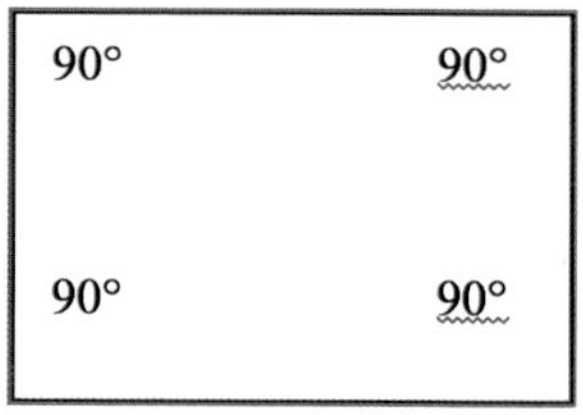

- Fehlerhafte Aufteilungen, zum Beispiel in ein Viereck und ein Dreieck werden gegen richtige Aufteilungen abgegrenzt.

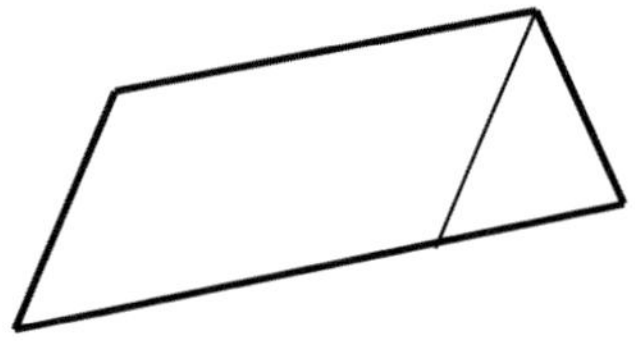

Winkelsumme im Vieleck

Verallgemeinernde Betrachtungen werden dann durch eine Ausweitung der Thematik auf n-Ecke möglich. Wenn sich beim Übergang vom Dreieck zum Viereck die Winkelsumme verdoppelt, was bedeutet dies dann für den Übergang zum Fünfeck, zum Sechseck?

Dabei sind unterschiedliche Strategien auf dem Weg zu einer Verallgemeinerung zu beobachten, die nicht als Umwege abgetan werden sollten. Wenn ein Lernender ein Sechseck zum Beispiel wie in der Abbildung eingezeichnet in zwei Dreiecke und ein Viereck aufteilt, kann er auf Basis der Winkelsummensätze des Dreiecks und des Vierecks überzeugend argumentieren, weshalb die Winkelsumme im Sechseck $2 \cdot 180° + 360° = 720°$ beträgt. Er hat bereits bewiesene Sätze als Argumentationsbasis verwendet, und dies braucht nicht korrigiert zu werden, nur weil es auch noch eine „elegantere" Argumentation gibt. Wer als Lehrender so vorgeht, kann getrost abwarten, bis einzelne Lernende von sich aus darauf kommen, wie man verallgemeinern kann: mit jeder Ecke, die hinzukommt, werden es 180° mehr. Variablen setzen Lernende erfahrungsgemäß irgendwann von selbst ein. Es muss in den meisten Fällen nicht der Lehrende sein, der diesen Schritt initiiert. Am Schluss steht eine allgemeine Formel, die nicht vom Lehrenden vorgegeben wurde, sondern von Lernenden selbst gewählt wurde, um die Argumentation zu ökonomisieren.

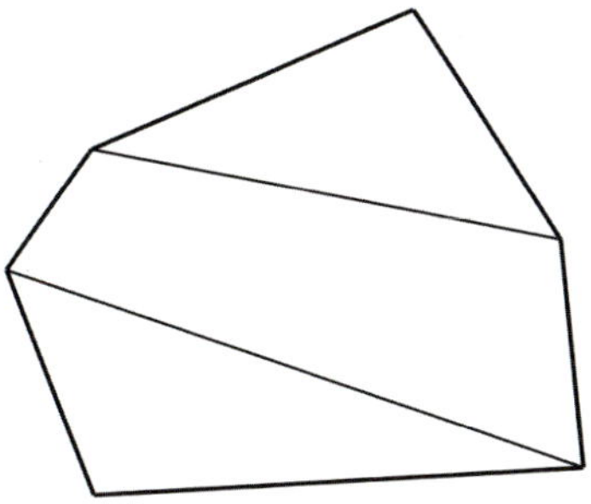

Satz des Pythagoras

Der Satz des Pythagoras wird von Lernenden häufig fehlerhaft angewendet, obwohl er einfach zu sein scheint. Häufig wird er auch in nicht rechtwinkligen Dreiecken angewandt oder Hypotenuse und Katheten werden nicht korrekt zugeordnet. Dies liegt hauptsächlich daran, dass die Kurzformel $a^2 + b^2 = c^2$ zu früh im Lernprozess präsentiert wurde und die Kenntnis der Formel offensichtlich dem Verständnis vorausgeeilt ist. Man kann sich den Satz zu leicht merken, bevor man verstanden hat, was er aussagt. Der Satz wird seltener unverstanden bleiben, wenn ein Beweis zur Unterstützung des Verstehens an den Anfang gestellt wird, weil dann die Voraussetzung, unter der er gilt, zum Gegenstand der Argumentation wird.

Darstellungen wie die rechts stehende ermöglichen eine Begründung durch Abzählen, visualisieren aber auch nur den Inhalt der Kurzformel. Erst in einer Zusammenschau mit Nichtbeispielen wird klar, dass nur bei rechtwinkligen Dreiecken die bekannte Formel gilt.

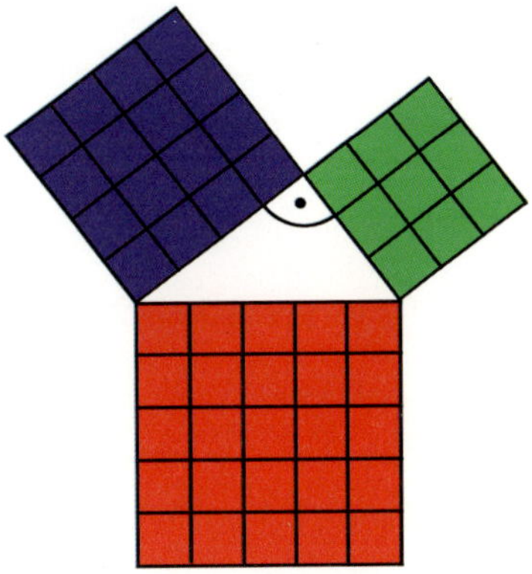

Zieht man zu solchen Betrachtungen eine Geometriesoftware heran, ist die Voraussetzung des Satzes noch klarer zu erkennen, weil automatisch zahlreiche Nichtbeispiele erzeugt werden, ohne dass eine Ganzzahligkeit der Längen der Dreiecksseiten nötig wäre. Die Summengleichheit ist nur dann gegeben, wenn das Dreieck exakt rechtwinklig ist. Ist das Dreieck spitzwinklig, ist der Flächeninhalt des Quadrats über seiner längsten Seite kleiner als die Summe der Quadrate über den beiden anderen Seiten. Ist das Dreieck stumpfwinklig, ist der Flächeninhalt des Quadrats über seiner längsten Seite größer als die Summe der Quadrate über den beiden anderen Seiten. Es gibt nur ganz wenige Fälle, in denen die Kurzformel gilt, nämlich wenn das Dreieck rechtwinklig ist.

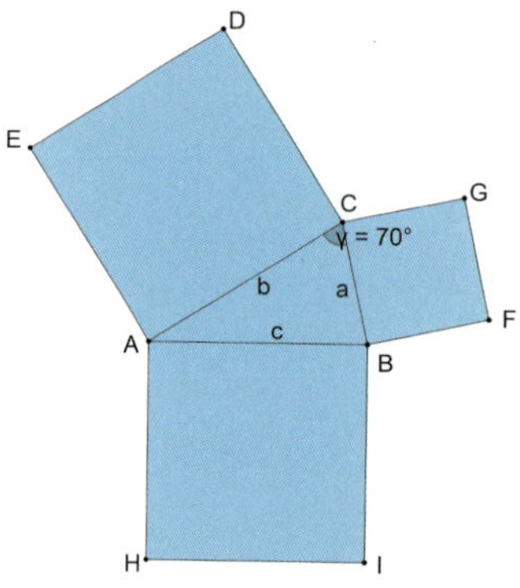

spitzwinklig

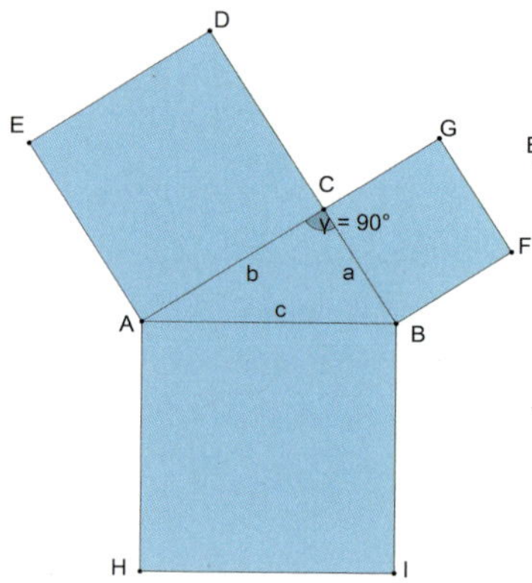

rechtwinklig

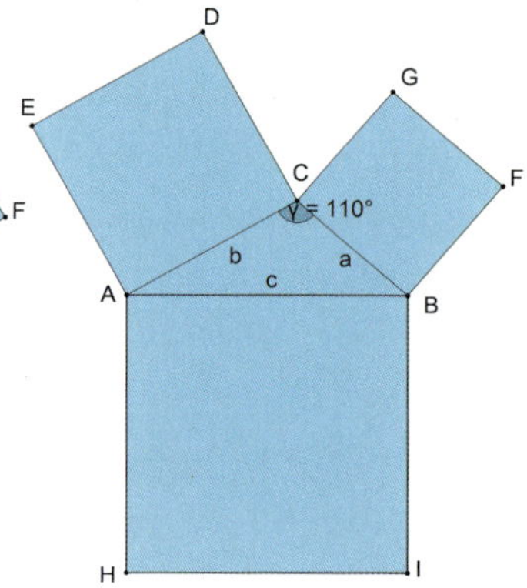

stumpfwinklig

Eine Betrachtung von Extrembeispielen zeigt eindrucksvoll die Abhängigkeit der Behauptung von der Voraussetzung. Die Darstellung am dynamischen Modell taugt als Beweis, der das Verstehen unterstützt, wenn dies auch nur schwer formal zu dokumentieren wäre.

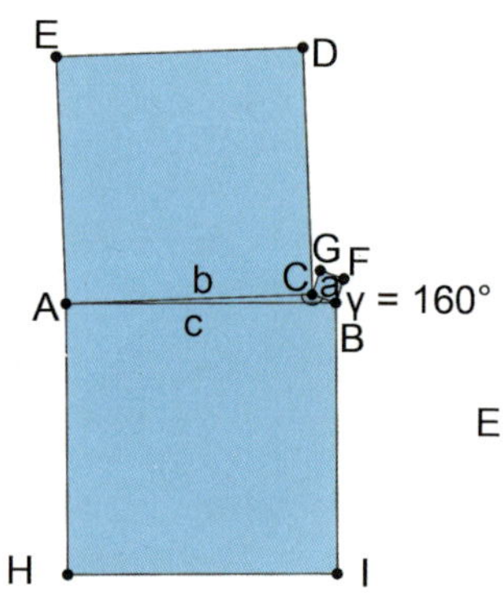

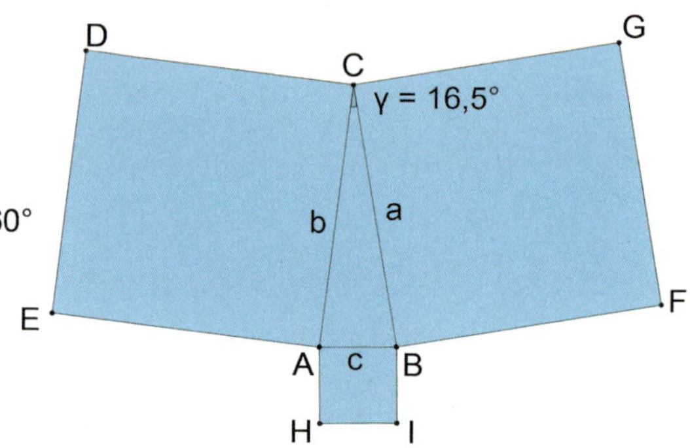

4.6 Beweisen in Schülersprache

Beweise begegnen den Lernenden in Konstellationen, in denen sie entweder eine aktive oder eine eher passive Rolle einnehmen.

Wenn Lernende aktiv Beweise führen sollen, beantworten sie Fragen der Allgemeingültigkeit wie „gilt das immer?“ oder „unter welchen Voraussetzungen gilt das?“ Dafür müssen sie

- Vermutungen aufstellen oder vorgegebene Behauptungen beschreiben,
- die Argumentationsgrundlagen benennen,
- Plausibilitätsbetrachtungen anstellen,
- möglichst lückenlose Argumentationsketten aufbauen,
- beim Argumentieren mathematische Darstellungen verwenden,
- Beispiele und Gegenbeispiel nennen können.

Wenn die Lernenden in der passiven Rolle mit Beweisen konfrontiert werden, dient der Nachvollzug von Beweisen zum Verstehen neuer Sachverhalte. Dabei müssen die Lernenden

- Voraussetzungen und Behauptungen unterscheiden,
- die Argumentationskette nachvollziehen,
- die Beweisschritte wiedergeben,
- die im Beweis verwendeten mathematischen Verfahren erläutern,
- den Wahrheitsgehalt des Beweises prüfen können.

Ein Artikulationsschema für aktiv geführte schulische Beweise:

- Stelle eine Vermutung auf.
- Überprüfe die Vermutung an Beispielen.
- Suche nach Gegenbeispielen, bei denen die Vermutung nicht stimmt.
- Wenn du ein Gegenbeispiel gefunden hast, ist die Vermutung falsch; korrigiere die Vermutung.
- Wenn du kein Gegenbeispiel gefunden hast, stelle eine lückenlose Kette von Begründungsschritten auf, mit der du zeigen kannst, dass die Vermutung richtig ist. Verwende dafür geeignete mathematische Darstellungen.

4.7 Schulisches Beweisen als Kompetenz

Beim schulischen Beweisen wird eine Behauptung aufgestellt, und auf der Basis bekannter Begriffe und Regeln wird mithilfe einer lückenlosen Kette von Begründungen die Richtigkeit der Behauptung adressatengerecht nachgewiesen. Ziele schulischen Beweisens sind Verstehen und Überzeugen sowie eine Förderung der Kompetenz *Mathematisch argumentieren*. Zum schulischen Beweisen können konkrete Handlungen, ikonische Darstellungen, verbale Beschreibungen sowie mathematische Symbolik verwendet werden.

Die Anforderungen beginnen bei der Überprüfung von Argumenten und dem Begründen mit Beispielen, führen über den Nachvollzug komplexer Argumentationsketten und die Fortsetzung begonnener bis hin zu einer eigenständigen Bewertung von Argumentationsketten und zum selbständigen Nachweis von Sachverhalten.

Schulisches Beweisen zählt nicht explizit zu den prozessbezogenen mathematischen Kompetenzen, die von der deutschen Kultusministerkonferenz (KMK) den Bildungsplänen zugrunde gelegt wurden. Beweisen spielt als Teilkompetenz und Konkretisierung der Kompetenz K1 *Mathematisch argumentieren* dennoch in einem kompetenzorientierten Mathematikunterricht eine bedeutende Rolle und wird in diesem Buch deshalb besonders herausgestellt.[25]

Schulische Beweise unterstützen in einer didaktisch reduzierten Form das Verstehen und tragen zum Aufbau der Kompetenz *Mathematisch argumentieren* bei. Es ist sinnvoll und notwendig, dass Lernende sich sowohl in aktiver als auch in passiver Rolle mit Prozessen des Beweisens auseinandersetzen.

[25] Der im Jahre 2016 in Kraft getretene Bildungsplan für die allgemeinbildenden Schulen der Sekundarstufe I in Baden-Württemberg schreibt dies sogar zwingend vor. Dort heißt die Kompetenz K1 nicht *Mathematisch Argumentieren*, sondern *Argumentieren und Beweisen* und wird entsprechend beschrieben.

5 Mathematisch modellieren

Schon bevor sich Bildungspläne an Kompetenzen orientierten, mussten Lernende mit mathematischen Mitteln Fragestellungen aus der Realität beantworten. Damals wie heute ergeben sich Schwierigkeiten hauptsächlich an den Übergängen von der Realität in die Mathematik („ich weiß nicht, was ich rechnen soll") und bei der Interpretation aus der Mathematik in die Realität („schau dir mal an, was du da ausgerechnet hast"). Eine Förderung der Kompetenz *Mathematisch modellieren* setzt genau da an: Zuordnen eines passenden mathematischen Modells, Interpretieren und Überprüfen von mathematischen Resultaten.

5.1 Geburtstagsaufgabe

Dominik hat anlässlich seines Geburtstags im Jahr 2015 seine Freunde zu einem Fest zu sich nach Hause eingeladen. Das passt gut, weil sein Geburtstag auf einen Samstag fällt. Nach dem Fest überlegt er, dass er seinen Geburtstag nächstes Jahr am liebsten wieder an einem Samstag feiern würde. Denn nur samstags dürfen seine Freunde wirklich lange bleiben, weil sie am Sonntag ausschlafen können. Aber fällt nächstes Jahr sein Geburtstag wieder auf einen Samstag? Natürlich nicht.

Aus der Frage ergibt sich die Aufgabenstellung:

a) Auf welchen Wochentag fällt Dominiks Geburtstag im nächsten Jahr?

b) Wann hat Dominik wieder an einem Samstag Geburtstag?

c) Wie lange dauert es allgemein, bis ein festes Datum im Jahr auf denselben Wochentag fällt?

Aufgabenteil a) lässt sich durch einen Blick in den Kalender rasch beantworten. Dass sich die Wochentage im Ablauf der Jahre verschieben, ist den meisten Lernenden klar. Aber wie verschieben sie sich? Für Antworten auf die weiteren Fragen ist ein mathematisches Modell hilfreich.

Als mathematisches Modell dient die Teilbarkeit mit Rest. Das Jahr hat 365 Tage, 365 ist nicht durch 7 teilbar, aber 364, denn $364 = 350 + 14$, und $7|350$ und $7|14$. Bei der Division von 365 durch 7 bleibt ein Rest 1. Ein Tag bleibt übrig. Folglich fällt Dominiks Geburtstag im kommenden Jahr auf einen Tag später, den Sonntag. In zwei Jahren fällt er auf einen Montag und so weiter. Dominik kann folglich erst in 7 Jahren wieder an einem Samstag feiern.

Das stimmt jedoch nicht in jedem Jahr. Denn jedes vierte Jahr ist ein Schaltjahr. Ein Schaltjahr hat einen zusätzlichen Tag, folglich bleibt dann bei der Division der Jahrestage durch die Wochentage ein Rest 2. In einem Schaltjahr verschiebt sich Dominiks Geburtstag um zwei Wochentage. Weil in den folgenden sieben Jahren mindestens eines und höchstens zwei Schaltjahre enthalten sein können, verkürzt sich die Spanne, bis Dominik seinen Geburtstag wieder an einem Samstag feiern kann, auf sechs oder gar auf fünf Jahre. Man muss herausfinden, wie viele Schaltjahre in den sechs Jahren nach Dominiks Geburtstag liegen. Das ist mit einer Internet-Recherche möglich oder mit einer weiteren mathematischen Modellierung über die Teilbarkeit.

Schaltjahre sind Jahre, deren Jahreszahl durch 4 teilbar ist[26]. Das letzte Schaltjahr war 2012. 2015 fiel Dominiks Geburtstag auf einen Samstag, Dominik hat im Juli Geburtstag, also nach dem im Schaltjahr zusätzlichen Tag. Die nächsten Schaltjahre sind 2016 und 2020. Dominiks Geburtstag fällt 2016 wegen des Schaltjahrs auf einen Montag, 2017 auf einen Dienstag, 2018 auf einen Mittwoch, 2019 auf einen Donnerstag und 2020 auf einen Samstag. Er muss fünf Jahre warten, bis er seine Freunde wieder samstags einladen kann.

Auch diese Antwort gilt nicht immer. Verlegen wir die Fragestellung nur um ein Jahr zurück ins Jahr 2014. Jetzt ergeben sich die Wochentage wie folgt:

Geburtstag	*Wochentag*	
26.7.2014	Samstag	
26.7.2015	Sonntag	
26.7.2016	Dienstag	Schaltjahr
26.7.2017	Mittwoch	
26.7.2018	Donnerstag	
26.7.2019	Freitag	
26.7.2020	Sonntag	Schaltjahr
26.7.2021	Montag	
26.7.2022	Dienstag	
26.7.2023	Mittwoch	
26.7.2024	Freitag	Schaltjahr
26.7.2025	Samstag	

Wegen der „ungünstigen“ Lage der Schaltjahre wird im Jahr 2020 ausgerechnet der Samstag übersprungen. Dominik müsste sich bis 2025 gedulden; erst dann fällt sein Geburtstag abermals auf einen Samstag. Diese Konstellation ergibt sich immer, wenn das „Startjahr“ durch 2, aber nicht durch 4 teilbar ist.

Die Bearbeitung des mathematischen Modells hat zu einer mehrstufigen Lösung geführt, zu deren Bearbeitung mehrere „Kreisläufe“ nötig waren. Nach jedem Durchlauf wurde die Frage gestellt: Gilt das immer? Wenn die Frage verneint werden musste, wurde ein weiterer „Kreislauf“ nötig. Erst wenn die Reflexion ergibt, dass alle Fälle abgedeckt sind, ist eine umfassende Antwort möglich:

[26] Ganz genau genommen sind entgegen dieser Regel volle Jahrhunderte, die nicht durch 400 teilbar sind, keine Schaltjahre. Dominiks Überlegungen müssten präzisiert werden, wenn er sicherstellen möchte, dass seine Überlegungen über das Jahr 2100 hinaus Gültigkeit haben.

Bis ein festes Datum wieder auf denselben Wochentag fällt, dauert es

- 6 Jahre, wenn die ursprüngliche Jahreszahl durch 4 teilbar ist;
- 11 Jahre, wenn die ursprüngliche Jahreszahl durch 2, aber nicht durch 4 teilbar ist;
- 6 Jahre, wenn bei der Division der ursprünglichen Jahreszahl durch 4 ein Rest 1 bleibt;
- 5 Jahre, wenn bei der Division der ursprünglichen Jahreszahl durch 4 ein Rest 3 bleibt.

Wer an einem Samstag Geburtstag gefeiert hat, kann also seinen nächsten Geburtstag wieder an einem Samstag feiern

- in 6 Jahren, sofern von einem Jahr ausgegangen wird, das einem Schaltjahr folgt;
- in 5 Jahren, sofern von einem Jahr ausgegangen wird, das einem Schaltjahr vorangeht;
- in 6 Jahren, sofern von einem Schaltjahr ausgegangen wird;
- in 11 Jahren, sofern von einem geradzahligen Jahr ausgegangen wird, das nicht Schaltjahr ist.

Bei den Berechnungen wurde vorausgesetzt, dass der fragliche Tag zwischen März und Dezember liegt. Weitere Fälle wären zu unterscheiden für Daten im Januar und Februar.

Die Geburtstagsaufgabe ist ein Beispiel für mathematisches Modellieren mit den Teilschritten[27]:

a) *Verstehen der realen Problemsituation:* Dominik möchte den Wochentag zukünftiger Geburtstage im Voraus erfahren und bei der Planung berücksichtigen.

b) *Vereinfachen und Strukturieren der beschriebenen Situation:* Sieben Wochentage verteilen sich auf 365 Tage im Jahr, was dazu führt, dass der Wochentag eines festen Datums variiert.

c) *Übersetzen der vereinfachten Realsituation in die Mathematik:* Welcher Rest ergibt sich bei der Division 365 : 7 ?

d) *Lösen der nunmehr mathematischen Problemstellung durch mathematische Mittel:* 365 : 7 = 52 mit Rest 1.

e) *Rückinterpretation und Überprüfung des mathematischen Resultats anhand des realen Kontexts:* Wenn man die Tage eines Jahrs auf die Wochen des Jahrs verteilt, bleibt 1 Tag übrig, also verschiebt sich das Datum um einen Wochentag von Samstag auf Sonntag.

[27] Kursiv gedruckte Teilschritte nach Blum/Drüke-Noe u. a. 2006, S. 40

f) Eine Überprüfung des Resultats ergibt aber, dass die Lösung nicht richtig ist, weil nicht berücksichtigt wurde, dass es Schaltjahre gibt.

Das ursprünglich herangezogene mathematische Modell der Division mit Rest ist zunächst geeignet, die Frage zu beantworten. Die Interpretation des Ergebnisses zeigte aber, dass sich aus der mathematisch richtigen Lösung im realen Kontext eine fehlerhafte Interpretation ergeben könnte. Das mathematische Modell muss also verfeinert werden oder es muss ein anderes Modell gewählt werden. Im Beispiel führt das dazu, dass die Teilschritte noch zwei weitere Male durchlaufen werden müssen, bis die Interpretation des mathematischen Resultats im realen Kontext zur Beantwortung aller Teilaufgaben geeignet ist. Aber woher weiß man, dass nun diese Interpretation endlich frei von Fehlschlüssen ist?

Wieder hilft ein mathematisches Modell bei der Überprüfung, ob alle möglichen Konstellationen erfasst wurden:

- Schaltjahr: (S),
- ein auf ein Schaltjahr folgendes Jahr: (S + 1),
- ein geradzahliges Jahr, das nicht Schaltjahr ist: (S + 2),
- ein Jahr, das einem Schaltjahr vorangeht: (S − 1);

  (S − 1) entspricht (S + 3).
- 4 Jahre nach einem Schaltjahr folgt wieder ein Schaltjahr:

  $(S + 4) = S$

Damit sind alle möglichen Fälle erfasst.

5.2 Nicht raten, sondern schätzen

Beim Schätzen ermittelt man auf der Basis gedanklicher Zusammenhängen für reale Größen Näherungswerte und benutzt dabei gedankliche Modelle. Wenn man Lernende auffordert, zu schätzen, dann raten sie meist nur. Raten ist im Gegensatz zum Schätzen ein Vorgang, der auf keinem Verfahren und keiner Vorstellung fußt und zu beliebigen, willkürlichen und austauschbaren Ergebnissen führt. Schätzen ist ein Verfahren zwischen Raten und Messen. Schätzen ist ein gedanklicher Vergleich im Gegensatz zum Messen, bei dem direkt verglichen wird. Ergebnis einer Schätzung ist ein ungefähres Ergebnis, das sich aus dem Rechnen mit gerundeten Werten ergibt; die Richtigkeit des Rechenwegs kann dabei durchaus bewertet werden. Werden statt ungefährer Rechenergebnisse Intervalle als Ergebnis angegeben, wird das Verfahren üblicherweise als Abschätzen bezeichnet.

Die verbreitete Neigung von Lernenden, Schätzen mit Raten gleichzusetzen, wird noch unterstützt, wenn ein Lehrender die Klasse über die Richtigkeit einer vermeintlichen Schätzung abstimmen lässt. Schätzen muss gegen Raten deutlich abgegrenzt werden. Es gibt tragfähige und weniger tragfähige Schätzungen. Im Gegensatz zum Raten lässt sich das Ergebnis von Schätzungen begründen, diskutieren, nachrechnen und evaluieren. Die Lösung ist zwar nicht so exakt wie beim Messen, aber im Alltag ist es oft hilfreicher, gut schätzen zu können, als mit wenig tragfähigen Daten zu rechnen. Schätzen gehört zu den alltagstauglichen Kompetenzen, die der Mathematikunterricht vermitteln sollte.

Schätzen beruht auf vorhandenen Vorstellungen und ist gleichzeitig für die Entwicklung von Größenvorstellungen elementar. Zum Schätzen braucht man Vergleichsgrößen, welche mithilfe von Standardrepräsentanten erarbeitet werden, damit es möglich wird, gedankliche Zusammenhänge herzustellen. Wenn mehrere Schätzgrößen zusammenkommen, kann das durchaus anspruchsvoll sein. Mit solchen Standardrepräsentanten werden unbekannte Größen gedanklich verglichen, um zu einer Einschätzung der ungefähren Größe zu gelangen. Ergebnis einer Schätzung ist ein konkreter Wert, der für die unbekannte Größe begründet angenommen wird oder eine Spanne zwischen einem kleinst- und einem größtmöglichen Wert.

Für Gewichte können zum Beispiel Standardrepräsentanten wie die folgenden herangezogen werden:

- ein Kleinwagen für 1 Tonne,
- eine Waschmaschine für 100 Kilogramm,
- ein gefüllter Wassereimer für 10 Kilogramm,
- eine Packung Mehl für 1 Kilogramm,
- eine Tafel Schokolade für 100 Gramm,

- eine Tüte Backpulver für 10 Gramm,
- ein Gummibärchen für 1 Gramm,
- eine Nähnadel für 100 Milligramm,
- ein Pfefferkorn für 10 Milligramm,
- ein Sandkorn für 1 Milligramm.

Wichtig ist, dass die Repräsentanten in der Erfahrungswelt der Lernenden vorkommen, und dass die Auswahl an Repräsentanten sich nicht auf die Einheiten beschränkt. Im Beispiel Gewichtseinheiten würden große Vorstellungslücken entstehen, wenn nur Repräsentanten für die Einheiten Tonne, Kilogramm, Gramm und Milligramm herangezogen würden. Zwischen einem Kleinwagen, einer Tüte Mehl, einem Gummibärchen und einem Sandkorn gibt es eben noch Abstufungen in der Vorstellung, die durch die Kenntnis eines Umrechnungsfaktors nicht unbedingt ersetzbar sind.

Es kann kompetenzfördernd sein, wenn Lernende aufgefordert werden zu schätzen, bevor Messvorgänge durchgeführt werden, bevor also zum Beispiel das Gewicht von Gegenständen mittels einer Waage bestimmt wird. Mithilfe von Messvorgängen können Schätzvorgänge verifiziert oder falsifiziert werden.

Schwieriger ist das Schätzen bei Größen, die nicht direkt durch Messungen überprüft werden können wie Flächeninhalt und Volumen. Wir alle wissen, dass bei solchen Größen unsere Schätzkompetenz wesentlich geringer ausgebildet ist als bei Länge, Gewicht und Zeit. Und wenn mehrere Schätzgrößen zusammenkommen, kann die Fragestellung durchaus komplex werden. Fermi-Aufgaben sind nach diesem Prinzip aufgebaut: Verknüpfung mehrerer Schätzungen mit dem Ziel, zu einer begründbaren Lösung zu gelangen.

5.3 Ein tragfähiges mathematisches Modell finden

Beim Modellieren wird eine Fragestellung aus der Realität strukturiert und abstrahiert, um dann dem dabei entstandenen realen Modell ein mathematisches zuzuordnen, mit dessen Hilfe die reale Frage beantwortet werden kann. Eine Schwierigkeit ist, dass das mathematische Modell passen muss. Damit dies gelingen kann, muss das Individuum auf adäquate Grundvorstellungen der benötigten mathematischen Begriffe zugreifen können. Oft finden Lernende intuitiv mathematische Modelle und lassen sich von Vorerfahrungen mit ähnlichen Fragestellungen leiten. Das kann dann zu Fehlern führen, die als Lernanlässe äußerst willkommen sind, sofern sie erkannt werden.

Renate Nitsch *(Nitsch 2014)* beschreibt unter Anderem zwei solcher typischer Zuordnungsfehler. Im ersten Beispiel[28] geht es um die Geschwindigkeit eines Skifahrers.

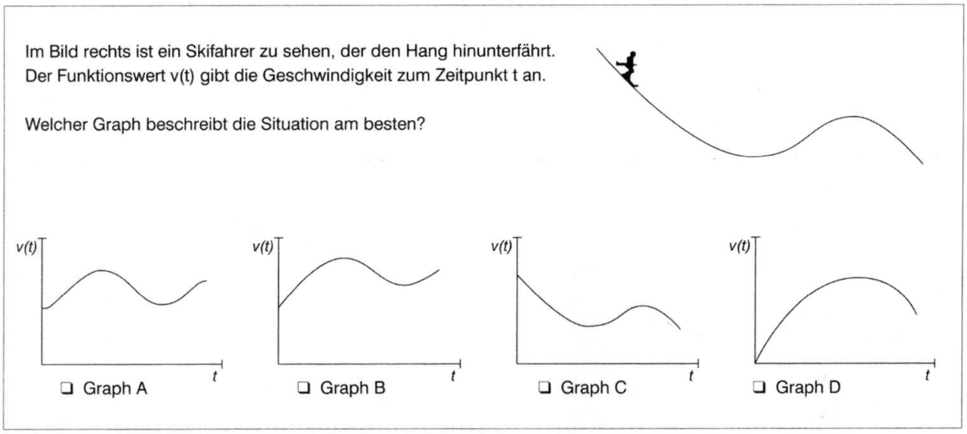

Die Geschwindigkeit des Skifahrers nimmt bei der Abfahrt zu, verringert sich wegen des Hügels kurzfristig, und dann beschleunigt sich die Fahrt wieder. Graph B ist die richtige Antwort auf die Frage. Lernende, die sich stattdessen für Graph C entscheiden, und das werden nicht wenige sein, lassen sich von der Übereinstimmung des Verlaufs des Graphen mit der Grafik, die die Situation beschreibt, irreführen. Sie ordnen nicht dem Realmodell ein mathematisches Modell zu, sondern verwenden das Realmodell als mathematisches Modell. Wenn man Lernende solche Fehler selbst machen lässt und dann gemeinsam darüber reflektiert, kann es gelingen, den Übergang von der realen in die mathematische Welt lernwirksam transparent zu machen.

Ähnlich verhält es sich im zweiten Beispiel[29]. Hier geht es um die Geschwindigkeit von Fahrzeugen zu einem bestimmten Zeitpunkt.

[28] Grafik aus Nitsch 2014, S. 10
[29] Grafik aus Nitsch 2014, S. 11

Welches der vier Fahrzeuge ist zum Zeitpunkt t = 5 am schnellsten?

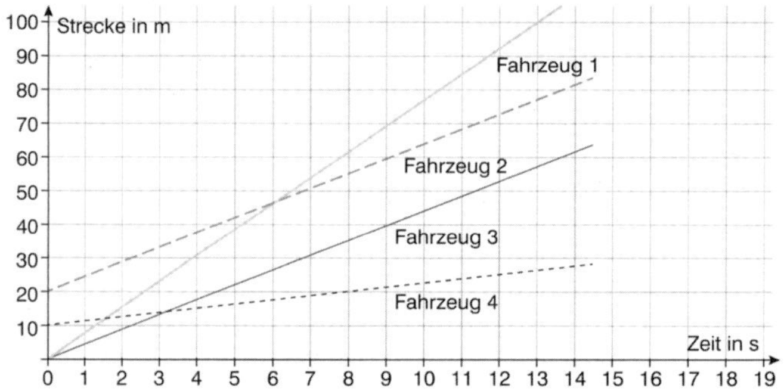

❑ Fahrzeug 1 ❑ Fahrzeug 2 ❑ Fahrzeug 3 ❑ Fahrzeug 4

Zum Zeitpunkt t = 5 s halten viele Lernende das Fahrzeug 2 für das schnellste, weil sie gelernt haben, den Graphen zu interpretieren: zum genannten Zeitpunkt ist Fahrzeug 2 am weitesten vom Startpunkt entfernt, müsste folglich am schnellsten gefahren sein. Das mathematisch tragfähige Modell für die Fragestellung ist jedoch nicht der y-Wert, also der Abstand zum Startpunkt, sondern die Steigung des Graphen. Diese ist bei Fahrzeug 1 größer; Fahrzeug 2 hat 20 Meter weniger Weg zurückgelegt, weil die Fahrzeuge nicht an derselben Stelle losgefahren sind.

Wenn Lernende in Situationen gebracht werden, in denen sie erwartungsgemäß Fehler machen, sollten nicht die Fehler im Vordergrund stehen, sondern was daraus zu lernen ist. Wer nämlich bei der obigen Aufgabe auf Fahrzeug 2 getippt hat, hat richtig gedacht und gewusst,

- wie man Funktionswerte richtig abliest,
- wie man abgelesene Funktionswerte angemessen interpretiert,
- dass man aus einem einzelnen Punkt eines Graphen einen Funktionswert ablesen kann, aber keine Steigung.

Wenn man so will, führte die Fragestellung in die Irre, weil durch die Frage nach dem Zeitpunkt der Lernende dahin geführt wurde, Funktionswerte zu vergleichen. Das passende mathematische Modell wäre aber die Steigung gewesen, was aus der Formulierung „am schnellsten“ abzulesen war. Auch hier können die Lernenden selbst erfahren, was es bedeutet, einem realen Modell ein passendes mathematisches Modell zuzuordnen.

Im dritten Beispiel[30] treten bei der Lösung weniger Fehler auf, weil sich durch die Betrachtung der Zeitintervalle das Modell der Steigung offensichtlicher anbietet als dies im vorigen Beispiel der Fall war.

[30] Grafik aus Nitsch 2014, S. 11

Welcher Läufer ist im Zeitraum t = 4 bis t = 5 Sekunden am schnellsten?

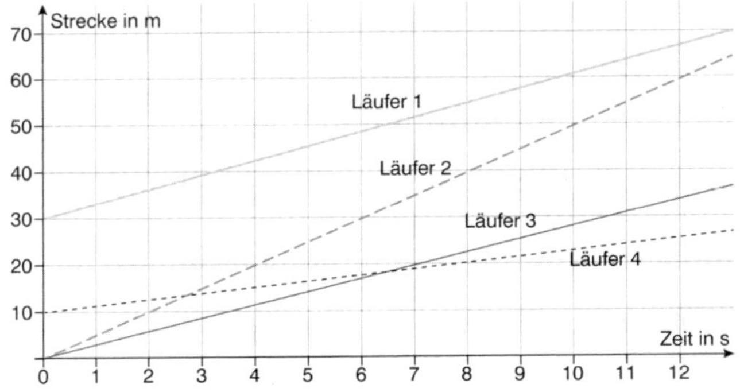

❑ Läufer 1 ❑ Läufer 2 ❑ Läufer 3 ❑ Läufer 4

Was ist überhaupt ein Modell? Ein Modell vereinfacht, indem es einige Aspekte unberücksichtigt lässt, um auf andere Aspekte zu fokussieren. In der obigen Grafik wurde zum Beispiel davon ausgegangen, dass alle Läufer ihre Laufgeschwindigkeit exakt beibehalten. Das mag für den abgebildeten Zeitraum von 12 Sekunden zutreffend sein, aber wenn man dieses Modell auf einen größeren Zeitraum anwenden würde, könnte das zu Fehlschlüssen führen: Läufer ermüden oder legen Spurts ein.

Beim Modellieren wird in gewissem Sinne dadurch vereinfacht, dass bestimmte Aspekte weggelassen werden. Und damit ist nicht gezwungenermaßen eine Objektivierung verbunden. Die Verkürzung auf Teilaspekte kann die Realität zutreffend beschreiben, kann sie vereinfachen und mathematisieren. Sie kann aber auch Fehlschlüsse begünstigen, wenn ein weniger geeignetes Modell gewählt wurde.

Dieser Aspekt macht Modellieren anspruchsvoller als Problemlösen. Beim Problemlösen ist der gesuchte Schritt zwar wie beim Modellieren offen; beides bringt den Lernenden in die Situation, dass er etwas tun muss, von dem er noch nicht weiß, wie es geht. Beim mathematischen Problemlösen muss aus mehreren Verfahren ein geeignetes auswählt werden. Diese müssen dem Problemlöser bekannt sein, sonst ist das Problem für ihn nicht lösbar. Beim Modellieren ist diese Auswahl nicht vorhanden. Um ein geeignetes Modell zu finden, muss zielführend abstrahiert werden. Ist diese Abstraktion gelungen, geht es auch beim Modellieren in einem weiteren Schritt darum, ein geeignetes Verfahren unter mehreren bekannten auszuwählen und es dann auszuführen.

Weniger gut umgesetzt ist das Modellieren im Unterricht, wenn das Modell vorgegeben wird oder sich nur eine einzige Alternative anbietet. „Bei Modellbildungsprozessen sollte aber die Wahl des Modells möglichst offen sein und die Diskussion der Vereinfachung der Realsituation Alternativen bieten“ *(Greefrath 2010, S. 130).*

5.4 Lösungsvielfalt

Es gebe zwei Lösungswege für die Aufgabe. Den zweiten Lösungsweg wolle er ebenfalls berücksichtigen, falls ein Schüler darauf käme, nahm sich der Lehramtsanwärter vor. In Klasse 5 einer Realschule ging es um die Aufgabe[31]: „Um eine 44 Meter lange und 30 Meter breite Rasenfläche soll ein 3 Meter breiter Weg angelegt werden. Welchen Flächeninhalt hat der Weg?" Wie man den Flächeninhalt eines Rechtecks berechnet, war der Stunde vorausgegangen.

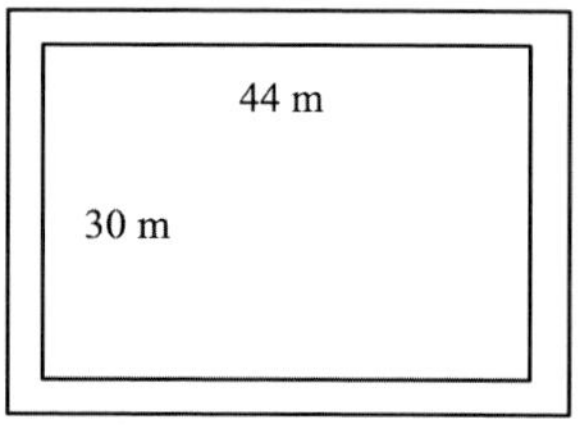

Um sicherzustellen, dass alle Lernenden den Aufgabentext verstanden haben, beschrieb der Lehrende eine Situation, in der man die Größe eines wie in der Aufgabe beschriebenen besonderen Flächeninhalts ermitteln muss, und zeichnete den Ansatz einer Planfigur an die Tafel. Er stellte also passend zur Situation ein Realmodell zur Verfügung und forderte mit der Aufgabenstellung die Lernenden auf, diesem ein geeignetes mathematisches Modell zuzuordnen.

Die Lernenden sollten sich zunächst allein mit der Aufgabe beschäftigen. Nachdem sie sich anschließend in Partnerarbeit ausgetauscht hatten, wurde von zwei Lernenden im Plenum eine Lösung vorgestellt. Nicht zufällig war das die vom Lehrenden favorisierte Lösung. Er hatte sich während der Partnerarbeit schon umgesehen und das Schülertandem ausgesucht, das er an die Tafel holen würde. Eine zweite Lösung berücksichtige er aus Zeitnot nicht mehr.

Der Lehrende hat vieles richtig gemacht:

- Er hat darauf verzichtet, den Sachverhalt mit einer überflüssigen „motivierenden" Geschichte einzukleiden, trotzdem hat er einen Alltagsbezug hergestellt.
- Er hat mit dem Einsatz der Ich-Du-Wir-Methode individuellem Lernen den Vorrang vor Belehrung und Lernen im Gleichschritt eingeräumt.
- Er hat die Aktivitäten der Lernenden ins Zentrum des Unterrichtsgeschehens gestellt.
- Er hat der Versuchung widerstanden, die Situation durch vorauseilende Veranschaulichung in die von ihm gewünschte Richtung zu steuern.
- Er hat auf mathematische Symbolik verzichtet, die an dieser Stelle noch nicht notwendig war und die Lernenden möglicherweise verwirrt hätte.

Trotzdem ist im Ergebnis dann doch nur eine Stunde herausgekommen, die viele Merkmale des in Verruf geratenen „traditionellen" Mathematikunterrichts aufwies. Denn es wurde nur ein einziger Lösungsweg vorgestellt, und diesen hatten nur einzelne Lernende selbst gefunden; fast

[31] Aufgabe nur leicht abgewandelt übernommen von Ulm 2004, S. 15

alle sind anders vorgegangen. Dass man die Aufgabe auch anders lösen könnte, wurde zwar nebenbei erwähnt; aber was fangen diejenigen Lernenden mit einer solchen Bemerkung an, die einen anderen Lösungsweg oder oft nur einen anderen Lösungsansatz gefunden haben, wenn es bei der Bemerkung bleibt? Welche Rückmeldung erhalten diejenigen, die zu einer falschen Lösung gelangt sind?

Meistens kann man Unterricht nicht so organisieren, dass jede einzelne Schüleridee gewürdigt und jeder Lösungsansatz mit allen besprochen wird. Damit man aber als Lehrender die Lernenden nicht zu früh und nicht zu wirksam auf den aus der Rückschauperspektive vermeintlich besten Weg schickt, sollte man sich im Rahmen der Unterrichtsvorbereitung einen Überblick verschaffen, welche Lösungsideen und Lösungswege überhaupt möglich sind. Dann überraschen Schülerideen nicht und man kann als Lehrender im Unterricht spontan darauf reagieren. Bei der Besprechung im Plenum wird der Schwerpunkt auf den Lösungsweg gelegt; einer Lösungszahl kommt untergeordnete Bedeutung zu.

Die Schülerlösungen unterschieden sich in der Art der mathematischen Modelle, die gewählt wurden. Am häufigsten wurde der Weg in Teilflächen zerlegt. Folgende Modellierungen sind möglich:

Modell 1:

Die Länge des Rasens wird um zweimal 3 Meter Wegbreite vergrößert, die Breite beibehalten. Daraus ergibt sich die Lösung:

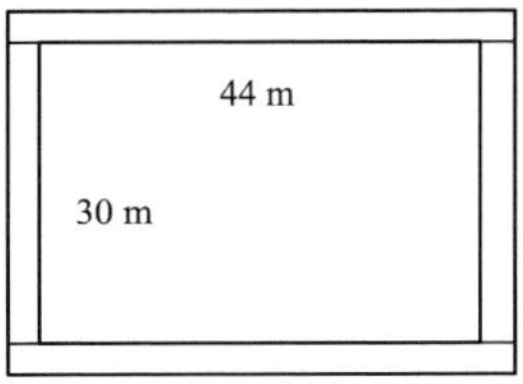

$$2 \cdot (50\,\text{m} \cdot 3\,\text{m}) + 2 \cdot (30\,\text{m} \cdot 3\,\text{m}) = 300\,\text{m}^2 + 180\,\text{m}^2$$
$$= 480\,\text{m}^2$$

Modell 2:

Die Breite des Rasens wird um zweimal 3 Meter Wegbreite vergrößert, die Länge beibehalten.

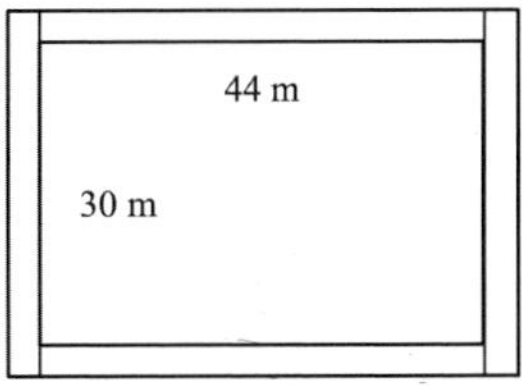

$$2 \cdot (44\,\text{m} \cdot 3\,\text{m}) + 2 \cdot (36\,\text{m} \cdot 3\,\text{m}) = 264\,\text{m}^2 + 216\,\text{m}^2$$
$$= 480\,\text{m}^2$$

Modell 3:

Der Weg ist so lang wie Länge und Breite des Rasens. In den Ecken kommen vier Quadrate hinzu mit der Wegbreite als Seitenlänge.

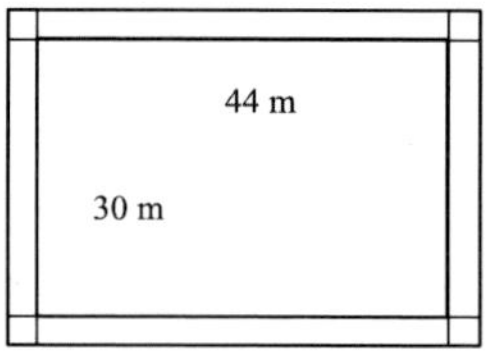

$$2 \cdot (44\,\text{m} \cdot 3\,\text{m}) + 2 \cdot (30\,\text{m} \cdot 3\,\text{m}) + 4 \cdot (3\,\text{m} \cdot 3\,\text{m}) = 264\,\text{m}^2 + 180\,\text{m}^2 + 36\,\text{m}^2 = 480\,\text{m}^2$$

Modell 4:

Man rechnet mit maximaler Länge und Breite des Wegs, subtrahiert dann die vier Quadrate, die in den Ecken doppelt berücksichtigt worden sind.

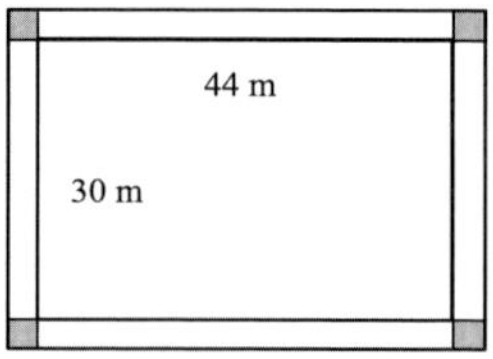

$$2 \cdot (50\,\text{m} \cdot 3\,\text{m}) + 2 \cdot (36\,\text{m} \cdot 3\,\text{m}) - 4 \cdot (3\,\text{m} \cdot 3\,\text{m}) = 300\,\text{m}^2 + 216\,\text{m}^2 - 36\,\text{m}^2 = 480\,\text{m}^2$$

Modell 5:

Länge und Breite des Rasens werden jeweils um eine Wegbreite vergrößert.

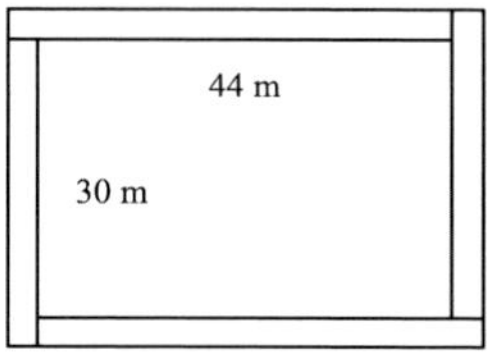

$$2 \cdot (47\,\text{m} \cdot 3\,\text{m}) + 2 \cdot (33\,\text{m} \cdot 3\,\text{m}) = 282\,\text{m}^2 + 198\,\text{m}^2 = 480\,\text{m}^2$$

Modell 6:

Die zusätzlichen Flächen in den Ecken werden willkürlich den Seitenlängen zugeschlagen.

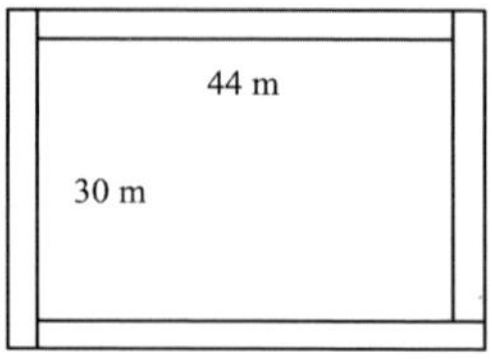

$$\begin{aligned}44\,\text{m}\cdot 3\,\text{m}+33\,\text{m}\cdot 3\,\text{m}+47\,\text{m}\cdot 3\,\text{m}+36\,\text{m}\cdot 3\,\text{m} &= 132\,\text{m}^2+99\,\text{m}^2+141\,\text{m}^2+108\,\text{m}^2\\ &= 480\,\text{m}^2\end{aligned}$$

Alle sechs oben stehenden Modellierungen beruhen auf der Vorstellung, dass die Gesamtfläche des Wegs in rechteckige Teilflächen zerlegt wird. Erfahrungsgemäß entspricht das Zerlegungsprinzip am häufigsten den Vorstellungen der Lernenden. Dies trifft natürlich erst recht zu, wenn in direktem zeitlichen Zusammenhang schon andere Flächen zerlegt wurden, um deren Flächeninhalt zu bestimmen.

Eine Vorstellung des Wegs als Umfang der Rasenfläche liegt nahe, führt aber häufig zu Fehlern, da zusätzlich die Schwierigkeit auftritt, wie mit der Wegbreite umzugehen ist.

Modell 7:

Der Umfang der Rasenfläche wird mit der Wegbreite multipliziert.

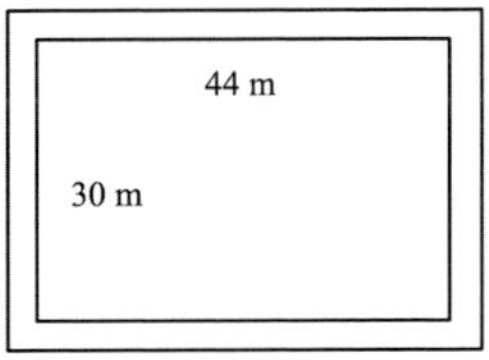

$$\begin{aligned}(44\,\text{m}+30\,\text{m}+44\,\text{m}+30\,\text{m})\cdot 3\,\text{m} &= 148\,\text{m}\cdot 3\,\text{m}\\ &= 444\,\text{m}^2\end{aligned}$$

Modell 8:

Der äußere Umfang der Gesamtfläche wird mit der Wegbreite multipliziert.

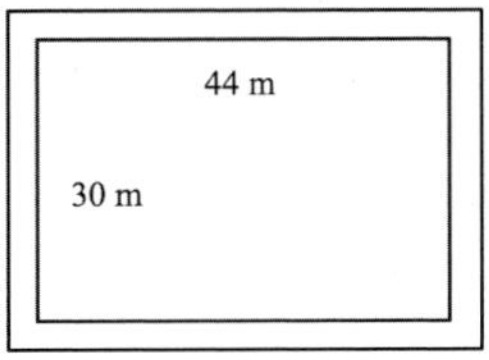

$$\begin{aligned}(50\,\text{m}+36\,\text{m}+50\,\text{m}+36\,\text{m})\cdot 3\,\text{m} &= 171\,\text{m}\cdot 3\,\text{m}\\ &= 516\,\text{m}^2\end{aligned}$$

Modell 9:

Der Umfang wird zur Hälfte an der Rasenfläche und an der Außenseite des Wegs bestimmt.

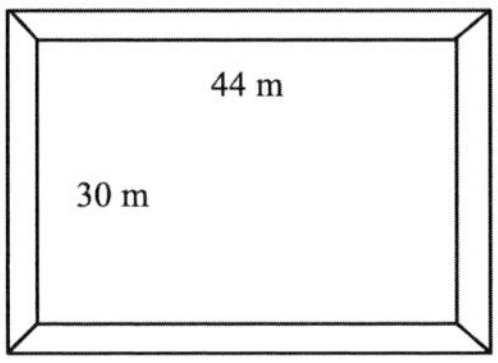

$$(44\,\mathrm{m} + 30\,\mathrm{m} + 50\,\mathrm{m} + 36\,\mathrm{m}) \cdot 3\,\mathrm{m} = 160\,\mathrm{m} \cdot 3\,\mathrm{m}$$
$$= 480\,\mathrm{m}^2$$

Die Modelle 7 und 8 führen natürlich zu falschen Ergebnissen. Modell 9 stellt den Lehrenden dagegen vor die Herausforderung, dem Lernenden transparent zu machen, wie schwierig der Nachweis der Richtigkeit sein wird, obwohl seine Vorgehensweise dennoch sinnvoll ist. Denn sie basiert auf plausiblen Überlegungen: Wenn man den Außenumfang nimmt, wird das Ergebnis zu groß, mit dem Innenumfang wird es zu klein, also nimmt man jeweils die Hälfte beider Umfänge. Die Vorstellung, die dieser Lösung zugrunde liegt, entspricht dem Begriff Gehrung im Handwerk. Bilderrahmen aus Holz werden zum Beispiel so hergestellt. Dreht man jede zweite trapezförmige Fläche um, so lässt sich daraus ein Parallelogramm legen, dessen Länge der Mittelwert aus Innen- und Außenumfang des Wegs und dessen zugehörige Höhe die Wegbreite ist.

Wenn Lernende solche Lösungsideen haben, ergeben sich für den Lehrenden Gelegenheiten, in den Grenzbereich der Kompetenzen *Mathematisch modellieren* und *Mathematisch argumentieren* vorzustoßen. Denn er kann die Gelegenheit nutzen, einzelnen Lernenden für eine Lösung nach Modell 9 in einem individuellen Gespräch eine schlüssige Begründung abzuverlangen.

Es gibt noch eine weitere Modellierung zu der Aufgabe, die über den Vergleich zweier Flächeninhalte geht:

Modell 10:

Der Flächeninhalt des Wegs ergibt sich, wenn von der gedachten Gesamtfläche, die der Weg innerhalb seines Außenumfangs einschließt, die Rasenfläche subtrahiert wird.

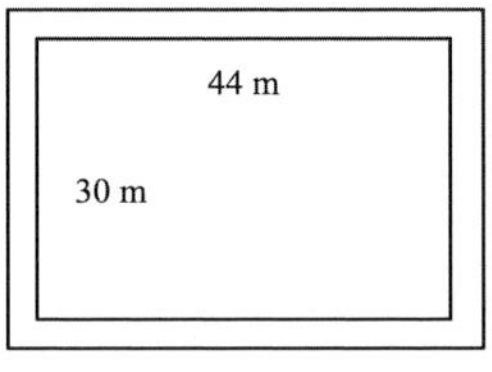

$$(50\,\mathrm{m} \cdot 36\,\mathrm{m}) - (44\,\mathrm{m} \cdot 30\,\mathrm{m}) = 1800\,\mathrm{m}^2 - 1320\,\mathrm{m}^2$$
$$= 480\,\mathrm{m}^2$$

Damit sind die Möglichkeiten immer noch nicht erschöpft. Um ihren Flächeninhalt zu bestimmen, kann die Wegfläche mit Einheitsflächen, zum Beispiel der Größe eines Quadratmeters, ausgelegt und diese können dann abgezählt werden. Verschiedene Abzählmethoden korrespondieren mit einzelnen der oben aufgeführten Zerlegungsmethoden.

Modell 10 repräsentiert die Modellierung, die der Lehrende favorisiert hatte. Sie ist gleichzeitig diejenige, auf die Lernende eher selten von selbst kommen, sofern man ihnen nicht den Weg weist. Lösungsvielfalt zuzulassen bedeutet, dass der Lehrende seine Rückschauperspektive zurückhält und sich darauf einlässt, wie Lernende aus ihrer Perspektive der Vorschau denken. Und dabei gibt es selten nur zwei Möglichkeiten.

In der besprochenen Stunde wurde der vom Lehrenden favorisierte Lösungsweg im Plenum vorgestellt. Er fühlte sich bestätigt, weil ein Schülertandem diesen Lösungsweg gefunden hatte und ihn dann vor der Klasse präsentieren konnte.

Weitere Lösungswege waren zwar angedeutet und zugelassen worden, aber die Lösungsvielfalt wurde nicht genutzt. Ein großer Teil der Klasse konnte lediglich vergleichen, ob das Rechenergebnis dasselbe war. Zumindest ein zweiter Lösungsweg, in diesem Fall eines der Zerlegungsmodelle, hätte ohne großen Zeitaufwand gleichwertig gegenübergestellt werden können.

Lösungsvielfalt konstruktiv zu nutzen, stellt sich auch in der Möglichkeit dar, den Lernenden eine Zusammenstellung alternativer Lösungen zur Selbstkontrolle an die Hand zu geben ähnlich wie es auf den oben stehenden Seiten gemacht wurde. Dies ist zwar mit einem Aufwand verbunden, der im Alltag nicht immer geleistet werden kann, der es aber wegen des Mehrgewinns an individuellen Lernchancen wert ist.

5.5 Der Modellierungskreislauf

Beim Modellieren werden Probleme aus der Realität in die Mathematik übertragen, um sie mit mathematischen Mitteln zu bearbeiten und die mathematischen Lösungen auf die Realität bezogen zu interpretieren und zu reflektieren. Modellieren ist ein zeitgemäßer Begriff für Sachrechnen: die Beantwortung von Alltagsfragen mit geeigneten mathematischen Mitteln.

Den Sichtweisen,

- Modellieren sei eine neue Anforderung an Mathematikunterricht;
- Modellieren fände an Schulen nicht statt;
- Modellieren würde nicht unterrichtet;
- zum Modellieren bedürfe es besonderer Aufgabentypen

muss widersprochen werden.

In jedem alltags- oder sachbezogenen Mathematikunterricht spielt Modellieren eine große Rolle. Die Frage ist nicht, ob Modellieren in der Praxis umgesetzt wird, sondern wie. Wählt der Lehrende aus seiner Perspektive der Rückschau ein passendes mathematisches Modell zur Lösung eines Alltagsproblems aus, oder überlässt er dies den Lernenden? Wer überträgt die Rechenergebnisse auf die zugrunde gelegte Alltagsproblematik, der Lehrende oder die Lernenden? Wer interpretiert und validiert die Rechenergebnisse und wie ist dabei der Ablauf? Gibt es ein eindeutiges „Richtig“ oder wird argumentiert, ob eine erarbeitete Lösung schon „die richtige“ ist? Werden Alternativen zugelassen, toleriert oder herausgefordert? Wird die Kompetenz *Mathematisch Modellieren* bei den Lernenden gefördert oder wird ihnen das Modellieren vom Lehrenden abgenommen?

Schwierigkeiten ergeben sich an den Übergängen von Realität und Mathematik; es fällt schwer, der Realität die passende Mathematik zuzuordnen und vor allem gibt es Probleme, Ergebnisse mathematischer Handlungen angemessen auf die Realität bezogen zu interpretieren. Wenn Lernende auch früher schon veranlasst wurden, vor dem Lösen von Aufgaben Planfiguren anzufertigen und darin mit unterschiedlichen Farben Gegebenes und Gesuchtes zu markieren, oder wenn grundsätzlich als Lösung ein Antwortsatz verlangt wurde, dann ging es schon damals genau um diese Übergänge beim Modellieren. Damit die Übergänge gelingen, sind Grundvorstellungen erforderlich. Nur wenn tragfähige Vorstellungen vorhanden sind, können Begriffe aus der Realität in Begriffe aus der Mathematik übersetzt und umgekehrt mathematische Resultate in der Realität interpretiert werden.

Zur Veranschaulichung des Modellierens werden in der Literatur vielfältige idealisierende Darstellungen in Form von Kreisläufen verwendet, die je nach Autor unterschiedlich angeordnet und gestaltet sind. Die reale Welt und die mathematische Welt stehen bei diesen Darstellungen neben- oder übereinander[32]. Beim Modellieren findet ein Wechsel aus der Realität in die mathematische Welt und umgekehrt statt.

Der Kreislauf beginnt mit einer realen Situation, die zunächst vereinfacht und strukturiert wird; relevante Informationen werden von irrelevanten unterschieden. Durch die Vereinfachung der realen Situation entsteht ein reales Modell.

Das reale Modell wird in ein mathematisches Modell übertragen, was in der Regel heißt, dass es mithilfe von mathematischen Darstellungen und Symbolik formalisiert wird. Durch diese Formalisierung ist eine mathematische Problemstellung entstanden.

Jetzt wird nach einem Algorithmus oder Lösungsplan gesucht, damit das mathematische Problem durch mathematisches Arbeiten einer mathematischen Lösung zugeführt werden kann.

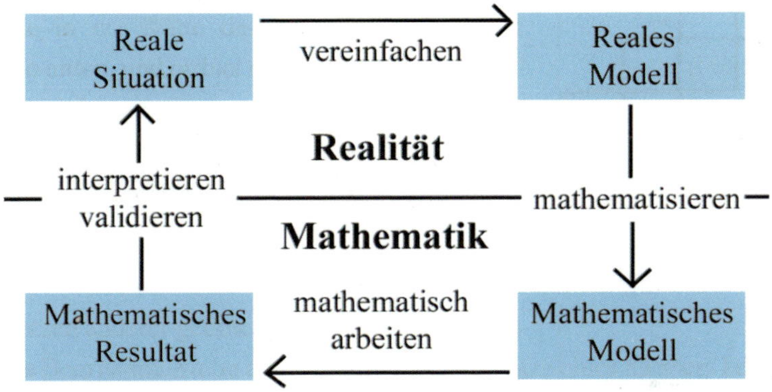

Der Kreislauf endet mit der Übertragung des mathematischen Resultats auf die reale Situation[33]. Beim Wechsel zurück in die reale Welt wird die mathematische Lösung interpretiert und auf ihre Gültigkeit in der Realität überprüft, die Lösung wird validiert. Wenn der Lehrende nur einen Lösungssatz fordert, weil das einfach dazugehöre, empfinden die Lernenden dies möglicherweise als leeres Ritual. Den Lernenden sollte also bewusst sein, dass mit den Schritten Interpretieren und Validieren echte Fragen beantwortet werden.

Die Bezeichnung Kreislauf für die Darstellung des Ablaufs des Modellierens ist in gewissem Sinne irreführend. Denn die wenigsten Darstellungen erinnern tatsächlich an einen Kreis. Der „Kreislauf" sieht meist ziemlich eckig aus und er hat einen Anfang, nämlich immer in der realen Situation, und er hat ein Ende, auch immer in der realen Situation. Man hätte auch eine Liste

[32] Zum Teil wird die reale Welt mit einer Weltkugel symbolisiert, neben der die mathematische Welt schwebt. Es ist nur ein ironischer Nebeneffekt, wenn dadurch die Mathematik irgendwie außerirdisch wirkt, als wäre sie nicht von dieser Welt.

[33] Bei der Erstellung der Grafik habe ich mich weitgehend an der Darstellungsart orientiert, die Gilbert Greefrath (2010, S. 53) verwendet hat.

erstellen können, um ihn darzustellen. Dass der „Kreislauf“ unter Umständen oder womöglich häufig mehrfach durchlaufen werden muss, drückt eine Grafik wie die obige nur bedingt aus.

In der Literatur sind vielfältig dargestellte „erweiterte“ Modellierungskreisläufe zu finden, zum Beispiel mit einer Schlaufe oder der Darstellung einer Spirale visualisiert. Ich persönlich favorisiere den „erweiterten“ Modellierungskreislauf der PISA-Studie 2003[34], den ich als Vorbild für die untenstehende Grafik verwendet und überarbeitet habe. Mit dessen Hilfe möchte ich den Aspekt hervorheben, dass Interpretieren und Validieren zwei getrennte Schritte darstellen. Das Ergebnis des Validierens entscheidet darüber, ob ein weiteres Durchlaufen des Kreislaufs notwendig ist. Der Modellierungskreislauf besteht bei dieser Sichtweise aus fünf Stationen, nicht aus vier.

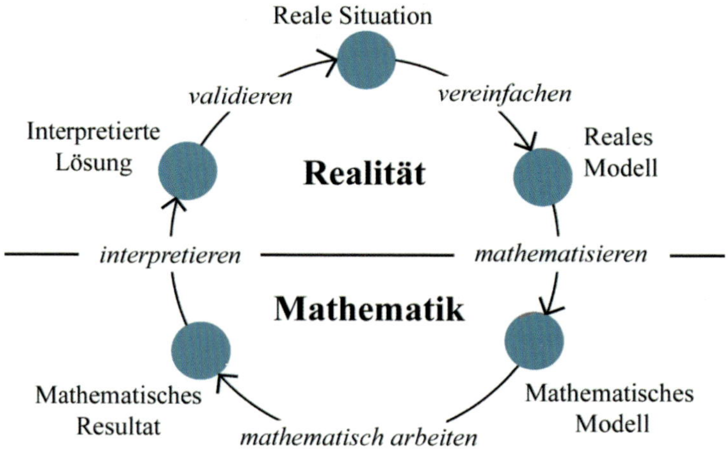

[34] PISA 2003, S. 48, zitiert nach Barbara Schmidt (2010, S. 13)

5.6 Verpackungen von Süßigkeiten

Die Stunde steht im Kontext „Volumen und Oberfläche von Prismen“ in Klasse 8. Der Lehrer eröffnet die Stunde, indem er drei Verpackungen für Süßigkeiten vorzeigt und die Frage stellt: „Welche Verpackung ist am größten?“ Bei den vorgezeigten Verpackungen handelt es sich um ein regelmäßiges Sechseckprisma, ein regelmäßiges Dreieckprisma und ein Fünfeckprisma. Die Fragestellung ist durchaus berechtigt, denn beim ersten Hinsehen ist eine Antwort nicht unbedingt ersichtlich. Erste Äußerungen der Lernenden sind bereits mit Begründungen verknüpft.

Auf Nachfrage erlaubt der Lehrende, bei Bedarf die Verpackungen zu zerlegen oder zu zerstören. Daraufhin wird eine der Verpackungen von einer Gruppe vorsichtig mit der Schere an Faltkanten entlang aufgetrennt. Diese Lernenden haben die Frage nach der „Größe“ der Verpackung mit der Frage nach der „Größe“ des Verpackungsmaterials konkretisiert, weil diese eine Fläche ist, und die Aufgabenstellung in das mathematische Modell eines Flächennetzes übertragen. Im weiteren Verlauf der Stunde vergleichen sie die Flächeninhalte und kommen ganz richtig zu dem Ergebnis, das Dreieckprisma sei am größten.

Eine weitere Gruppe beginnt, alle Verpackungen zu vermessen und berechnet dann arbeitsteilig die Volumina. Diese Gruppe kommt zu dem Ergebnis, das Sechseckprisma sei die größte Verpackung.

In allen Gruppen werden sinnvolle Berechnungen vorgenommen. Erstaunlicherweise kommt niemand auf die Idee, die Schokoladenmenge in die Überlegungen mit einzubeziehen, die ja immerhin auf jeder Packung aufgedruckt ist. Genaugenommen wurde das durch die Fragestellung auch nicht vorbereitet, denn es wurde nach der „Größe“ der Verpackung und nicht nach dem Inhalt gefragt. Für den Begriff „Größe“ haben alle Schülergruppen eines der zwei mathematischen Modelle „Oberfläche“ und „Volumen“ gewählt.

Bei der Berechnung des Volumens des Sechseckprismas teilen einige Gruppen die Grundfläche auf, während andere das Prisma in Teilprismen zerlegen. Dabei sind unterschiedliche Zerlegungen vertreten: Die Sechseckfläche wird als Summe zweier Trapeze, als Summe eines Rechtecks und zweier Dreiecke und als Summe von sechs Dreiecken vorgestellt. Bei den beiden anderen Prismen sind die Varianten nicht so zahlreich. Dennoch wird allen klar, dass unterschiedliche Modellierungen und damit unterschiedliche Lösungswege möglich sind. Mit Formeln wird kaum gearbeitet, ausschließlich beim Volumen des Dreieckprismas.

In der anschließenden Plenumsphase wird erarbeitet, dass das Dreieckprisma die größte Oberfläche besitzt, das Sechseckprisma aber das größte Volumen. Für die Unterscheidung der beiden Varianten von „größer“ verwenden die Lernenden Beschreibungen wie „größer von außen“ für die Oberfläche und „es geht mehr rein“ für das Volumen. Ein Lernender fasst schließlich zusammen: „Was die größte Verpackung ist, kann man erst sagen, wenn klar ist, ob die Oberfläche oder das Volumen gemeint ist.“

Alle drei Verpackungen sind „ungefähr gleich groß“. Eine tabellarische Zusammenstellung schafft dann die Gelegenheit, einen Zusammenhang zum Inhalt herzustellen: „Eigentlich kommt es ja auch darauf an, wie viel Schokolade man bekommt.“ Ein Lernender merkt noch an, das Sechseckprisma enthalte bestimmt weniger Schokolade als das Dreieckprisma. Die Tabelle wird um eine Spalte „Inhalt“ ergänzt. Alle erarbeiteten Ergebnisse werden eingetragen

	Volumen	*Oberfläche*	*Inhalt*
Schokoturm	$450\,cm^3$	$579\,cm^2$	400 g
Bussis	$603\,cm^3$	$462\,cm^2$	178 g
Knusperhaus	$423\,cm^3$	$376\,cm^2$	79 g

Das Dreieckprisma hat die größte Oberfläche, das Sechseckprisma das größte Volumen. Eine Interpretation der Rechenergebnisse führt zu dem Ergebnis, dass das Dreieckprisma die „ehrlichste“ Verpackung sei, weil sie anders als die anderen nicht mehr Inhalt vortäuschen würde als tatsächlich vorhanden ist. Dass der verhältnismäßig große Aufwand an Verpackungsmaterial durch die „längliche Form“ verursacht wird, genügt als Begründung für den vergleichsweise großen Oberflächeninhalt.

Am Ende kommt ein Schüler auf die Idee, den Inhalt zur Verpackungsgröße in Beziehung zu setzen: „Wie viel Gramm Schokolade würde ich bekommen, wenn alle Verpackungen gleich groß wären?“ Man einigt sich auf das Volumen als Vergleichsgröße, denn „das ist ja die Schokolade“. Dass in der einen Packung über fünfmal so viel Schokolade enthalten ist im Vergleich zu einer anderen, erstaunt dann doch. Auf Vorschlag eines Lernenden wird der „Schokoladengehalt“ jeder Verpackung berechnet: die Menge Schokolade in Gramm pro Volumeneinheit der Verpackung. Ergebnis der Stunde ist eine Erkenntnis, die der Lehrende so nicht geplant hatte: das Dreieckprisma enthält 0,9 g/cm^3, das Sechseckprisma 0,3 g/cm^3 und das Fünfeckprisma 0,2 g/cm^3 Schokolade; wobei fairerweise erwähnt werden muss, dass in der letztgenannten Packung noch ein kleines Spielzeug enthalten war.

Es könnte eine Übungsphase anschließen, in der die Fragestellung bearbeitet wird: Wie groß wären die Verpackungen der anderen Produkte, wenn sie wie die Schokolade im Fünfeckprisma verpackt wären? Dann müsste wieder ein reales Modell gefunden werden, das die Fragestellung repräsentiert, und diesem müsste ein geeignetes mathematisches Modell zugeordnet werden.

„Beim Modellieren wird eine reale Situation mithilfe von Mathematik verstanden, strukturiert oder gedeutet, also im allerweitesten Sinne „gelöst“ *(Kratz 2011, S. 37)*.“ Das hier verwendete Modell ist ein *deskriptives Modell*; mithilfe des Modells wurde eine reale Situation beschrieben, beurteilt und verstanden. Ein Beispiel für ein *normatives Modell* wird im nächsten Abschnitt beschrieben. Dabei geht es um Abläufe, mit deren Hilfe Preise für Nahrungsmittel festgelegt werden.

Deskriptive Modelle sind Abbildungen der Realität. Eine existierende reale Situation wird mit einem Modell beschrieben, beurteilt und verstanden; ein weiteres Beispiel: Stadtplan.
Normative Modelle sind Vorbilder für die Realität. Eine reale Problemstellung wird mit einem Modell gestaltet und erklärt; ein weiteres Beispiel: Nebenkostenaufteilung im Mehrfamilienhaus.

5.7 Griechischer Bauernsalat und Pizza

„Wie groß ist ein ‚großer' griechischer Bauernsalat im Vergleich zu einem ‚kleinen'?" Solche Fragen wurden der Kellnerin bestimmt schon oft gestellt. Trotzdem zeigt sie sich ziemlich ratlos und versucht, mit den Händen formend eine Vorstellung zu vermitteln von der „Größe" der angebotenen Salate. Der Gast bestellt dann einen großen griechischen Bauernsalat. Die Stufung von Portionsgrößen und die Preisgestaltung bleiben in der Gastronomie oft undurchsichtig, weil nicht offengelegt wird, welches Modell verwendet wurde.

Pizzabäcker sind da schon einen Schritt weiter. An Verkaufsständen für Mitnahmepizzen und in Prospekten von Pizzalieferservices werden mittlerweile die Begriffe „klein", „normal", „Familie" bis „Party" fast überall mit Zahlenangaben konkretisiert. So kostet eine Pizza Peperoni bei einem Pizzaservice als „klein" mit Durchmesser 26 cm 5,90 €; als „normal" mit Durchmesser 30 cm kostet sie 7,80 €.

Welches Modell liegt dem zugrunde? Man nimmt an, dass der Boden einer kleinen Pizza gleich dick ist wie der einer normalen vom selben Anbieter. Der Belag wird proportional zur Fläche verteilt. Eine größere Pizza hat also einen größeren Flächeninhalt als die kleine und ist abgesehen davon gleich. Die Flächeninhalte im geschilderten Beispiel verhalten sich ähnlich zueinander wie die Preise. Denn der Durchmesser der normalen Pizza ist ungefähr 1,15mal so groß wie der Durchmesser der kleinen Pizza. Der Flächeninhalt der normalen Pizza ist damit $1,15^2 \approx 1,33$ mal so groß wie der der kleinen Pizza. Unter Einrechnung eines kleinen Rabatts für die größere Pizza findet sich dieser Faktor in der Preisgestaltung wieder.

Der anfangs erwähnte kleine griechische Bauersalat wird in einer Schüssel mit 20 cm Durchmesser gereicht, die Schüssel des großen griechischen Bauernsalats hat 22 cm Durchmesser. „Wenn ich gewusst hätte, dass der kleine Salat schon so groß ist, hätte ich keinen großen bestellt." Auch diese spontane Äußerung hat die Kellnerin bestimmt schon oft gehört. Hat der enttäuschte oder auch nur grübelnde Gast aber Recht? Wegen der Halbkugelform der Gefäße ist hier als mathematisches Modell nicht der Flächeninhalt, sondern das Volumen angemessen. In der größeren Schüssel ist „mehr drin" als in der kleineren. Der Durchmesser der größeren Schüssel ist ungefähr 1,1mal so groß wie der Durchmesser der kleineren. Das Volumen der größeren Schüssel ist folglich $1,1^3 \approx 1,33$ mal so groß wie das der kleineren.

Die errechneten Warenmengen stehen bei Pizza und Bauernsalat im selben Verhältnis; die größere Portion enthält ein Drittel mehr als die kleinere. Bei den Preisen verhält es sich nicht ganz so. Der kleine Salat kostet 5,90 €, der große 7,90 €. Hier wird der Gast mit einem kleinen Aufschlag bestraft, wenn er die größere Portion bestellt, was daran liegt, dass Preise gewissen Gestaltungsregeln zu entsprechen haben, die allein mit Proportionalität nicht zu erklären sind.

Bei einer Umsetzung dieser Thematik aus dem Alltag ist die Zuordnung des mathematischen Modells am Übergang von der Realität in die Mathematik das zentrale Lernziel; im Unterricht werden die Lösungswege natürlich weit weniger formal dargestellt als hier im Buch. Das Arbeitsblatt auf der folgenden Seite kann in Partnerarbeit oder Gruppenarbeit eingesetzt werden. Teilaufgabe a) und b) sind als Grundaufgaben anzusehen; Minimalziel ist die Erkenntnis, dass der Preis für Pizzen verschiedener Größen dann fair ist, wenn er annähernd proportional zur Warenmenge ist. Diese kann über den Flächeninhalt verglichen werden. Im Beispiel auf dem Arbeitsblatt ist dies nur tendenziell der Fall.

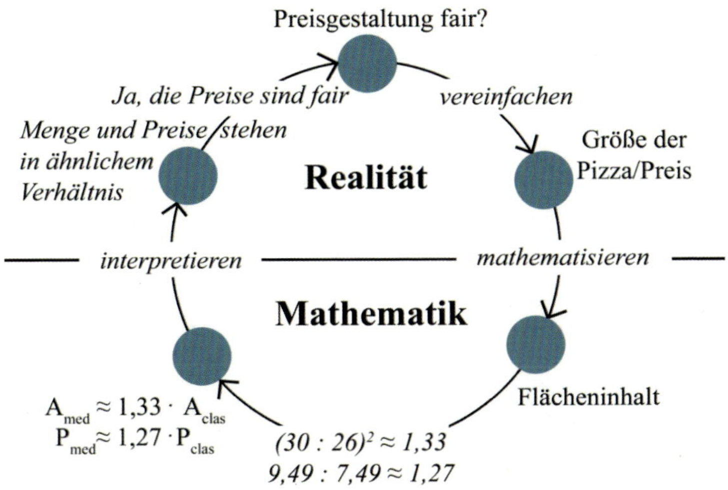

Nur ein Teil der Lerngruppe wird bis zur Teilaufgabe e) kommen. Deren Lösungsweg kann dann vor dem Plenum präsentiert oder gemeinsam erarbeitet werden. Hier muss der Modellierungskreislauf zweimal durchlaufen werden. Im ersten Durchgang wird überprüft, ob die Portionsgrößen der Schüsseln im gleichen Verhältnis stehen wie bei den Pizzen.

Pizza – Service

Pizza	Classic	Medium	Large
Pizza **Roma** mit Salami und frischen Champignons	Classic **7,49 €** ø 26 cm	Medium **9,49 €** ø 30 cm	Large **12,95 €** ø 35 cm
Pizza **Mafia** mit saftigem Hinterschinken und Salami	Classic **7,95 €** ø 26 cm	Medium **10,49 €** ø 30 cm	Large **13,95 €** ø 35 cm
Pizza **Pepperoni** mit Pepperoni, Schafskäse und Oliven	Classic **6,49 €** ø 26 cm	Medium **8,49 €** ø 30 cm	Large **11,49 €** ø 35 cm

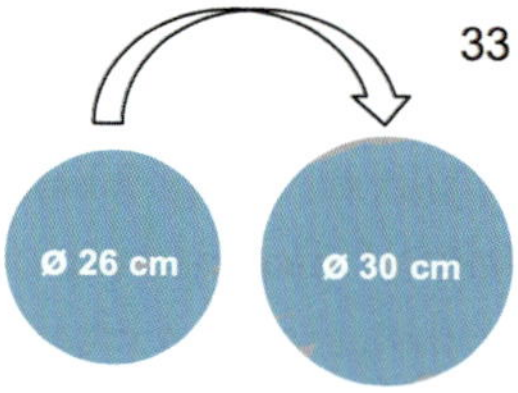

33 % mehr Geschmack!

Faire Preise für die Pizza

a) Vergleiche die Pizzen in unterschiedlichen Größen.

b) Welches Modell hat der Pizzaservice für die Festlegung der Größen verwendet?

c) Ist die Preisgestaltung fair?

d) Was ist mit der Angabe „33 % mehr Geschmack“ gemeint?

e) Gemischter Salat wird angeboten in halbkugelförmigen Schüsseln mit ø 20 cm, ø 22 cm und ø 24,2 cm. Die Portion Classic kostet 4,49 €. Berechne die Preise für Medium und Large.

Kopiervorlage zum Download

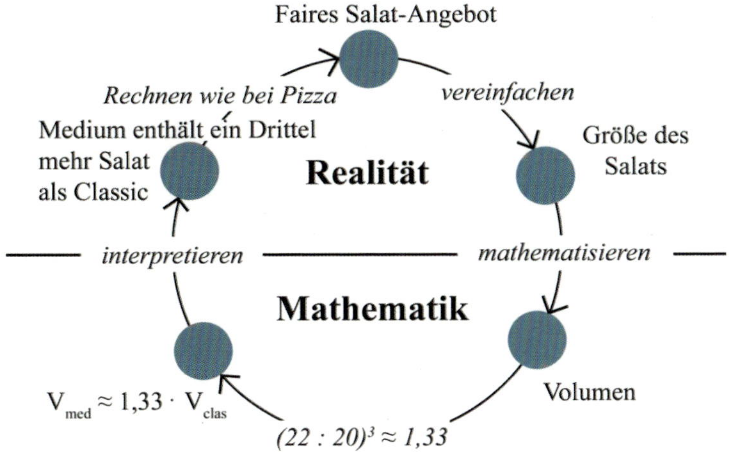

Im zweiten Durchgang wird der Preis für eine der größeren Portionen bestimmt. Modellieren muss explizit gelernt werden, ob dafür den Lernenden aber eine Darstellung des Kreislaufs an die Hand gegeben wird, bleibt dem einzelnen Lehrenden überlassen. Die Blanko-Kopiervorlage auf der folgenden Seite dient als Orientierung und Hilfe bei Schwierigkeiten und kann Vorbereitungsaufwand einsparen.

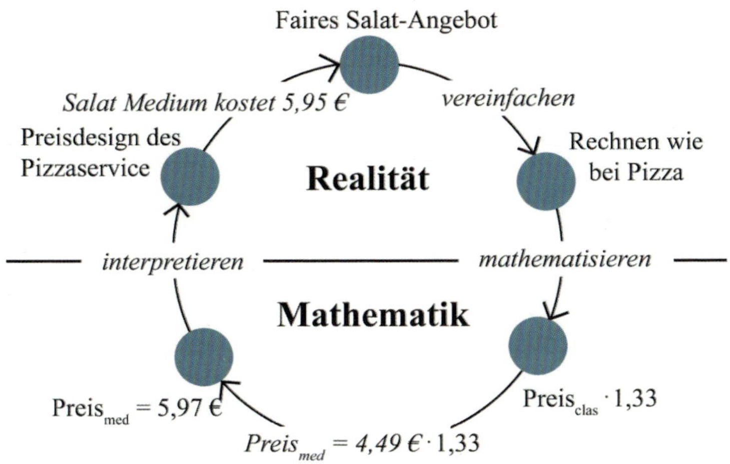

Meine Schritte beim Modellieren:

1.
2.
3.
4.
5.

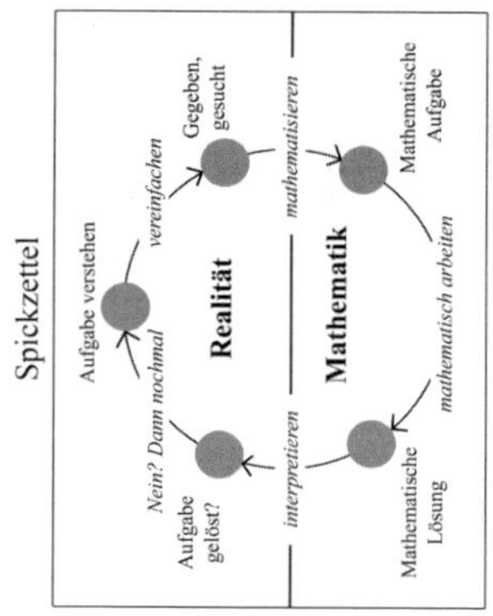

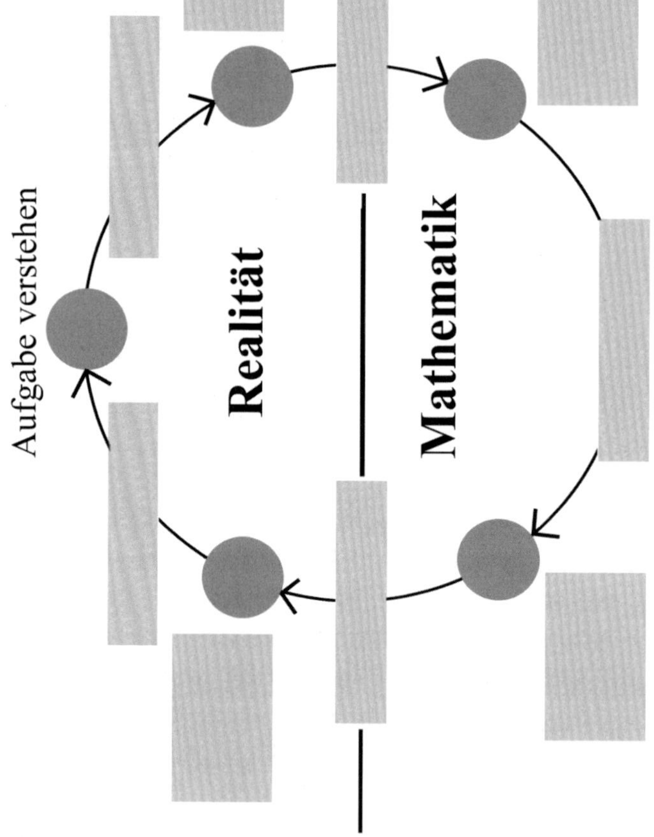

Kopiervorlage zum Download

5.8 Modellieren in Schülersprache

Lernenden ist oft nicht bewusst, dass sie modellieren; viele kennen nicht einmal den Begriff. Aber schon Aufforderungen wie

- „mache eine Planskizze“,
- „kennzeichne Gegebenes und Gesuchtes“,
- „stelle eine Gleichung auf“,
- „mache eine Probe“,
- „formuliere einen Antwortsatz“

beschreiben Teilschritte des Modellierens. Dieser Aspekt sollte Lernenden bewusst gemacht werden: Schritte wie die obigen sind Teil eines Prozesses, der im Mathematikunterricht sehr oft und in unterschiedlichen Zusammenhängen durchlaufen wird.

Teilweise werden Lernende ungewollt am Modellieren gehindert, weil eine Aufgabenstellung schon so viel vorgibt, dass der Modellierungskreislauf weder erkennbar ist noch vollständig durchlaufen werden muss. Oft wird das Realmodell vorgegeben, und alle Lernenden rechnen auf ähnliche Art. Das mag aus der Perspektive des Lehrenden ökonomisch sein, führt aber oft zu Vereinfachungen oder in anderen Fällen zu Verkomplizierungen, die so in der Realität nicht gegeben sind. Lernende erkennen meist, was von ihnen erwartet wird, und tun es dann. Sie erkennen allerdings nicht den Prozess und damit den Sinn des Modellierens. Sie durchlaufen ihn folglich auch nicht bewusst.

Wenn dagegen kein Realmodell vorgegeben wird, wählen nicht alle Lernenden den gleichen Weg, denn dieser hängt dann von individuellen Erfahrungen und Vorkenntnissen ab. Das zieht nach sich, dass manche nicht wissen, was sie rechnen sollen, und nicht alle dasselbe rechnen. Letzteres beschreibt einen Unterschied zwischen kompetenzorientiertem und fertigkeitsorientiertem Mathematikunterricht: Man nimmt als Lehrender auch mal in Kauf, dass der Rechenaufwand nicht für alle Lernenden gleich groß oder gleich schwierig ist, wenn die Lernenden Wege gehen, die sie selbst gewählt haben.

Es spricht einiges dafür, bisweilen den Modellierungsprozess auf der Ebene der Metakognition zu thematisieren. Dafür müssen nicht unbedingt Lernende Modellierungskreisläufe[35] ausfüllen oder aufschreiben; das kann aber im Einzelfall hilfreich sein. Zu diesem Zweck benötigt man eine Beschreibung des Modellierungskreislaufs in der Sprache der Lernenden. Die Kopiervorlage auf Seite 121 zeigt dafür ein Beispiel.

[35] Kopiervorlage siehe vorherige Seite

Ausgangspunkt ist eine reale Situation, die dem Lernenden in Form einer Aufgabe begegnet. Um die reale Situation zu verstehen, muss er die Aufgabe verstehen. Die reale Situation wird zum realen Modell, indem sie vereinfacht wird: Was ist gegeben, was ist gesucht, was ist nicht von Relevanz? Um ein mathematisches Modell zu erstellen, muss man passend zur realen Situation eine mathematische Aufgabe stellen. Die Aufgabe wird bearbeitet und führt zu einer mathematischen Lösung. Die mathematische Lösung wird interpretiert: Was bedeutet dies für die Situation? Die interpretierte Lösung wird validiert: Passt die Lösung zur Aufgabe? Wenn sie nicht passt, muss der Kreislauf ein weiteres Mal durchlaufen werden.

Schritte beim Modellieren

- Die Aufgabe verstehen.
- Die Aufgabe vereinfachen:
  Was ist gegeben, was ist gesucht?
- Eine passende mathematische Aufgabe erfinden.
- Die mathematische Aufgabe lösen.
- Ist die ursprüngliche Aufgabe damit gelöst?
  Wenn „ja", die Lösung festhalten.
  Wenn „nein", noch einmal oben beginnen.

Modellieren lernen

Modellieren bedeutet, mithilfe der Mathematik Probleme aus dem Alltag oder Aufgaben zu lösen.

Das Modellieren findet in einer Abfolge mehrerer Schritte statt, die man sich als Kreislauf vorstellen kann:

- das Problem oder die Aufgabe muss man zuerst verstehen;
- man vereinfacht das Problem oder die Aufgabe, indem man herausfindet, was gegeben und was gesucht ist;
- daraus erfindet man eine passende mathematische Aufgabe;
- man bearbeitet die mathematische Aufgabe;
- man überlegt, was die mathematische Lösung für das Problem oder für die Aufgabe bedeutet:

  Ist damit das Problem oder die Aufgabe gelöst?

  Wenn nicht, führt man den Kreislauf ein weiteres Mal durch, so oft, bis man überzeugt ist, dass das Problem oder die Aufgabe nun gelöst ist.

Schwierig sind die Übergänge zwischen Realität und Mathematik.

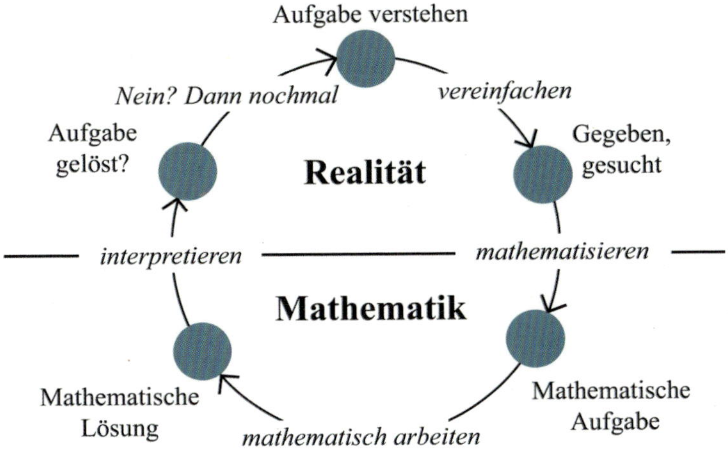

Kopiervorlage zum Download

5.9 Die Kompetenz: *Mathematisch modellieren*

Beim mathematischen Modellieren werden mehrere Teilschritte durchlaufen, um eine realitätsbezogene Situation mit mathematischen Mitteln zu beschreiben und ein darin enthaltenes Problem zu lösen. Das Problem muss zunächst identifiziert, verstanden und strukturiert werden. Die Bearbeitung lässt sich in Teilschritten beschreiben: Verstehen der Realsituation, Vereinfachen und Strukturieren der Realsituation, Mathematisieren der vereinfachten Realsituation, Lösung des mathematischen Problems, Interpretation und Übertragung der mathematischen Lösung in den realen Kontext. Man spricht in diesem Zusammenhang von einem Modellierungskreislauf.

Probleme bereiten die Übergänge zwischen realer und mathematischer Welt: die Übertragung des Realmodells in ein mathematisches Modell und die Interpretation der mathematischen Lösung in Bezug auf die Realität. Dabei müssen anspruchsvolle Übersetzungsprozesse geleistet werden, um eine zielführende Verbindung zwischen einem außermathematischen Kontext und einem innermathematischen Inhalt herzustellen; jeder Teilschritt erfordert unterschiedliche Teilkompetenzen.

Die Anforderungen reichen von der Anwendung bekannter Standardverfahren wie dem Dreisatz über die Verwendung mehrschrittiger Modellierungen bis hin zu komplexen Situationen, bei denen verschiedene Modelle entwickelt, überprüft, bewertet und verglichen werden müssen.

Modellierungskompetenz bedeutet die Fähigkeit, Probleme aus der Realität in geeigneter Art und Weise in die Mathematik zu übertragen, zu bearbeiten, zu lösen und die Ergebnisse zurück in die Realität zu übertragen und zu interpretieren. Die Modellierung zeichnet sich dadurch aus, dass nur ein bestimmter, geeigneter Ausschnitt aus der Realität zur mathematischen Bearbeitung herangezogen wird. Das mathematische Modell vereinfacht die Realität mit dem Ziel, dass eine Anwendung mathematischer Verfahren und Werkzeuge möglich wird.

6 Kompetenzorientierter Mathematikunterricht

6.1 Das mathematische Kompetenzmodell

Kompetenzen sind „... die bei Individuen verfügbaren oder durch sie erlernbaren kognitiven Fähigkeiten und Fertigkeiten, um bestimmte Probleme zu lösen ..." (*Blum u. a. (2006) S. 15, zitiert nach Weinert*). Lernende sollen Kompetenzen erlangen, die sie befähigen, konkrete und komplexe Anforderungen zu bewältigen. Kompetenzorientierung ohne den Blick auf die individuellen Voraussetzungen und Möglichkeiten der Lernenden ist nur schwer vorstellbar. Die Gestaltung des Lernens muss sich an dem vorhandenen Können und Wissen der Lernenden und am Ziel, das erreicht werden soll, orientieren.

Ein Nachweis von Kompetenzen gelingt nur in eng umrissenen Teilbereichen, da er nicht direkt, sondern nur über die Bewältigung bestimmter, den Kompetenzen zugeordneter Aufgaben geführt werden kann. Aus bestimmten Handlungen, die in einer Unterrichtssituation ausgeführt wurden, können Schlüsse gezogen werden, welche Kompetenzen gefördert wurden, ohne dies quantifizieren zu können. Eine solche Zuordnung von Aufgaben zu Kompetenzen kann jedoch im ungünstigen Fall verkürzende Wirkungen nach sich ziehen, indem hauptsächlich solche Kompetenzen berücksichtigt werden, die leicht zu beobachten, nachzuweisen und zu bewerten sind.

Das mathematische Kompetenzmodell, das den Bildungsplänen zugrunde liegt, konkretisiert fachspezifische Ziele des Mathematikunterrichts und stellt Lernziele in Form von „Könnensbeschreibungen"[36] dar. Unter dem Eindruck des schlechten Abschneidens deutscher Schüler in internationalen Vergleichsstudien war es 2003 von der Kultusministerkonferenz länderübergreifend verbindlich eingeführt worden. Es bildet auch die Grundlage für durchgeführte und durchzuführende Ländervergleichstests.

Das Kompetenzmodell beschreibt mathematische Kompetenz als Zusammenspiel einer inhaltlichen, einer prozessbezogenen und einer kognitiven Dimension. Die inhaltliche Dimension wird durch Leitideen beschrieben, auf denen mathematische Strukturen angeordnet sind. Die prozessbezogene Dimension umfasst Handlungen und Abläufe, die sich bei einer Erschließung der mathematischen Strukturen ergeben oder dafür notwendig sind. Die kognitive Dimension beschreibt mithilfe von Abstufungen den Grad der Ausprägung, mit dem mathematische Handlungen ausgeführt werden. Inhaltliche und prozessbezogene Kompetenzen[37] lassen sich nicht getrennt erwerben, und Kompetenzerwerb findet immer auf einem bestimmten Niveau statt. Weil inhaltliche Kompetenzen sich aber leichter und konkreter auflisten lassen als prozessbezogene, führt jeder Versuch, Kompetenzlisten zu erstellen, letztlich dazu, dass die prozessbezogenen Kompetenzen zu wenig Berücksichtigung erfahren und die Betrachtung sich zunehmend auf die inhaltliche und

---

[36] Pant u. a., IQB-Ländervergleich 2012, S. 17

[37] In der Literatur wird für prozessbezogene mathematische Kompetenzen teilweise auch der Begriff „allgemeine mathematische Kompetenzen" verwendet.

die kognitive Dimension beschränkt. Ihre schlechte Nachweisbarkeit mag mit Grund dafür sein, weshalb in der Vergangenheit die prozessbezogene Dimension weniger Berücksichtigung fand als die inhaltsbezogene und die kognitive. Einen Überblick über die mathematischen Kompetenzen gibt die Tabelle:[38]

Dimension	Inhalte
Prozessbezogene mathematische Kompetenzen	(K1) Mathematisch argumentieren (K2) Probleme mathematisch lösen (K3) Mathematisch modellieren (K4) Mathematische Darstellungen verwenden (K5) Mit symbolischen, formalen und technischen Elementen der Mathematik umgehen (K6) Mathematisch kommunizieren
Inhaltsbezogene mathematische Kompetenzen	(L1) Leitidee Zahl (L2) Leitidee Messen (L3) Leitidee Raum und Form (L4) Leitidee Funktionaler Zusammenhang (L5) Leitidee Daten und Zufall
Anforderungsbereiche	(I) Reproduzieren (II) Zusammenhänge herstellen (III) Verallgemeinern und Reflektieren

Das Zusammenspiel der inhaltlichen, prozessbezogenen und kognitiven Dimensionen lässt sich mit einem dreidimensionalen Modell aus Leitideen, Kompetenzen und Anforderungen darstellen. Jeder Kompetenzerwerb findet innerhalb dieses Raumes statt. Auf der Grundlage einer solchen Vorstellung von Kompetenzerwerb wird nicht so leicht eine der Dimensionen übersehen. Sofern Mathematikunterricht nur Fertigkeiten fordert und fördert, beschränkt sich der Kompetenzerwerb auf zwei Dimensionen und wird damit den hier beschriebenen Anforderungen nicht gerecht. Eine Balance aus produkt- und prozessorientiertem Kompetenzaufbau, also aus Leitideen und Kompetenzen, ist unverzichtbar.

[38] Tabelle in Anlehnung an Hans Werner Heymann (2009), S. 75

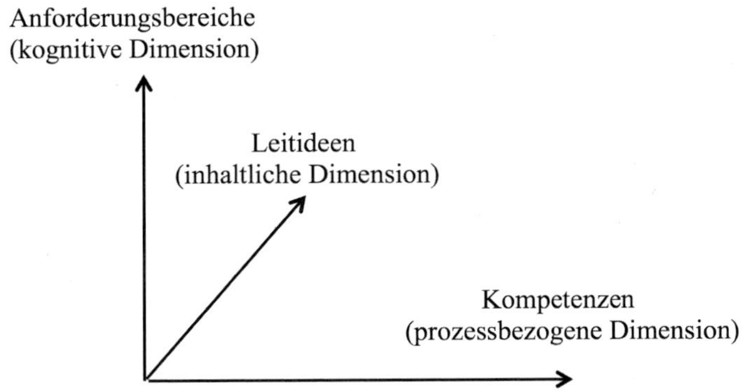

Füllt man die Dimensionen mit den Kompetenzen, ergibt sich eine Darstellungsform, mit der sich theoretisch jede Förderung und jeder Erwerb von Teilkompetenzen exakt lokalisieren lässt.

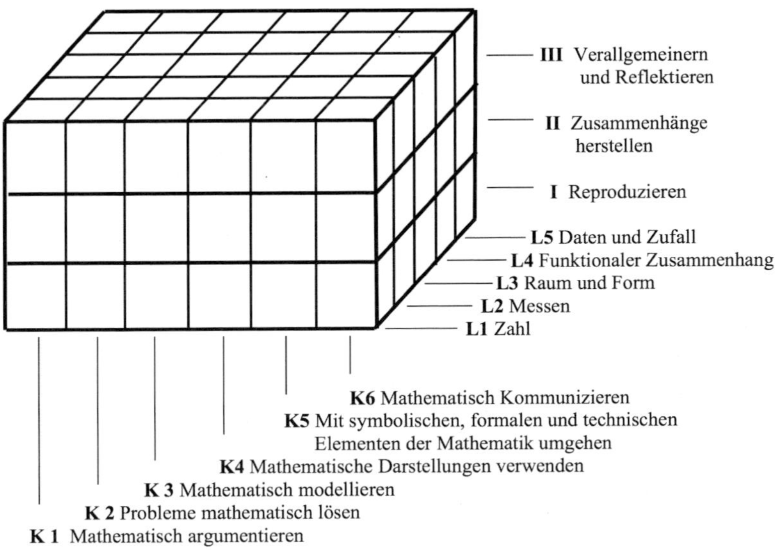

Bei der Verwendung des Kompetenzmodells muss jedoch berücksichtigt werden, dass die einzelnen Kompetenzen nicht isoliert nebeneinander stehen, sondern im Mathematikunterricht vielfältig verknüpft sind und verbunden werden sollen. Dies gilt bereits für die Leitideen untereinander. Zum Beispiel tangieren einfache Berechnungen an geometrischen Objekten die Leitideen *Raum und Form*, *Messen* und *Zahl*. Nur wenn mit einem hohen Maß an Segmentierung isoliert Fertigkeiten vermittelt und geschult würden, wäre eine derartige Vernetzung gering. Aber das ist nicht erstrebenswert.

Eine Strukturierung von Mathematikunterricht ausschließlich nach Inhalten kann wegen der damit einhergehenden Segmentierung kaum kompetenzorientiert gelingen. Ohne prozessbezogene

Kompetenzen können keine mathematischen Inhalte gelernt werden. Ohne Inhalte können auch keine prozessbezogenen Kompetenzen erworben werden. Prozessbezogene und inhaltliche Kompetenz sind komplementär. Sebastian Wartha vergleicht das Kompetenzmodell mit dem Stricken: „Die Wolle ist die Mathematik und die Stricknadeln sind die mathematischen Kompetenzen. Stricken ist ohne Nadeln genauso unmöglich wie ohne Wolle.“ *(Wartha 2014)*

Eine stringent lineare Unterrichtsplanung wird diesem Zusammenspiel nur schwer gerecht. Vielmehr ist der Unterricht so anzulegen, dass immer ein Auge darauf geworfen wird, in welchem Maße prozessbezogene Kompetenzen neben den inhaltlichen gefördert werden können. Bei der lang-, mittel- und kurzfristigen Unterrichtsplanung von Mathematikunterricht nehmen die inhaltlichen Kompetenzen auch weiterhin eine strukturierende Rolle ein. Es wird kaum möglich sein, auch die prozessbezogenen Kompetenzen langfristig in einem Stoffverteilungsplan zu verteilen nach dem Motto: Modellieren wird in Verbindung mit linearen Funktionen gefördert. Solche Verbindungen können allenfalls als Schwerpunktsetzungen verstanden werden. Weil aber prozessbezogene Kompetenzen nicht als eine besondere Form von Inhalten abgearbeitet werden können, ist davon eher abzuraten. Mindestens eine prozessbezogene Kompetenz sollte bei der Planung jeder einzelnen Stunde bewusst gefördert werden. Prozessbezogene Kompetenzen beschreiben jedoch eine Unterrichtskultur, die nicht einfach an traditionellen Mathematikunterricht angehängt werden kann.

Bei prozessbezogenen Kompetenzen sind die Überschneidungen groß, sie lassen sich zum Teil schwer gegeneinander abgrenzen. Jeweils zwei prozessbezogene Kompetenzen sind besonders eng miteinander verwandt und weisen große Ähnlichkeiten auf:

- *Mathematisch argumentieren* und *Mathematisch kommunizieren,*
- *Probleme mathematisch lösen* und *Mathematisch modellieren,*
- *Mathematische Darstellungen verwenden* und *Mit symbolischen, formalen und technischen Elementen umgehen.*

Henrik Kratz *(2011, S. 16)* verwendet für Kompetenzpaare mit besonderer Nähe den Begriff „Zwillingskompetenzen“.

Mathematisch argumentieren und *Mathematisch kommunizieren*

Beiden Kompetenzen ist der Adressatenbezug gemein; ohne ein reales oder imaginäres Gegenüber gibt es weder Argumentation noch Kommunikation. Beide Kompetenzen dienen einer Verständigung über und dem Verstehen von Mathematik. Beim Argumentieren kommt hinzu, dass der Argumentierende sein Gegenüber überzeugen oder dass der Adressat die Argumentationskette nachvollziehen können muss. In diesem Sinne kann man das mathematische Argumentieren als besondere Ausprägung des mathematischen Kommunizierens verstehen. Genauso gut kann man das Kommunizieren als Teilkompetenz des Argumentierens auffassen, denn es ist zum Argumentieren zwingend nötig.

Probleme mathematisch lösen und *Mathematisch Modellieren*

Beide Kompetenzen umfassen, dass Probleme gelöst werden. Bei der Kompetenz *Probleme mathematisch lösen* kann es sich um realitätsbezogene wie um innermathematische Probleme handeln, zum *Mathematischen Modellieren* gehört stets ein reales Problem als Ausgangssituation. Daraus lassen sich zwei Sichtweisen ableiten, die im Bereich außermathematischer Kontexte nicht klar abzugrenzen sind. Modellieren kann einerseits als komplexe Form des Problemlösens gesehen werden, die Modellbildung als Teil des Problemlöseprozesses. Mit der anderen Sichtweise kann mathematisches Problemlösen prinzipiell in allen Teilschritten des Modellierungsprozesses auftreten, artikuliert sich jedoch häufig als dessen innermathematischer Teilschritt. Beide Sichtweisen stehen nicht im Widerspruch, sondern beschreiben unterschiedliche Perspektiven.

Mathematische Darstellungen verwenden und *Mit symbolischen, formalen und technischen Elementen umgehen*

Mit diesen beiden Kompetenzen könnte man traditionellen Mathematikunterricht beschreiben: Die Lerninhalte waren mathematisches Wissen sowie die Beherrschung von mathematischen Werkzeugen wie Begriffen, Regeln und Fertigkeiten. Dafür wurden mathematische Darstellungen angefertigt und genutzt. Die Abgrenzung mathematischer Darstellungen von einer Reflexion, was man damit machen kann, ist geeignet, den Blick auf die traditionellen Elemente des Mathematikunterrichts zu schärfen. Es wäre ein Missverständnis, diese als „überholt“ abzutun. Auch guter traditioneller Mathematikunterricht war an Kompetenzen der Lernenden orientiert. Natürlich braucht man Wissen über Begriffe, Regeln und Algorithmen und die Fertigkeiten, sie gezielt einzusetzen, um Mathematik zu lernen und zu können. Und natürlich bedarf es dafür vielfältiger Darstellungen auf unterschiedlichen Abstraktionsniveaus, die es zu verstehen und einzusetzen gilt. In der Kompetenz *Mathematische Darstellungen verwenden* lässt sich das E-I-S-Prinzip nach Jerome Bruner verorten und in der Kompetenz *Mit symbolischen, formalen und technischen Elementen umgehen* finden sich die Lernarten nach Robert Gagné wieder: Begriffslernen, Regellernen, Problemlösen. Damit wird die Verbindung zwischen kompetenzorientiertem und traditionellem Mathematikunterricht erkennbar: Um kompetenzorientiert zu unterrichten, bedarf es keinesfalls einer totalen Neuorientierung, sondern nur einer Anknüpfung an tradiertes und bewährtes Theoriewissen.

Die große Bedeutung der „traditionellen prozessbezogenen“ Kompetenzen unterstreichen Bärbel Barzel u. a., indem sie sie als querliegend zu den anderen prozessbezogenen Kompetenzen bezeichnen *(Barzel u. a. 2007, S. 31)*. Diese Sichtweise sollte jedoch nicht genutzt werden, um eine Dominanz dieser Kompetenzen mit modernisiertem Vokabular erneut zu legitimieren.[39]

[39] Das Pendel schlägt eher in die andere Richtung aus, betrachtet man zum Beispiel den 2016 eingeführten Bildungsplan für die Sekundarstufe in Baden-Württemberg. Dort verschmelzen die Kompetenzen K 4 und K 5 zu einer einzigen *Kompetenz Mit symbolischen, formalen und technischen Elementen der Mathematik umgehen* die die Kompetenz *Mathematische Darstellungen verwenden* mit einschließt. Die traditionell geförderten Kompetenzen werden damit zu

6.2 Niveaustufen

Die kognitive Dimension des Kompetenzmodells wird mit Hilfe von Niveaustufen beschrieben: I. *Reproduzieren*, II. *Zusammenhänge herstellen*, III: *Verallgemeinern und Reflektieren*. Für die prozessbezogenen Kompetenzen lassen sich diese Stufen wie folgt konkretisieren[40]:

	K 1: Mathematisch argumentieren
I.	Einfache Begründungen verstehen und formulieren
II.	Mehrschrittige Argumentationen nachvollziehen und erläutern
III.	Argumentationsketten strategisch anwenden und bewerten

	K 2: Probleme mathematisch lösen
I.	Naheliegende Lösungswege kennen und nutzen
II.	Mehrschrittige Lösungswege entwickeln
III.	Eigenständige Lösungsstrategien entwickeln und reflektieren

	K 3: Mathematisch modellieren
I.	Bekannte Standardverfahren des Modellierens anwenden
II.	Mehrschrittige Modellierungen durchführen
III.	Selbstständig Modellierungen entwickeln, vergleichen und bewerten

	K 4: Mathematische Darstellungen verwenden
I.	Vertraute Darstellungen nutzen und anfertigen
II.	Darstellungsformen verändern und wechseln
III.	Unvertraute Darstellungen verstehen, verwenden und beurteilen

	K 5: Mit symbolischen, formalen und technischen Elementen der Mathematik umgehen
I.	Vertraute Symbole und Lösungsverfahren verwenden
II.	Mathematische Hilfsmittel gezielt auswählen und nutzen
III.	Verfahren und Hilfsmittel bewerten und reflektieren

	K 6: Mathematisch kommunizieren
I.	Einfache Sachverhalte verstehen und darstellen
II.	Lösungswege verständlich aufzeigen und erfassen
III.	Komplexe Zusammenhänge vergleichen und diskutieren

einer einzigen unter fünf Kompetenzen zusammengefasst.

[40] Zur Formulierung der Niveaustufen habe ich herangezogen: Manfred Engel (2010), S. 30/31, zitiert nach Werner Blum, sowie Kompetenzraster aus dem SINUS-Projekt 2007 und IQB Ländervergleich (2012), S. 62ff.; eine Kopiervorlage gibt es zum Download.

Wie plant man nun vielfältige Kompetenzförderung oder wie stellt man in einer konkreten Unterrichtssituation fest, welche prozessbezogenen Kompetenzen auf welcher Niveaustufe gefördert werden? Hierbei geht es nicht um die Gewinnung empirisch auswertbarer Daten, sondern um eine Reflexion von Alltagsunterricht und um eine Beurteilung von Mathematikunterricht in Beratungs- oder Bewertungssituationen. Dafür sind zum Beispiel Kompetenznetze als Hilfsmittel nützlich, die einfach zu handhaben sind.

Im Kompetenznetz steht für jede prozessbezogene Kompetenz zunächst ein Dreieck, das in drei Abschnitte aufgeteilt ist; jeder Abschnitt repräsentiert eine Niveaustufe. Führen zum Beispiel Lernende im Unterricht mehrschrittige Argumentationen durch, dann ist das ein Hinweis, dass die Kompetenz *Mathematisch argumentieren* auf mittlerem Anspruchsniveau gefördert wurde, also wird der mittlere Abschnitt gekennzeichnet.

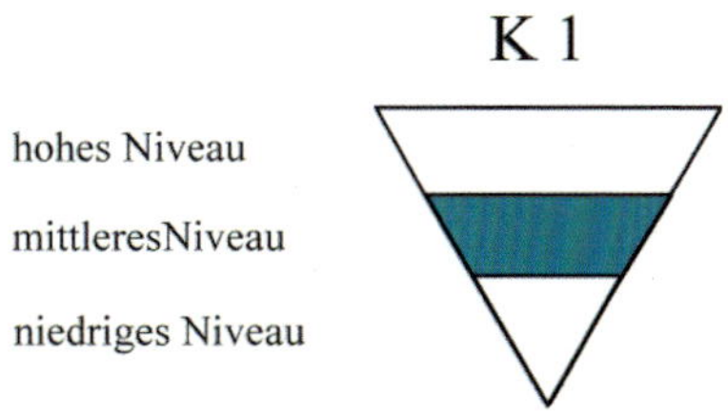

Fügt man die Kompetenzdreiecke für alle prozessbezogenen Kompetenzen aneinander, entsteht ein sechseckiges Kompetenznetz, in dem die äußeren Felder für hohes, die inneren für niedriges Niveau stehen. Alle Ereignisse, bei denen eine Förderung prozessbezogener Kompetenzen beobachtbar ist, werden im Kompetenznetz festgehalten. So kann Kompetenzbezug von Unterricht dokumentiert und von Unterrichtsplanung eingeschätzt werden.

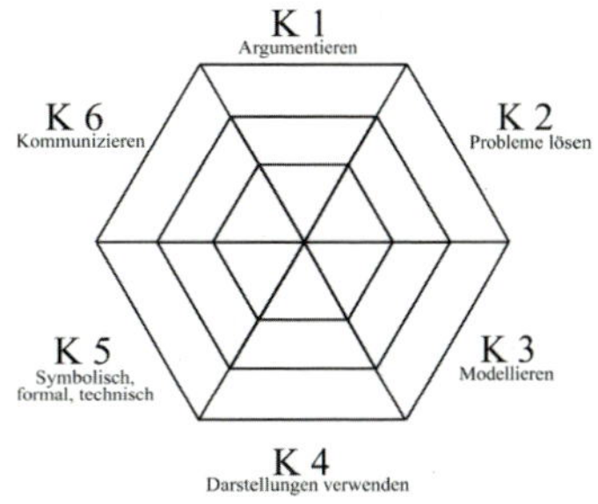

Mit diesem Modell lassen sich unterschiedliche Unterrichtskonzepte ikonisch darstellen. Natürlich vereinfacht die Darstellung in gewisser Weise. Aber sie ermöglicht im konkreten Einzelfall eine zielführende Kommunikation über einen erreichten oder anzustrebenden Kompetenzbezug von Mathematikunterricht. Die eng verwandten „Zwillingskompetenzen“ stehen in dieser Darstellung nebeneinander. Dies führt zu gewissen Regelmäßigkeiten in der Darstellung, wenn die Kompetenznetze in konkreten Situationen angewendet werden.

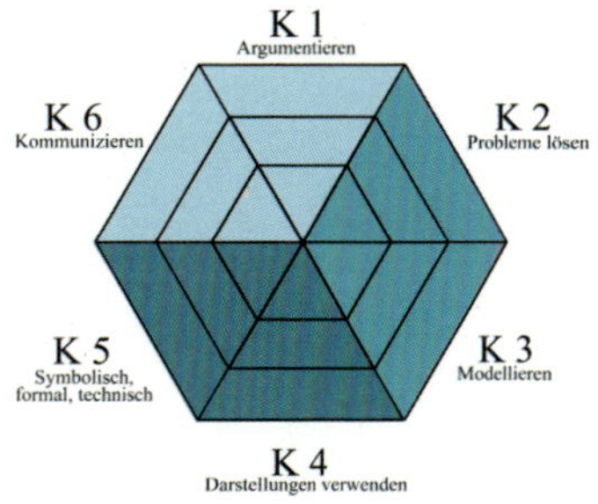

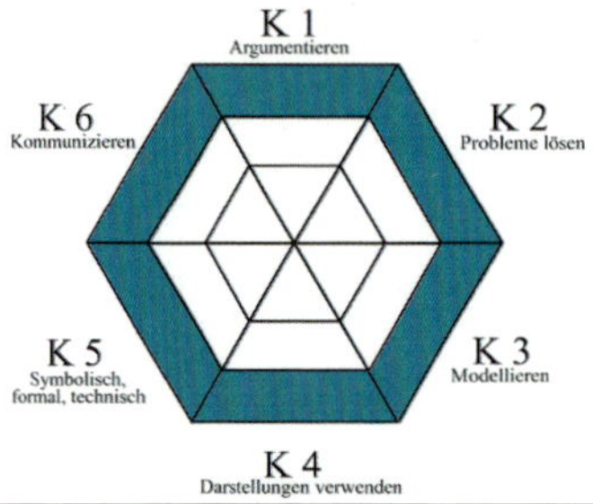	*Elitärer Anspruch*: Ein an allen prozessbezogenen Kompetenzen orientierter Mathematikunterricht auf höchstem Niveau, in dem aber keine Differenzierung stattfindet.
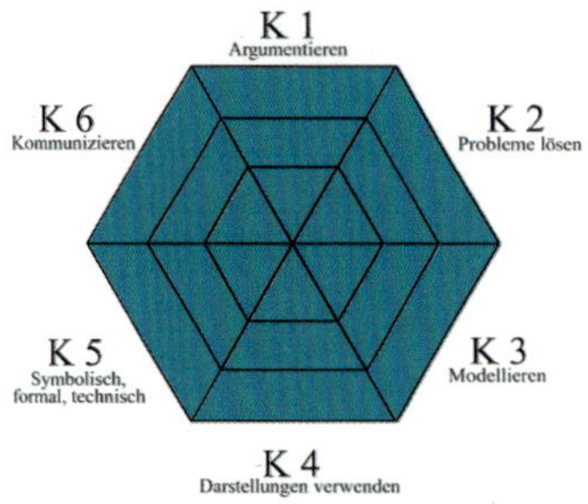	*Das schwer erreichbare Ideal:* Kompetenzorientierung und Differenzierung finden in gleichem Maße Berücksichtigung. Alle prozessbezogenen Kompetenzen werden auf allen Niveaustufen gefördert.
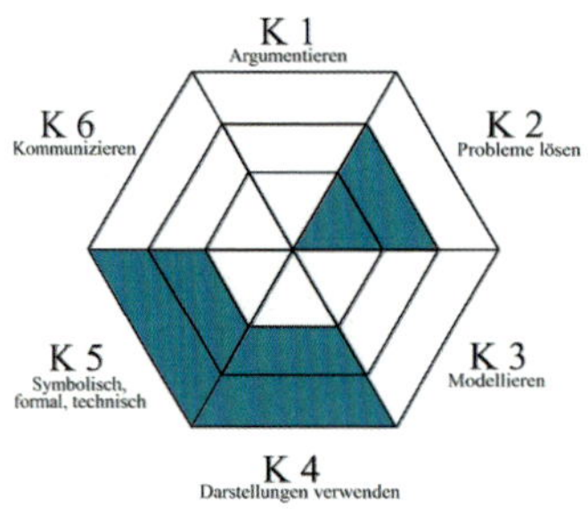	*Traditioneller Mathematikunterricht:* Die Kompetenzen *Mit symbolischen, formalen und technischen Elementen der Mathematik umgehen* und *Mathematische Darstellungen verwenden* wurden auf mittlerem bis hohem Niveau gefördert, *Probleme mathematisch lösen* bis zum mittleren Niveau; die anderen prozessbezogenen Kompetenzen wurden kaum gefördert.
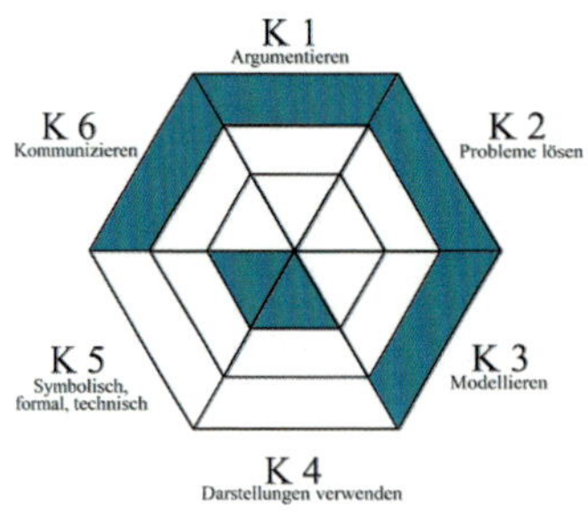	*Eine Angstvorstellung:* „Ich habe die ‚neuen' prozessbezogenen Kompetenzen auf hohem Niveau gefördert, aber meine Schüler können nicht gut genug rechnen. Was denkt wohl der Kollege über mich, der die Klasse von mir übernimmt?"

<table>
<tr>
<td>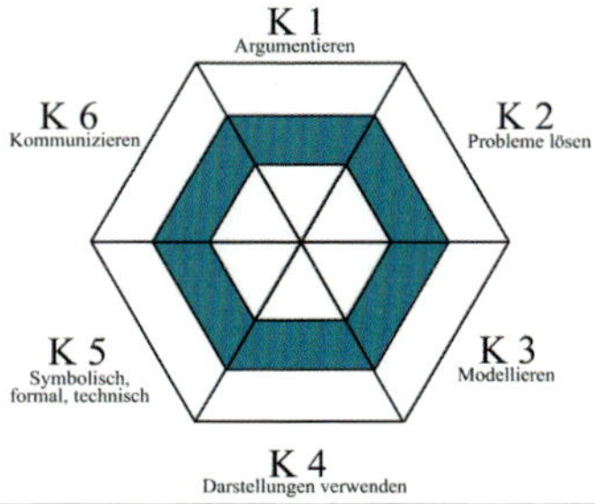
</td>
<td>Kompetenzorientierung bei fehlender Differenzierung:
Die Kompetenzorientierung wird umgesetzt, aber weil es an Differenzierung fehlt, wird nur ein mittleres Niveau erreicht.</td>
</tr>
<tr>
<td>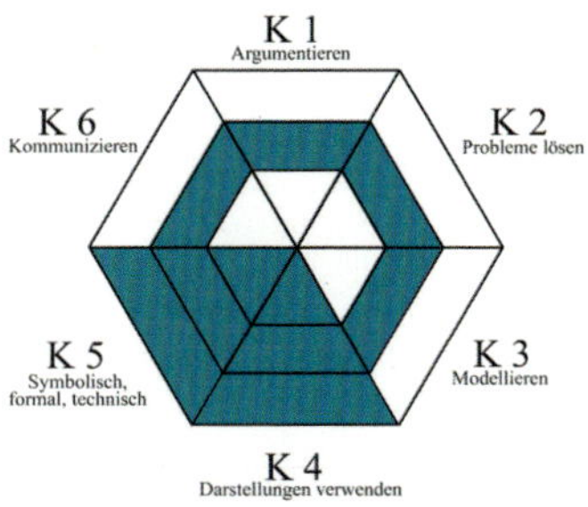
</td>
<td>Ein akzeptabler Zwischenstand:
Alle prozessbezogenen Kompetenzen werden gefördert, eine wirksame Differenzierung gelingt jedoch vorerst nur bei den traditionellen Kompetenzen Mit symbolischen, formalen und technischen Elementen der Mathematik umgehen und Mathematische Darstellungen verwenden. Entwicklungsfeld ist die Differenzierung auch bei den „neuen“ Kompetenzen.</td>
</tr>
</table>

Ein Vergleich der Kompetenznetze zeigt, dass Kompetenzorientierung nichts grundlegend Neues ist. Schon immer, auch als in den Lehrplänen ausschließlich Inhalte aufgezählt wurden, haben Lehrende im Mathematikunterricht Kompetenzen gefördert. Die Betrachtung durch die Kompetenzbrille zeigt lediglich, dass das Spektrum an mathematischen Kompetenzen breiter ist, als damals angenommen wurde, dass folglich bisher eher einseitig auf einen Teil der Kompetenzen fokussiert wurde. Dies bestätigten die Ergebnisse von PISA und TIMSS, die den Anlass für eine stärkere Berücksichtigung des Kompetenzerwerbs schufen.

Das Kompetenznetz für traditionellen, an Fertigkeiten orientierten Mathematikunterricht legt Entsprechungen zu aktuell eingesetzten Abschlussprüfungen offen. In den Aufgaben werden häufig immer noch vordergründig die Kompetenzen K4 *Mathematische Darstellungen verwenden* und K5 *Mit symbolischen, formalen und technischen Elementen der Mathematik umgehen* geprüft, verbunden mit K2 *Probleme mathematisch lösen*. Kompetenzorientierter Mathematikunterricht ist auch deshalb noch nicht an allen Schulen angekommen, weil bei staatlichen Schullaufbahnprüfungen nur ein Teil der Kompetenzen nachgefragt wird. Deshalb halten viele Lehrende daran fest, Fertigkeiten zu trainieren, wie sie es „schon immer“ gemacht haben, anstatt alle Kompetenzen zu fördern, wie es die Bildungspläne fordern.

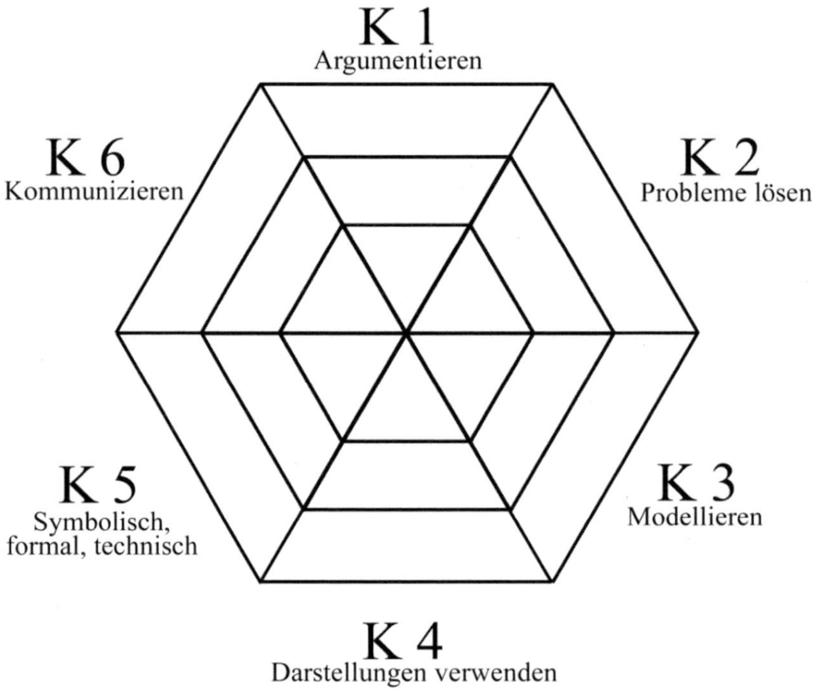

Kopiervorlage zum Download

6.3 Kompetenzchecks

Als Lehrender sollte man reflektieren, welche Kompetenzen in Unterrichtssequenzen oder mit Aufgabensets tatsächlich gefördert werden beziehungsweise gefördert werden könnten, auch wenn nicht jeder Kompetenzzuwachs zuverlässig nachweisbar ist. Als Werkzeug für derartige Reflexionen kann ein „Kompetenzcheck“ mittels einer einfachen Tabelle dienen; darin ist für jede prozessbezogene Kompetenz eine Zeile und für jede Unterrichtsphase oder Teilaufgabe eine Spalte vorgesehen. Solche Kompetenzchecks eignen sich auch, um Unterricht anschaulich zu beraten oder zu bewerten.

Dazu als Beispiel eine Unterrichtsstunde zum Thema *Umgekehrt proportionaler Zusammenhang* aus Klasse 7.

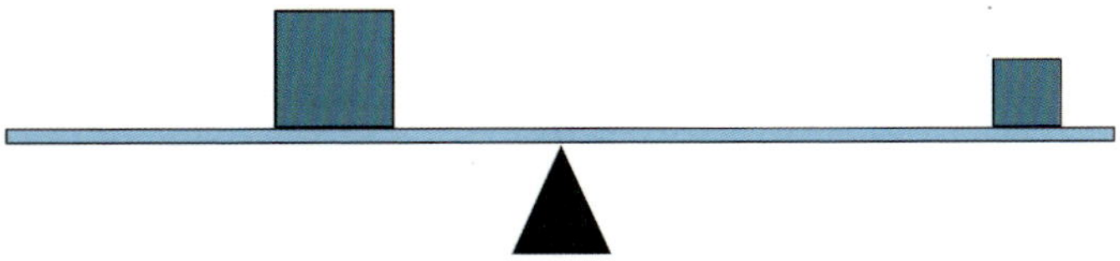

Proportionale Zusammenhänge wurden in der Klasse bereits erarbeitet, das Rechnen in proportionalen Zusammenhängen wurde abgeschlossen; der Dreisatz wurde in Tabellen dargestellt:

- direktes Hoch- und Runterrechnen,
- Hoch- und Runterrechnen mit einem Zwischenschritt,
- Rechnen mit einem festen Faktor.

Nun wird der umgekehrt proportionale Zusammenhang thematisiert. Zentrales fachliches Lernziel der Stunde ist, dass der Zusammenhang zwischen dem Gewicht eines Objektes und seinem Abstand zum Drehpunkt auf einer Wippe erkannt und erklärt werden kann mit den Teilerkenntnissen:

- der Zusammenhang ist nicht proportional;
- der Zusammenhang kann mit Sätzen der Art „je mehr …, desto weniger …“ beschrieben werden;
- Größenpaare aus dem Zusammenhang sind produktgleich;
- in Tabellen mit solchen Größenpaaren kann „umgekehrt“ hoch- und runtergerechnet werden, indem man in beiden Spalten „umgekehrt“ rechnet;
- in Tabellen mit solchen Größenpaaren kann über das Produkt der Größenpaare als einem „Ganzen“ gerechnet werden;
- ein solcher Zusammenhang heißt „umgekehrt proportional.“

Gewicht (in g/kg)	Abstand (in Längeneinheiten)	Gewicht · Abstand
30	8	240
60	4	240
120	2	240
40	6	240

Mit der obenstehenden Tabelle wird die Produktgleichheit von Größenpaaren festgestellt. Die Gewichte stehen für das Körpergewicht einzelner Familienmitglieder in Kilogramm; bei der Arbeit mit den Wippen werden Gramm statt Kilogramm verwendet.[41]

Verlauf der Stunde

	Phase	Interaktion
1	Einstieg	Der Lehrende zeigt ein Bild von Vater und Kind auf einer Wippe. Im Unterrichtsgespräch wird herausgearbeitet, dass das Kind auf der Wippe weiter nach außen rücken muss, um Gleichgewicht herzustellen, wenn der Vater seine Sitzposition nicht verändert.
2	Problem-stellung	Lehrerdemonstration: Mit unterschiedlichen Gewichten wird im Klassenverband auf einer Experimentier-Wippe Gleichgewicht hergestellt. Die Lernenden beschreiben und begründen ihre Beobachtungen.
3	Erkunden I	Durch eigenes Experimentieren an Experimentierwippen erkunden die Lernenden in Gruppenarbeit den Zusammenhang von Gewichtskraft und Hebellänge (Abstand vom Drehpunkt). Dafür stehen jeder Gruppe eine Wippe und ein Gewichtssatz zur Verfügung; die Vorgehensweise wird von einem Arbeitsblatt gesteuert. Ergebnis: Eine Verdoppelung des Abstands vom Drehpunkt gleicht eine Halbierung des Gewichts aus.
4	Erkunden II	Weitere Wertepaare werden erzeugt mit der Begründung, dass auch andere Familienmitglieder mit dem Vater auf der Wippe Gleichgewicht herstellen sollen. Die Wertepaare werden in eine Tabelle eingetragen. Beim Eintragen von Veränderungspfeilen entdecken die Lernenden, wie man hier „umgekehrt hoch- und runterrechnen“ kann.
5	Ordnen	Im Klassenunterricht werden die Erkenntnisse zusammengetragen. Der Begriff „umgekehrt proportional“ wird eingeführt und begründet.

[41] Die didaktisch reduzierte Verwendung der Einheiten könnte man problematisch sehen; eine wissenschaftlich korrekte Verwendung der Einheiten für die Drehmomente würde die Lernenden jedoch sicher überfordern.

6	Vertiefen	In Einzelarbeit bestimmen die Lernenden weitere Wertepaare in umgekehrt proportionalen Zusammenhängen.
7	Sichern	Die Verfahren für das Rechnen in proportionalen Zusammenhängen werden auf ihre Übertragbarkeit in umgekehrt proportionale Zusammenhänge überprüft und zusammengefasst.

Kompetenzcheck

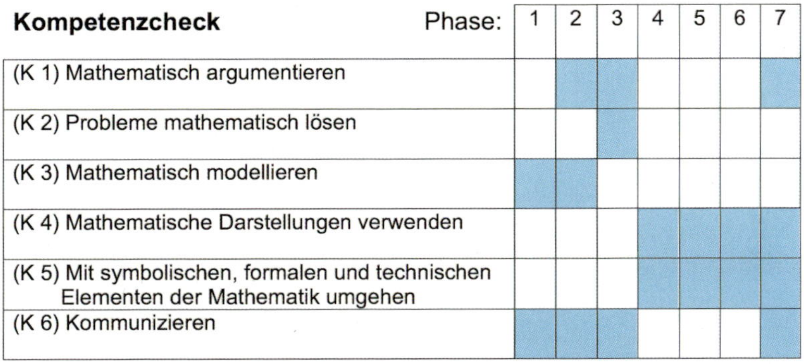

Erstes Ergebnis des Kompetenzchecks: Im Verlauf der Stunde wurden alle prozessbezogenen Kompetenzen gefördert. Das heißt bei weitem nicht, dass alle Kompetenzen bei allen Lernenden gefördert worden sind. Aber der Lehrende hat Bedingungen geschaffen, die Kompetenzen zu fördern, und im Unterrichtsverlauf konnten Handlungsabläufe beobachtet werden, aus denen man auf eine Förderung entsprechender Kompetenzzuwächse schließen konnte.

Das Instrument Kompetenzcheck lässt sich je nach Fragestellung modifizieren. In der Variante unten sind Stellen, an denen die entsprechende Kompetenz explizit gefördert wurde, dunkelgrün dargestellt. Die heller markierten Felder zeigen Kompetenzen an, die „am Rande" oder eher ungeplant gefördert wurden.

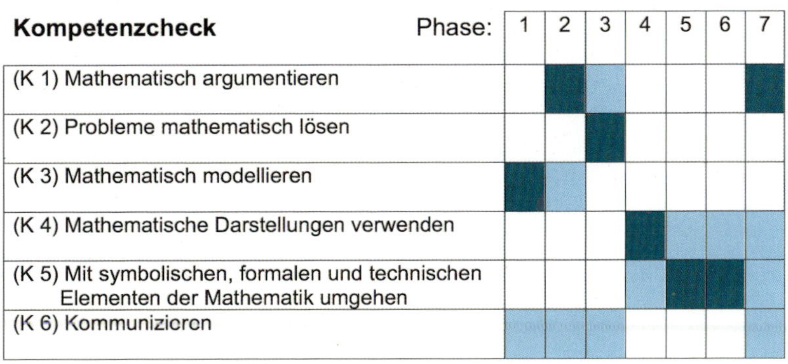

Mit dieser Darstellung kann die Zielperspektive des Lehrenden transparent gemacht werden, wodurch eine gute Basis für Selbstreflexion, Beratung und Bewertung entsteht. Auf der Basis dieser Darstellung lässt sich auch ein Unterrichtsprinzip für kompetenzorientierten Mathematikunterricht formulieren: Möglichst vielfältige prozessbezogene Kompetenzen sollten gefördert werden und es sollte immer möglich sein, eine Kompetenz zu benennen, deren Förderung gerade im Vordergrund steht. Guter Mathematikunterricht ist daran erkennbar, dass es nicht immer dieselbe Kompetenz ist, die vordergründig gefördert wird. Auch daraus muss umgekehrt noch nicht geschlossen werden, dass immer alle Kompetenzen gleichrangig im Fokus zu stehen hätten.

Bei einer dritten Darstellungsform für Kompetenzchecks steht die Einbindung prozessbezogener Kompetenzen in den didaktisch begründeten methodischen Verlauf des Mathematikunterrichts im Vordergrund. Dabei orientiere ich mich an den Kernprozessen des Mathematiklernens. Mit „Kernprozessen" sind die Lernschritte des Mathematiklernens

Erkunden – Ordnen – Vertiefen – Sichern

gemeint. Den Kernprozessen[42] liegt eine Theorie des individuellen Lernens zugrunde, wie sie von Peter Gallin und Urs Ruf *(Gallin/Ruf 1998)* eindrücklich begründet wird.

Erkunden

Der Kernprozess des Erkundens gibt als erster Lernschritt einem beziehungshaltigen Entdecken und Nacherfinden Raum. Ausgehend von ihren singulären Welten, gehen die Lernenden eigene Lernwege. Vorwissen wird aktiviert, an Vorerfahrungen wird angeknüpft, Zusammenhänge werden gesehen und im gemeinsamen Dialog kooperativ diskutiert.

Ordnen

Das Ordnen stellt sich als Abfolge zweier Teilprozesse dar: Die im Erkunden gewonnenen Erkenntnisse werden zunächst gesammelt und dann systematisiert. Dabei werden Begriffe zugeordnet, Regeln aufgestellt und verstanden, mathematische Symbole verwendet, Vereinbarungen getroffen. Hier findet der Übergang von den singulären Welten in die reguläre Welt der Mathematik statt; unter aktiver Beteiligung der Lernenden wird gemeinsam eine Abstraktion erarbeitet.

Vertiefen

Das Vertiefen entspricht dem in anderen Unterrichtsmodellen „Üben" genannten Lernschritt, in dem erworbene Kenntnisse und Fertigkeiten wiederholt und trainiert werden, wobei weitere

[42] im Folgenden sinngemäß dargestellt nach: Handreichungen zur Mathewerkstatt Baden-Württemberg 1, Cornelsen Verlag Berlin 2012

Lernfortschritte möglich und erwünscht sind. „Produktives Üben" ist ein Stichwort, das dem Vertiefen sehr nahe kommt.

Sichern

Das Sichern kann auch schon im Anschluss an das Ordnen erfolgen, aber nicht noch früher. In diesem letzten Lernschritt wird erworbenes Wissen gespeichert und für eine zukünftige Nutzung zugänglich gemacht; damit verbunden sind die Diagnostik individueller Kompetenzstände und individuelle Förderung. Denn in der Reihenfolge besteht der wesentliche Unterschied zu Modellen übernehmenden Lernens, bei denen nicht das Denken in singulären Welten Ausgangspunkt ist, sondern die Regelwelt der fertigen Mathematik. Im Schülerbuch Mathewerkstatt werden die Lernschritte farblich gekennzeichnet:

Erkunden	Ordnen	Vertiefen	Sichern

Die Verwendung dieser Farben ermöglicht, Kompetenzförderung anschaulich zu lokalisieren. Stellt man den oben erarbeiteten Kompetenzcheck mit diesen Farben dar, ergibt sich folgendes Bild:

Kompetenzcheck Phase:	1	2	3	4	5	6	7
(K 1) Mathematisch argumentieren							
(K 2) Probleme mathematisch lösen							
(K 3) Mathematisch modellieren							
(K 4) Mathematische Darstellungen verwenden							
(K 5) Mit symbolischen, formalen und technischen Elementen der Mathematik umgehen							
(K 6) Kommunizieren							

Aus der farbigen Darstellung des Kompetenzchecks lässt sich zusätzlich zu den geförderten Kompetenzen ablesen, dass im Verlauf der hier beschriebenen Stunde alle Kernprozesse enthalten waren und dass die Reihenfolge richtig war. Das erscheint idealtypisch wünschenswert und wird beispielsweise bei der Planung von Prüfungslehrproben angestrebt. In der Praxis wird diese Konstellation eher die Ausnahme darstellen; man muss als Lehrender nicht jeden Lernschritt in jeder Unterrichtsstunde unterbringen. Auch ein- oder zweifarbige Kompetenzchecks können gute Mathematikstunden beschreiben.

Alle drei Kompetenzchecks führen zu der Einschätzung, dass die beschriebene Unterrichtsstunde geeignet war, prozessbezogene mathematische Kompetenzen angemessen zu fördern. Zur selben

Einschätzung kommt man bei Betrachtung des Kompetenznetzes. Während beim Kompetenznetz die kognitive Dimension mit berücksichtigt wird, geben die Kompetenzchecks Einblick in den Verlauf des Unterrichts.

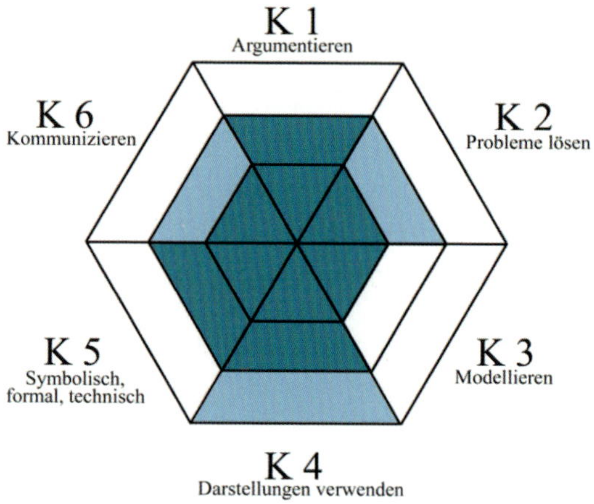

Kopiervorlage

Thema: ______________________

1		7	
2		8	
3		9	
4		10	
5		11	
6		12	

Kompetenzcheck	1	2	3	4	5	6
(K 1) Mathematisch argumentieren						
(K 2) Probleme mathematisch lösen						
(K 3) Mathematisch modellieren						
(K 4) Mathematische Darstellungen verwenden						
(K 5) Mit symbolischen, formalen und technischen Elementen der Mathematik umgehen						
(K 6) Kommunizieren						

Kompetenzcheck	7	8	9	10	11	12
(K 1) Mathematisch argumentieren						
(K 2) Probleme mathematisch lösen						
(K 3) Mathematisch modellieren						
(K 4) Mathematische Darstellungen verwenden						
(K 5) Mit symbolischen, formalen und technischen Elementen der Mathematik umgehen						
(K 6) Kommunizieren						

Legende

Kompetenzförderung:	keine		beiläufig		explizit	

Kopiervorlage zum Download

Kopiervorlage **Thema:** ____________________

1		7	
2		8	
3		9	
4		10	
5		11	
6		12	

Kompetenzcheck	1	2	3	4	5	6
(K 1) Mathematisch argumentieren						
(K 2) Probleme mathematisch lösen						
(K 3) Mathematisch modellieren						
(K 4) Mathematische Darstellungen verwenden						
(K 5) Mit symbolischen, formalen und technischen Elementen der Mathematik umgehen						
(K 6) Kommunizieren						

Kompetenzcheck	7	8	9	10	11	12
(K 1) Mathematisch argumentieren						
(K 2) Probleme mathematisch lösen						
(K 3) Mathematisch modellieren						
(K 4) Mathematische Darstellungen verwenden						
(K 5) Mit symbolischen, formalen und technischen Elementen der Mathematik umgehen						
(K 6) Kommunizieren						

Legende

Erkunden		Ordnen		Vertiefen		Sichern	

Kopiervorlage zum Download

6.4 Welche Rolle spielen Fertigkeiten?

Kompetenzorientierung stellt eine „neue" große Herausforderung an Lehrende im Fach Mathematik dar, für viele ist sie mit einem Paradigmenwechsel verbunden.

Kompetenzorientierung verlangt vom Lehrenden, dass er seine Aufmerksamkeit abwendet von dem, was die Lernenden machen, hin zu dem, was sie bereits können oder am Ende können sollen. Nicht, was gelehrt wurde, gibt den Ausschlag, sondern welche Kompetenzen die Lernenden besitzen, was jeder einzelne gelernt hat oder schon kann. Es reicht nicht, nur Fertigkeiten zu vermitteln.

Kompetenzen kann man nicht lehren, aber man kann so lehren, dass der individuelle Erwerb von Kompetenzen möglich ist und gefördert wird. Auch diese Erkenntnis ist eigentlich nicht neu, seit Lernziele gesetzt werden. Es muss aber zwischen Fertigkeiten und Kompetenzen trennscharf unterschieden werden. Die Fähigkeit, vorgegebene Handlungsabfolgen ausführen zu können, lässt noch nicht den Schluss zu, dass eine Kompetenz vorhanden ist. „Ich kann etwas richtig gut können und es trotzdem nicht verstanden haben" *(Sebastian Wartha 2014).* Erst verinnerlichte Fertigkeiten werden zu Kompetenzen.

An mathematische Inhalte muss prozess- und nicht produktbezogen herangeführt werden, Entscheidungen über Lernziele und Methoden orientieren sich an Kompetenzen. Der Lernprozess mit allen Möglichkeiten, Fehler zu machen, steht im Zentrum. Das Produkt, also erworbene und verbesserte Kompetenzen, steht am Ende des Lernprozesses, und das kann dann durchaus auch eine Fertigkeit sein. Ein solcher Wechsel der Perspektive ist nur so lange schwierig, wie die mathematischen Inhalte die Aufmerksamkeit des Lehrenden binden und die fachliche Struktur der Mathematik dem Unterricht zugrunde gelegt wird. Durch die Konkretisierung von Zielen des Lernens wird dies bisweilen verstärkt. Sobald sich der Lehrende aber die Perspektiven der Lernenden aneignet, kann sich eine gleichgewichtige Berücksichtigung aller mathematischen Kompetenzen ergeben, und gleichzeitig drängt sich die Notwendigkeit wirksamer Differenzierung auf. Vielleicht repräsentiert der Aspekt der Prozessorientierung am besten das Neue an der zeitgemäßen Sicht auf die Qualität von Mathematikunterricht.

Mathematikunterricht kann man mit folgendem Dreiklang beschreiben:

- Umgang mit Heterogenität: Die individuelle und subjektive Perspektive der Vorschau jedes einzelnen Lernenden ist Ausgangspunkt seines Lernens, darüber hinaus werden Möglichkeiten der Differenzierung genutzt, wann immer dies möglich ist.
- Kompetenzorientierung: Nicht was die Lernenden gemacht haben, ist entscheidend, sondern welche Kompetenzen jeder einzelne dabei erworben oder verbessert hat.
- Prozessbezug: Nicht die fertige Struktur der Mathematik wird im Unterricht nachvollzogen, sondern sie entsteht erst aus der sinnstiftenden Beschäftigung der Lernenden mit mathematikhaltigen Situationen des Alltags.

Die Orientierung des Lehrenden daran, was die Lernenden am Ende können sollten, ist wie gesagt nicht neu. Wenn Friedrich Zech *(Zech 1977/⁸1996/¹⁰2002)* von „Lerntypen“ oder „Lernarten“ des Mathematikunterrichts schrieb, ging es um nichts anderes als um Kompetenzen, die er aus den „intellektuellen Fähigkeiten“ Gagnés[43] ableitete, die dieser hierarchisch anordnete:

1. Begriffslernen,
2. Regellernen,
3. Problemlösen.

Nimmt man die Kompetenz *Modellieren* dazu, ergibt dies vier Grundkompetenzen mathematischen Lernens *(Barzel/Holzäpfel 2010, S. 6)*, die zu einem Kompetenzmodell aus inhaltlichen und prozessbezogenen Kompetenzen nicht im Widerspruch stehen, sondern von einem solchen Modell lediglich präzisiert werden.

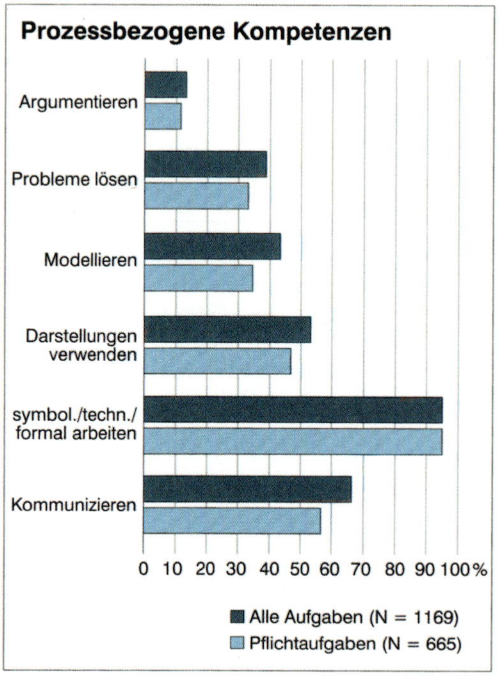

Kompetenzorientierung ist Teil einer nicht mehr ganz neuen Forderung nach einer „neuen“ Aufgaben- und Unterrichtskultur im Mathematikunterricht. Diese Kultur hat sich auf den Weg gemacht und ist in der fachdidaktischen Diskussion inzwischen stabil und unangefochten etabliert, wenn auch das Vokabular im Detail abweichen mag. In den Schulen ist diese neue Aufgaben- und Unterrichtskultur noch nicht vollständig angekommen und dies hat möglicherweise seine Ursache in einer Prüfungskultur, die hinter dem Erkenntnisstand zurückgeblieben ist. Damit steht die Prüfungskultur im Widerspruch zu den Ansprüchen der Bildungspläne und hält die Lehrenden davon ab, bildungsplankonform zu unterrichten. Denn jedem Lehrenden ist verständlicherweise daran gelegen, dass seine Schüler gute Schulabschlüsse erreichen, und deshalb fördert er vor allem diejenigen Kompetenzen, die in Abschlussprüfungen mit guten Noten belohnt werden, und diese Kompetenzen beschränken sich weitgehend immer noch auf Fertigkeiten. Christina Drüke-Noe und Mitarbeiter

[43] Der amerikanische Psychologe Robert Gagné (1916-2002) untersuchte in den Sechziger und Siebziger Jahren des vergangenen Jahrhunderts die Arten von Leistungen, die zu dem Schluss führen, dass Lernen stattgefunden hat und nannte sie Lernarten. Die über den Grundformen des Lernens angeordneten Lernarten nannte er „intellektuelle Fähigkeiten“.

(Drüke-Noe/Kühn 2014) haben mehrere Tausend Aufgaben aus (meist) zentral gestellten Prüfungen für den mittleren Schulabschluss aller Bundesländer untersucht und dabei die in dem Diagramm[44] dargestellte Kompetenzverteilung ermittelt.

Daraus wird ersichtlich, dass die Kompetenz K5 *Mit symbolischen, formalen und technischen Elementen der Mathematik umgehen* zum Lösen von über 90 % der Aufgaben erforderlich war, während die Kompetenz K1 *Mathematisch argumentieren* nur in etwas über 10 % der Aufgaben überprüft wurde. Die prozessbezogenen mathematischen Kompetenzen wurden demzufolge bisher in den Abschlussprüfungen mitnichten in dem Maße überprüft, wie es die Bildungspläne fordern. Hier besteht noch großer Nachholbedarf von Seiten der Kultusverwaltungen, damit die Lehrer an den Schulen bestärkt werden, die Vorgaben der jeweils gültigen Bildungspläne auch tatsächlich umzusetzen.

Kompetenzorientierter Mathematikunterricht stellt insgesamt höhere und vor allem vielfältigere Anforderungen an den einzelnen Lernenden als herkömmlicher Mathematikunterricht, was bei Lehrenden häufig die Befürchtung auslöst, ihre Schüler könnten solchen Anforderungen nicht gewachsen sein. Begründet werden solche Befürchtungen mit Hinweisen, wie schwer es schon sei, in traditionell bewährten Lernarrangements die gängigen Fertigkeiten zu „vermitteln“, also die Schüler auf die immer noch fertigkeitsbezogenen Abschlussprüfungen angemessen vorzubereiten. Die Skepsis gegenüber einer größeren Kompetenzorientierung ihres Unterrichts hat ihre Wurzeln in unbefriedigenden Erfahrungen mit fertigkeitsbezogenem Lehren, das sie für effektiver und für Lernende, vor allem für lernschwache, leichter annehmbar halten.

Es gibt aber genauso viele Aspekte, die darauf hinweisen, dass kompetenzorientierter Mathematikunterricht es den Lernenden leichter macht, weil sich der Unterricht am Verstehen orientiert und an der Sicht der Lernenden ansetzt und nicht am Beherrschen teilweise unsinniger Abläufe, deren Alltagsrelevanz den Lernenden nicht transparent gemacht werden kann. Wer davon überzeugt ist, dass dieser Weg der richtige ist, befürchtet weniger, seine Schüler könnten in Prüfungen nur deshalb versagen, weil sie über zusätzliche und weiter reichende Kompetenzen verfügen, die durch die gängigen Prüfungsformate nicht nachgefragt werden.

[44] Grafik aus Christina Drüke-Noe/Svenja Mareike Kühn 2014, S. 44

6.5 Zum Gebrauch von Formeln

In einem fertigkeitsorientierten Mathematikunterricht wurde auf Regeln und logische Stringenz großer Wert gelegt und die Mathematik wurde in Einzelthemen segmentiert. Dabei spielten mathematische Formeln eine wichtige Rolle. Zum Beispiel wurde die Prozentrechnung als isoliertes Thema unterrichtet, das kaum mit anderen Themen vernetzt wurde. Das Ziel war, dass die Lernenden die Grundformel der Prozentrechnung kennen und anwenden können sollten:

$$\text{Prozentsatz p} = \frac{\textit{Prozentwert P}}{\textit{Grundwert G}} \quad \text{mit der Kurzform p \%} = \frac{P}{G}.$$

Lernende mussten diese Formel meist im Verbund mit zwei weiteren Varianten, die jeweils nach dem Prozentwert und nach dem Grundwert aufgelöst waren, lernen und möglichst auswendig wiedergeben können. Manche Lehrende gaben sich damit zufrieden, wenn nur die Grundformel auswendig gelernt wurde. Sie vertrauten darauf, dass ihre Schüler diese bei Bedarf mittels Äquivalenzumformungen, also anderer bereits erworbener Fertigkeiten, nach der jeweils benötigten Variable auflösen.

Andere Lehrende boten eine Eselsbrücke an; dafür mussten zunächst veränderte Bezeichnungen für die Variablen gelernt werden:

$$\text{Prozentsatz P} = \frac{\textit{Prozentwert W}}{\textit{Grundwert G}} \quad \text{mit der Kurzform P} = \frac{W}{G}\ .$$

Der Spruch „**W**ie **G**eht **P**rozentrechnen" wurde auswendig gelernt und als Bruch, der wie ein Dreieck aussieht, gezeichnet:

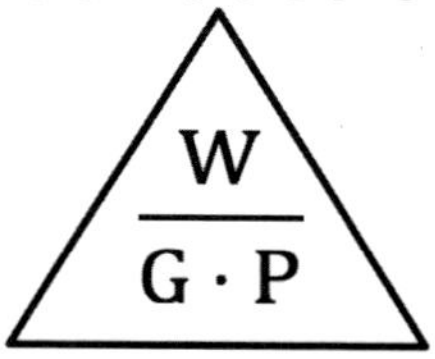

Verdeckt man in diesem Dreieck den gesuchten Wert, bleibt als Rest der Term zu seiner Berechnung sichtbar. Verdeckt man im Dreieck zum Beispiel das P für den Prozentsatz, dann bleibt übrig, wie man ihn berechnet: $\frac{W}{G}$ für „Prozentwert geteilt durch Grundwert".

Selten wurde erklärt, weshalb diese Eselsbrücke trägt. Wenn man konkrete Werte einsetzt, hat der Eselsbrücken-Bruch immer den Wert 1. Aber warum? Durch das Angebot unverstandenen Auswendiglernens wurde den Lernenden das Lernen auf der Niveaustufe Reproduzieren erleichtert, gleichzeitig wurde ein Lernen auf höherem Niveau verhindert.

Während derlei Eselsbrücken-Mathematik weitgehend aus deutschen Schulen verschwunden ist, trifft das für alltagsfernes Formalisieren noch nicht ganz zu. Auch heute noch wird Prozentrechnung häufig mit den oben erwähnten Prozentformeln gelehrt und gelernt. Bei der Fortführung kommt es bisweilen zu fragwürdigen Formulierungen wie diesem Merksatz: „Bei den Berechnungen des **vermehrten** bzw. **verminderten Grundwerts** $G^+ = G + P$ bzw. $G^- = G - P$ werden die bekannten Formeln der Prozentrechnung angewendet. Man kann auch mit veränderten Prozentsätzen $p^+\%$ bzw. $p^-\%$ rechnen.“[45]

Was passiert in den Köpfen von Lernenden, die verstanden haben, dass Prozente Hundertstel sind, die die Prozentformeln auswendig gelernt haben und denen nun empfohlen wird, fortan die oben zitierte Regel zu befolgen? Man könnte den neuen Begriff „vermehrter Grundwert“ durch Visualisierung[46] eines Beispiels klären wie in der nebenstehenden Grafik. Aber warum?

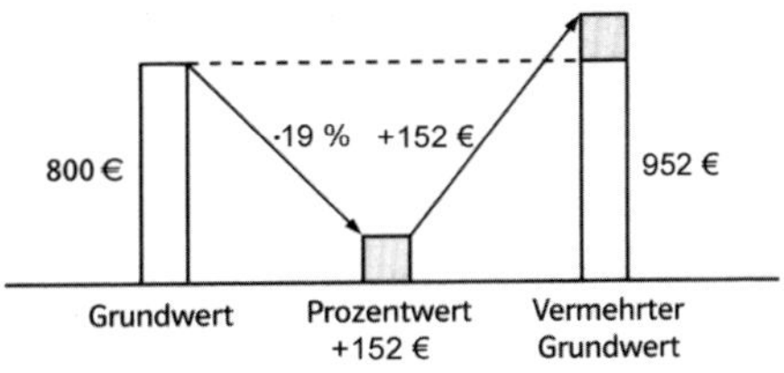

Beim Begriff des „vermehrten Grundwerts“ geht es nur darum, dass man, wenn etwas beispielsweise um 19 Prozent teurer wird, gleich 119 Prozent des ursprünglichen Preises berechnen kann und damit die Aufgaben „auf die Grundgleichung der Prozentrechnung zurückführen“[47] kann statt 19 Prozent des alten Preises zu berechnen und das Ergebnis zum alten Preise zu addieren. Man kann also berechnen, *auf* welchen Wert der Preis steigt, statt zu berechnen, *um* welchen Wert, weil man sonst den Prozentwert zum alten Preis noch addieren müsste. Kann ein Prozentwert nicht über 100 % liegen? Sofern auf eine Grundvorstellung von Prozenten als Hundertsteln und/oder proportionales Denken aufgebaut wird, liegt es ganz ohne Formeln nahe, mit einem Faktor zu multiplizieren, der auch größer als 1 sein kann. Das Konstrukt „vermehrter Grundwert“ ist nur dem Anspruch geschuldet, mathematische Vorstellungen immer in Formeln einzubinden und diese Formeln in darüberstehende Kontexte zu übertragen, zum Beispiel damit die Formeln auch noch gelten, wenn prozentuale Anteile von prozentualen Anteilen zu bestimmen sind.

Begriffe wie „vermehrter Grundwert“ spielen weder in der Mathematik noch im Alltag eine Rolle. In der im Folgenden beschriebenen Unterrichtsstunde aus Klasse 8 zum „vermehrten und verminderten Grundwert“ waren diese Begriffe nicht nötig.

---

[45] Rainer Maroska u. a., Schnittpunkt 4, Mathematik für Realschulen Baden-Württemberg, Ernst Klett Verlag Stuttgart 2006, S. 147

[46] Die Graphik ist dem Serviceband zu Schnittpunkt 4/2006, Klett-Verlag Stuttgart, S.K 68 nachempfunden.

[47] Günther Rolles/Michael Unger (^{3}2008), S. 93.

Unterrichtsbeispiel vermehrter und verminderter Grundwert

Der Lehrer eröffnet die Stunde mit einer Aufgabe: „Ein Handy hat 400,– € gekostet; der Preis des Handys wird um 8 % erhöht. Wie viel kostet es jetzt?“ Um die Schüler zum Argumentieren anzuregen, heftet er Plakate mit Sprechblasen an die Tafel wie:

„Dann kostet das Handy jetzt 108 %.“

„Um wie viel € wird das Handy teurer?“

„Was muss ich jetzt für das Handy bezahlen?“

Er fordert die Lernenden auf, in Einzelarbeit die Aufgabe zu lösen. Es fällt positiv auf, dass

- auf unterschiedliche Weisen gerechnet wird;
- unterschiedliche Darstellungsformen gewählt werden;
- offensichtlich viele Schüler ihre Überlegungen auf einer Grundvorstellung des proportionalen Denkens aufbauen;
- die im Schülerbuch angebotenen Berechnungsformeln kaum eingesetzt werden;
- die Mehrheit der Schüler Prozentsätze mit Dezimalbrüchen darstellt.

Dies sind Hinweise auf das Vorhandensein einer Unterrichtskultur, in der unterschiedliche Lösungswege gleichwertig zugelassen werden und in der das eigene Denken jedes einzelnen Lernenden wertgeschätzt wird.

Die Lernenden vergleichen ihre Lösungen in Partnerarbeit, dann wählt der Lehrende zwei Schülertandems aus, die ihre Lösungen vor der Klasse präsentieren.

A)

$$400\,€ \cdot 0{,}08 = 32\,€$$
$$400\,€ + 32\,€ = 432\,€$$

B)

$$400\,€ \cdot 1{,}08 = 432\,€$$

Im Unterrichtsgespräch über den Vergleich der beiden Lösungen fallen Äußerungen wie:

- „Das ist dasselbe, nur eine andere Schreibweise.“

- „Der Preis ist 432 € und das sind dann die neuen 100 %.“

Mit nur wenig Intervention des Lehrenden gelingt es der Klasse, durch Austausch von Argumenten zu dem Ergebnis zu gelangen, dass man entweder ausrechnen kann, um wie viel Euro das Handy teurer geworden ist und das Ergebnis dann zum alten Preis addiert. Oder man kann den neuen Preis direkt ausrechnen, indem man mit dem neuen Prozentsatz multipliziert, der sich aus 100 % plus der prozentualen Erhöhung ergibt. Einmal wird addiert, beim anderen Weg wird multipliziert.

Als weiteren Schritt bearbeiten die Schülertandems nun je zur Hälfte eine von zwei ähnlichen Aufgaben:

- „Ein Elektromarkt hat alle Preise um 15 % erhöht. Am Wochenende findet eine Aktion mit 10 % Rabatt auf den gesamten Einkauf statt. Ein Handy kostete ursprünglich 450 €.“
- „Ein Elektromarkt hat alle Preise um 10 % erhöht. Am Wochenende findet eine Aktion mit 15 % Rabatt auf den gesamten Einkauf statt. Ein Handy kostete ursprünglich 450 €.“

Auch in dieser Phase werden beide Rechenwege verwendet. Viele Lernende machen von ihrem Recht Gebrauch, auch weiterhin „umständlich“ rechnen zu dürfen.

Im Plenum wird die Ähnlichkeit der beiden Aufgaben herausgestellt. Dass im ersten Fall immer noch eine Preiserhöhung übrig bleibt und sich im zweiten Fall eine Ersparnis ergibt, scheint allen klar zu sein. Auch darüber, dass im zweiten Fall die tatsächliche Senkung der Preise geringer ausfällt als 15 % des ursprünglichen Preises, kann schnell Einigkeit erzielt werden. Das Argument, 10 % Preiserhöhung und 15 % Rabatt ergäben insgesamt 5 % Preissenkung, erweist sich als kurzlebig: „da ist doch der Grundwert ein anderer“.

Zwei Argumentationsketten für die zweite Aufgabe werden schließlich im Plenum als gleichwertig herausgestellt:

- Berechnung der Preiserhöhung (10 %) und Addition des Prozentwerts, Berechnung der Preissenkung (15 %) auf den neuen Preis und Subtraktion des Rabatts;
- Multiplikation des ursprünglichen Preises mit dem erhöhten Prozentsatz (1,10), dann Multiplikation des Ergebnisses mit dem verringerten Prozentsatz (0,85).

Im Verlauf des Gesprächs meint ein Lernender, wenn man bei einer Preiserhöhung mit einem Faktor multipliziere, „dann müsste ich ja geteilt machen, wenn ich wissen will, was das vorher gekostet hat; eigentlich“. Dass dies richtig ist, kann konstruktiv zwischen den Lernenden ohne Eingreifen des Lehrenden geklärt werden. Ein Sachverhalt wurde verstanden und konnte von den Lernenden untereinander kommuniziert werden. Die Begriffe „vermehrter Grundwert“ und „verminderter Grundwert“ sind in der Stunde nicht gefallen.

„Ich rechne $1,15 \cdot 0,9$ und habe nichts gespart, sondern ich muss sogar $3,5$ % mehr bezahlen.“ Diese Argumentation eines weiteren Lernenden zur ersten Aufgabe zeigt, dass die Unterrichtsstunde Lernereignisse auf hohem Niveau ermöglicht hat, denn er konnte vom konkreten Zahlenbeispiel verallgemeinern. Er hat mit höherer Treffsicherheit das Stundenergebnis zusammengefasst als dies eine formale Regel zu „vermehrtem und vermindertem Grundwert“ leisten könnte.

Thomas Hafner *(Hafner 2013)* berichtet von Ergebnissen aus einem Forschungsprojekt[48], an dem Lernende aus Gymnasium, Realschule und Hauptschule beteiligt waren. Es war eine Grundaufgabe der Prozentrechnung zu lösen, bei der der Grundwert gesucht war. 58 % der Schüler aller Schularten konnten die Aufgabe richtig lösen. Nur $4,2$ % aller Probanden verwendeten für die Lösung die Prozentformel, nur 1,8 % kamen mit deren Hilfe zu einer richtigen Lösung. Weitere Strategien waren die Operatormethode, das Aufstellen einer Bruchgleichung und Dreisatz. Der Dreisatz war in allen Schularten das Lösungsverfahren, mit dem die meisten richtigen Lösungen erzielt wurden. Die Prozentformel, die ja in vielen Schülerbüchern als einzige Lösungsstrategie angeboten wird, wurde von den Lernenden am wenigsten häufig gewählt, und wenn sie eingesetzt wurde, führte sie zu den wenigsten richtigen Resultaten. Proportionales Denken war dem Gebrauch der Formeln deutlich überlegen.

[48] PALMA-Projekt (Projekt zur Analyse der Leistungsentwicklung in Mathematik 2002 –2008), Aufgabe Frau Fuchs mit 830 Probanden

7 Die „traditionellen" prozessbezogenen Kompetenzen

7.1 Die Kompetenz: *Probleme mathematisch lösen*

Unter mathematischem Problemlösen versteht man das konkrete Bearbeiten und Lösen meist innermathematischer Aufgabenstellungen, bei denen eine Lösungsstruktur für den Lernenden nicht offensichtlich erkennbar ist, ein passender Algorithmus also erst noch zugeordnet werden muss. Dieser ist dem Lernenden in der Regel allerdings vertraut; beim Problemlösen werden bereits bekannte Regeln zielgerichtet ausgewählt und angewendet. Um zu einer Lösung zu gelangen, müssen heuristische Strategien angewendet werden. Dazu gehören Zerlegungs- und Analogieprinzip, Vorwärts- und Rückwärtsarbeiten, systematisches Probieren, Einsatz von Wissensspeichern. Zum Problemlösen gehört ebenfalls die Verwendung heuristischer Hilfsmittel wie Graphen, Gleichungen, Tabellen und informativer Figuren.

Die Anforderungen beginnen, wenn ein Lernender bei einer einfachen Aufgabe aus mehreren Lösungsstrategien eine naheliegende auswählen muss und gehen über mehrschrittige Lösungsstrategien so weit, bis schließlich eine eigenständige Lösungsstrategie erarbeitet und reflektiert werden muss.

Problemlösen wird oft als Weg von einem Ausgangszustand zu einem Zielzustand beschrieben, der von einer Barriere versperrt ist, die der Lernende zu überwinden hat. Die Barriere kann unterschiedlich hoch und ihre Überwindung unterschiedlich anspruchsvoll sein: von der Frage, welches von nur wenigen bekannten Lösungsverfahren anzuwenden ist, bis hin zur Notwendigkeit, eigene Verfahren zu entwickeln. Problemlösen kann als der innermathematische Teil des Modellierungskreislaufs angesehen werden. Problemlösen folgt als nächster Schritt, nachdem ein mathematisches Modell gefunden wurde.

Wenn man das Problemlösen selbst als Kreislauf darstellt wie Gilbert Greefrath (siehe Abb.), dann wird die Ähnlichkeit von Problemlösen und Modellieren deutlich. Anstelle der „Realität" steht im Problemlösekreislauf eine „Aufgabe", das heißt der Ausgangspunkt des Kreislaufs ist anders als beim Modellieren innermathematisch, ansonsten gleichen sich die Abläufe. Zum Problemlösen ist nicht zwingend ein realer Anlass oder ein realer Bezug notwendig. So gesehen kann man das Problemlösen auch als übergeordnetes Verfahren verstehen, dessen realitätsbezogene Ausformung das Modellieren ist.

Mit den Ausführungen von Robert Gagné[49] über die intellektuellen Fähigkeiten liegt im Prinzip eine historische Beschreibung der Kompetenz *Probleme mathematisch lösen* aus den sechziger Jahren des vorigen Jahrhunderts vor. „Der Unterschied zum Regellernen ist grundsätzlich darin zu sehen, dass der Problemlöser durch eigene Überlegung lernt" *(Friedrich Zech [10]2002, S.*

[49] Robert Gagné, amerikanischer Psychologe und Pädagoge, 1916–2002

154). Das Problemlösen als „höchste“ Lernart einerseits und als prozessbezogene Kompetenz andererseits markiert im Prinzip die Schnittmenge von Fertigkeitsbezug und Kompetenzbezug im Mathematikunterricht.

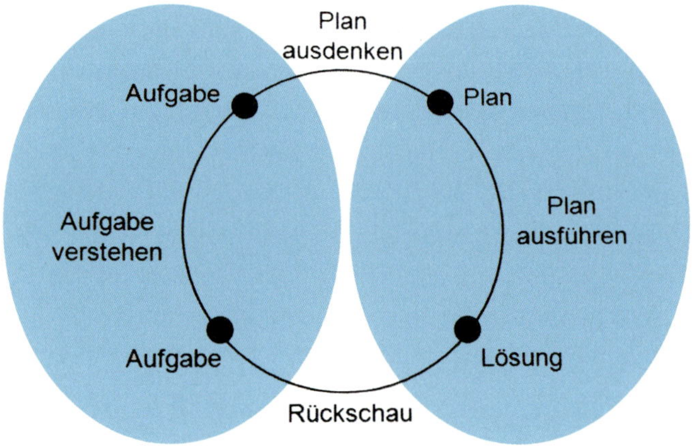

7.2 Die Kompetenz: *Mathematische Darstellungen verwenden*

Die Kompetenz *Mathematische Darstellungen verwenden* umfasst sowohl das eigenständige Erzeugen unterschiedlicher Darstellungsformen als auch den verständigen Umgang mit vorgegebenen Repräsentationen. Hierzu zählen Diagramme, Schaubilder, Abbildungen, Formeln, geeignete Handlungsabläufe und Sprache. Ein häufiger Wechsel zwischen unterschiedlichen Darstellungsformen mathematischer Objekte fördert die Kompetenz ebenso wie deren sinnvolle und selbstaktive Anwendung, Interpretation und die Herstellung von Bezügen untereinander.

Die Anforderungen reichen vom Anfertigen und Nutzen von Standarddarstellungen über die Interpretation und das aktive Verändern vorhandener bis zum Verstehen und Verwenden bislang unvertrauter Darstellungen.

Darstellen bedeutet, Sachverhalte mit Handlungen, Zeichnungen, Symbolen oder Worten, mündlich oder schriftlich, wiederzugeben. Der Umgang mit Darstellungen umfasst den aktiven Gebrauch, das Verstehen und den Wechsel von Darstellungsformen. Erst durch Darstellungen wird es möglich, über mentale Vorstellungen mit anderen zu kommunizieren und Sachverhalte in eine mathematische Sprache zu übersetzen. Der Gebrauch von Darstellungen muss gelernt werden, um dann als Werkzeug zur Verfügung zu stehen.

Mit der untenstehenden Aufgabe soll beispielhaft im Zusammenhang mit dem Satz des Thales hauptsächlich die Kompetenz gefördert werden, mathematisch zu argumentieren. Zur Lösung muss der Lernende selbstständig eine geeignete Darstellung finden. Er muss bekannte mathematische Darstellungen selbstaktiv verwenden oder eine neue Darstellung erfinden:

Eine Kreislinie ist mit Punkten in zwölf gleich große Teile unterteilt. Wenn man drei Punkte der Kreislinie verbindet, entsteht ein Dreieck.

a) Finde auf diese Art ein Dreieck, das rechtwinklig ist.
b) Finde auf diese Art weitere rechtwinklige Dreiecke.
c) Finde alle rechtwinkligen Dreiecke, die auf diese Art möglich sind.
d) Begründe, weshalb du alle rechtwinkligen Dreiecke gefunden hast, die auf diese Art möglich sind.

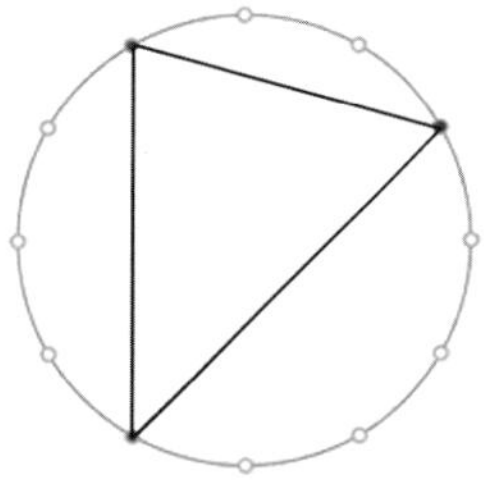

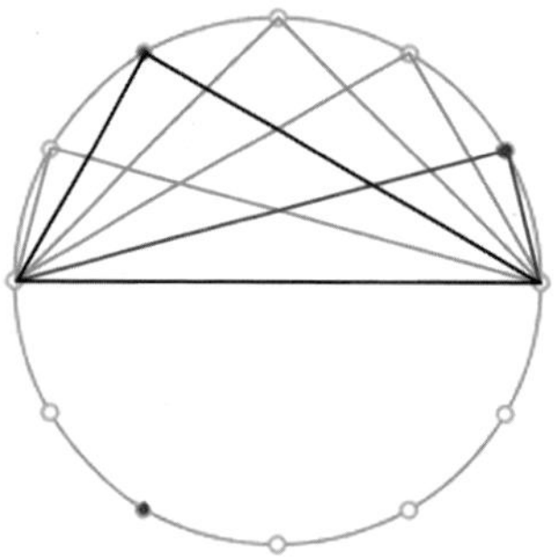

Es gibt fünf nicht kongruente, rechtwinklige Dreiecke, die auf diese Art möglich sind, wovon jeweils zwei zueinander spiegelsymmetrisch sind. Aus der Rückschauperspektive lässt sich das leicht begründen. Nach dem Satz des Thales sind rechtwinklige Dreiecke auf einer Kreislinie nur möglich, wenn die längste Dreiecksseite auf einem Durchmesser des Kreises liegt; alle anderen möglichen Dreiecke auf der Kreislinie scheiden aus. In der beschriebenen Konstellation sind die beiden anderen Dreieckswinkel in allen rechtwinkligen Möglichkeiten nur als Vielfache von $\frac{180°-90°}{6} = \frac{90°}{6} = 15°$ möglich. Die möglichen Aufteilungen für die beiden Winkel lassen sich durch systematisches Probieren ermitteln: 15° und 75°, 30° und 60°, 45° und 45°, 60° und 30°, 75° und 15°. Eine Zeichnung, in der die fünf Dreiecke innerhalb eines Halbkreises eingezeichnet sind, ist geeignet, die Lernenden von der Richtigkeit der Zusammenstellung zu überzeugen. Somit unterstützt die Wahl einer geeigneten Darstellung das Argumentieren.

Aus den Perspektiven der Lernenden gibt die Aufgabe „eigentlich“ unterschiedlich viele rechtwinklige Dreiecke her:

- 60, sofern man kongruente Dreiecke, die sich nur in der Lage unterscheiden, als verschieden zulassen würde;
- 5, sofern man kongruente Dreiecke mit unterschiedlichem Umlaufsinn als verschieden zulassen würde;
- 3, sofern man spiegelsymmetrische Dreiecke als nicht verschieden zulässt.

Am Ende einer Argumentationskette kann die letzte, die „mathematisch richtige“ Einschätzung stehen, und sie zu finden, hat viel mit der mathematischen Darstellung zu tun, die verwendet wird. Die Anzahl der theoretisch denkbaren 60 Dreiecke wurde ebenfalls aus einer Perspektive der Rückschau ermittelt. Lernende gehen aber anders an die Fragestellung heran und müssen zuerst Aspekte finden, die sie vom spontanen „sehr viele“ in überschaubare Größenordnungen bringen, die sie selbstaktiv strukturieren und damit abstrahieren können.

Die Einteilung des Kreises in der Aufgabenstellung erinnert an eine Uhr. Wenn Lernende diese Entsprechung entdecken, sind sie nicht weit davon entfernt, durch Herstellung von Bezügen eine bislang unbekannte Darstellung zu erfinden. Diese besteht darin, die Entsprechung zur Uhr ikonisch umzusetzen und den Kreis als Ziffernblatt darzustellen.

Dann bietet sich nämlich ein einfacher Weg an, Dreiecke zu benennen. In der Zeichnung rechts sind die Dreiecke 9/3/2 und 9/3/11 schwarz hervorgehoben. Welche Dreiecke gemeint sind, versteht auch, wer sich auf diese Art, Dreiecke zu bezeichnen, nicht vorher geeinigt hat. Die Darstellung ist geeignet, zu kommunizieren, dass 9/3/2 und 9/3/10 spiegelsymmetrisch sind und dass keine wirklich neuen Dreiecke entstünden, wenn der Durchmesser von 9/3 auf 8/2 und so weiter gedreht würde. Die Darstellung ist auch geeignet zu begründen, dass für die Form 9/3/x nur abzählbar viele Möglichkeiten denkbar sind und welche es sind.

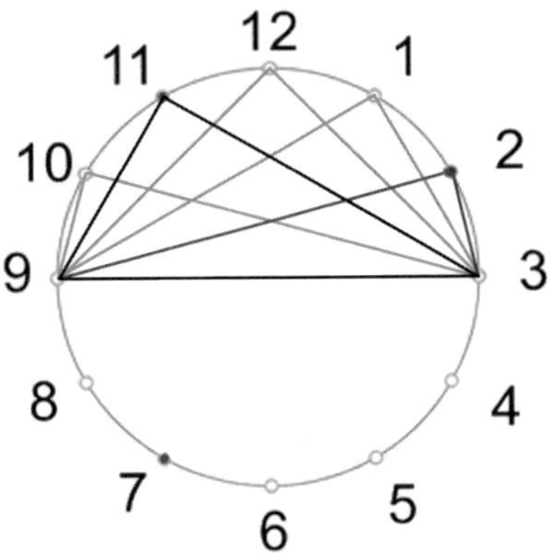

Wenn Lernende angeregt werden sollen, mathematische Darstellungen zu verwenden, kann dies mit Aufgaben erreicht werden, in denen dies noch nicht geschehen ist. In der nächsten Beispielaufgabe muss mit Scheitel- und Nebenwinkeln sowie mit der Winkelsumme im Dreieck argumentiert werden. Erst durch das Fehlen der Winkelbezeichnungen erlebt der Lernende die Notwendigkeit, eine geeignete Darstellung zu verwenden. Denn um die Aufgabe zu bearbeiten, um also zu begründen, weshalb die Größe weiterer Winkel bekannt ist, müssen die verschiedenen Winkel erstens benannt und zweitens die passenden Regeln zur Begründung herangezogen werden. Wären die beiden gegebenen Winkel unterschiedlich gekennzeichnet, könnte ohne eine mathematische Darstellung die Größe der in der Figur enthaltenen Scheitelwinkel begründet werden. Aber auch dann entstünde die Notwendigkeit, mathematische Darstellungen in Form von Winkelbezeichnungen zu verwenden. Durch Weglassen der Darstellung wird den Lernenden ermöglicht, auf eigene mathematische Darstellungen zuzugreifen.

Zur Kompetenz *Mathematische Darstellungen verwenden* gehört auch, dass zwischen verschiedenen Darstellungen gewechselt werden kann. Diese Darstellungen können auf der enaktiven, ikonischen und symbolischen Ebene liegen. Lernende müssen mathematische Zusammenhänge von einer Darstellungsform in eine andere übertragen können. Dabei stehen die drei Darstellungsebenen nach Jerome Bruner gleichwertig nebeneinander; die enaktive und ikonische Ebene sind keinesfalls nur Vorstufen oder Schritte hin zu einer vermeintlich höherwertigen symbolischen Ebene. Vielmehr sind die Darstellungsebenen zu vernetzen.

Die beiden gekennzeichneten Winkel sind bekannt. Begründe für jeden anderen Winkel der Figur, weshalb seine Größe ebenfalls bekannt ist.

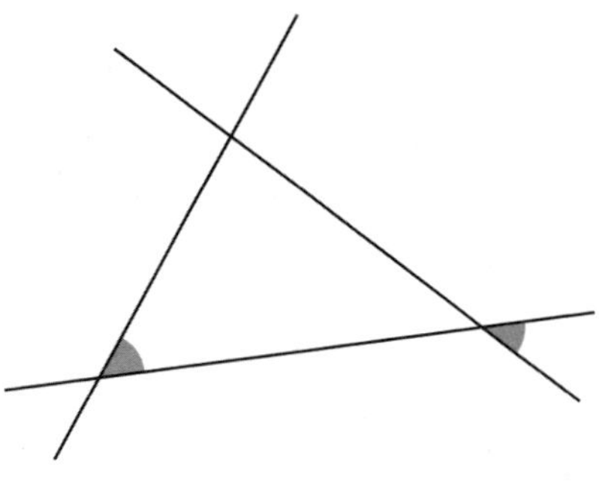

Die Vielfalt mathematischer Darstellungen sollte genutzt werden. Für proportionale Funktionen beispielsweise sind das Wertetabelle, Funktionsgraph, Funktionsgleichung, verbale Beschreibung des funktionalen Zusammenhangs, Auswahl repräsentativer Wertepaare, Berechnung abhängiger Werte über Tabellen oder Dreisatz, Darstellung mittels dynamischer Geometrie-Software.

7.3 Die Kompetenz: *Mit symbolischen, formalen und technischen Elementen der Mathematik umgehen*

Unter der Kompetenz *Mit symbolischen, formalen und technischen Elementen der Mathematik umgehen* versteht man den Einsatz von mathematischem Wissen und mathematischen Fertigkeiten als mathematische Werkzeuge. Ziel des Einsatzes von Werkzeugen sind Vereinfachungen und Qualitätsverbesserungen. Zu den möglichen mathematischen Werkzeugen zählen Kenntnis und Anwendung von Begriffen, Regeln, Formeln und Algorithmen. Mathematische Werkzeuge können auch eingesetzt werden, um Lösungen und Lösungswege zu validieren. Wichtig ist die Zweckgebundenheit, mit der die symbolischen, formalen und technischen Elemente der Mathematik eingesetzt werden. Mit dem Einsatz von Werkzeugen möchte man etwas erreichen: Einsparung von Rechenaufwand und Lösungssicherheit. Elemente der Mathematik nur um ihrer selbst willen einzusetzen, also Wissen auf Vorrat anzusammeln und Fertigkeiten losgelöst zu trainieren, ist mit dieser Kompetenz nicht gemeint.

Die Anforderungen beginnen bei der Verwendung elementarer Lösungsverfahren, der reflektierten Nutzung des Taschenrechners oder Computers und reichen über eine mehrschrittige Anwendung formaler mathematischer Verfahren bis zur Bewertung und Reflexion komplexer Lösungs- und Kontrollverfahren.

Die etwas sperrige Bezeichnung der Kompetenz wird teilweise mit der Bezeichnung *Technisches Arbeiten* abgekürzt[50]. Ein Mathematikunterricht, der sich vordergründig und hauptsächlich am *Technischen Arbeiten,* also an der Kenntnis von Fachbegriffen und Regeln und der Beherrschung von Algorithmen orientierte, ist in Verruf geraten, obwohl *Technisches Arbeiten* für die Mathematik ganz wesentlich ist. Auch in einem kompetenzorientierten Mathematikunterricht spielt es selbstverständlich eine wichtige Rolle. *Technisches Arbeiten* soll den Mathematikunterricht jedoch nicht inhaltlich dominieren, sondern im Sinne eines Werkzeuggebrauchs genutzt werden.

„Ein Algorithmus ist eine endliche Folge von eindeutig bestimmten Elementaranweisungen, die den Lösungsweg eines Problems exakt und vollständig beschreiben."[51] Da ein Algorithmus nicht auf ein einzelnes Problem abgestimmt sein kann, sondern für eine ganze Klasse von Problemen immer und sicher funktionieren muss, ist er oft komplizierter als es der Einzelfall erfordert. Lernende scheitern oft, wenn sie einen Algorithmus zwar gelernt, aber nicht verstanden haben, wie und weshalb er funktioniert, oder da der Algorithmus Anweisungen enthält, die für sie nicht elementar sind, zum Beispiel „multipliziere die Gleichung mit dem Hauptnenner"; es gelingt ihnen nicht, die Bruchgleichung rational zu machen, weil sie den Hauptnenner nicht finden. Einen gemeinsamen Nenner, der nicht der kleinstmögliche ist, hätten sie unter Umständen gefunden, die Aufgabe also lösen können.

[50] Nach IQB: Handreichungen zu VERA 8, 2009
[51] Jochen Ziegenbalg, zitiert nach Kortenkamp/Lambert 2015, S. 5

In einer Realschulabschlussprüfung führte ausgerechnet eine Aufgabe zu signifikant schlechten Ergebnissen, die von den Lehrenden einstimmig für sehr einfach befunden wurde. Es ging um eine Bruchgleichung, die bereits in Klasse 8 wenige Probleme bereitet hätte. Die meisten Prüflinge konnten zwar die Definitionsmenge bestimmen, sie fanden den Hauptnenner, konnten die Gleichung rational machen und scheiterten dann aber, als sie bei der Gleichung $1 = x^2$ angelangt waren. Denn sehr viele griffen nach einer Lösungsformel für quadratische Gleichungen und es gelang ihnen nicht fehlerfrei, die Werte einzusetzen und die Formel aufzulösen. Eigentlich waren alle zur Lösung der Aufgabe nötigen Algorithmen bekannt. Der letzte Schritt „die quadratische Gleichung lösen“ aber war von einem großen Teil der Lernenden interpretiert worden als „die Werte in eine der beiden Lösungsformeln für quadratische Gleichungen einsetzen“, was gerade wegen der Einfachheit der Situation misslang.

Das Beispiel deutet noch auf eine weitere Fehlfunktion von Algorithmen hin. Denn die Beherrschung von Algorithmen wird vor allem von Lernenden überschätzt. Sobald ihnen normierte Lösungsverfahren „beigebracht“ werden, vertrauen sie auf deren rezeptartige Wirksamkeit und vergessen oder übersehen, was sie längst können, auswendig wissen oder verstanden haben. Wäre es in der oben zitierten Abschlussprüfung gestattet gewesen, die Lernenden nur darauf hinzuweisen, dass sie doch in der Lage sind, die Gleichung $1 = x^2$ „einfach so“ zu lösen, dann wäre zumindest die positive Lösungszahl wesentlich öfter in den Schülerlösungen aufgetaucht.

Algorithmen sind als Lösungsverfahren mathematische Werkzeuge mit zentraler Bedeutung. Werkzeuge sollten grundsätzlich zweckbestimmt und reflektiert eingesetzt werden, denn auch in der Mathematik gibt es geeignete und weniger geeignete Werkzeuge. Algorithmen als Werkzeuge werden von vielen Lernenden oft nicht reflektiert, sondern unkritisch eingesetzt. Das mag daran liegen, dass dem Erlernen der Algorithmen zu viel und dem Vermeiden von Rechenaufwand zu wenig Aufmerksamkeit geschenkt wurde. Genau hier kann eine Verbesserung ansetzen.

$$\begin{array}{r} 101 \\ -99 \\ \hline \end{array}$$

Ein Beispiel zu den Grundrechenarten: Die Aufgabe $101 - 99$ ist einfach zu lösen, wenn man die Zahlen anschaut und im Kopf rechnet. Man kann den geringen Abstand der beiden Zahlen erkennen oder man kann mit der Nähe beider Zahlen zur Zahl 100 operieren. Wird aber unkritisch ein schriftliches Subtraktionsverfahren eingesetzt, wie es Lernende oft tun, wird die Aufgabe nur deshalb schwer. Ob nun eine Grundvorstellung des Abziehens oder des Ergänzens zugrunde liegt, spielt dabei nicht die entscheidende Rolle. Der Zehner, der beim Bestimmen der Einerstelle entbündelt werden soll, ist nicht vorhanden, und beim Erweitern werden aus neun Zehnern zehn Zehner, die von zehn Zehnern abgezogen werden sollen. Die Strategie, sich auf den schriftlichen Algorithmus zu verlassen, weil das „immer klappt“, geht hier nicht auf. Als Konsequenz könnte man natürlich Algorithmen so intensiv einüben und automatisieren, bis ihre Ausführung auch gegen solche Schwierigkeiten stabil ist. Genau hier setzt aber die Kritik am traditionellen Mathematikunterricht an, wenn nämlich Fertigkeiten unverstanden eingeschliffen werden.

Zu den mathematischen Werkzeugen, mit denen umgegangen wird, gehören auch Formelsammlungen und Taschenrechner; Taschenrechner verringern Rechenaufwand und vermeiden das Rechnen. Sie als Hilfsmittel im Mathematikunterricht zu verbieten, ist eigentlich schon in unteren Jahrgangsstufen alltagsfremd; dennoch wird Lernenden in der Regel erst ab Klasse 7 ein Taschenrechner an die Hand gegeben in der Hoffnung, dass sie davor durch wiederholte Anwendung der schriftlichen Rechenverfahren ihre Kompetenzen im Kopfrechnen stärken und später verstehen, was der Taschenrechner macht, um dessen Rechenergebnisse kritisch reflektieren zu können.

Im Alltag ist der Taschenrechner längst vom Hilfs- zum allgegenwärtigen Arbeitsmittel geworden und damit zu einem Werkzeug, das beherrscht werden muss. Wer den Einsatz eines Werkzeugs beherrscht, setzt es nur in solchen Fällen ein, in denen das Werkzeug geeignet ist. Wenn mit dem Taschenrechner Einnahmen und Ausgaben verwaltet werden, wird kaum jemand zwischen der Addition negativer und der Subtraktion positiver Beträge unterscheiden; er wählt eben die Taste „Minus", gleichgültig, ob von einer positiven oder einer negativen Zahl ausgegangen wird. Wer den Umgang mit mathematischen Werkzeugen nur der fachwissenschaftlichen Korrektheit zuliebe verkompliziert, missachtet die Werkzeugfunktion der Mathematik im Unterricht an allgemeinbildenden Schulen.

Wie bei jedem Werkzeug reicht zur Kompetenz, es zielgerichtet einzusetzen, die Fähigkeit, es bedienen zu können, nicht unbedingt aus. Wer zum Beispiel mit einem Taschenrechner die Aufgabe $2^{75}+1-2^{75}$ rechnet, muss die Erfahrung machen, dass der Taschenrechner falsch rechnet, obwohl man dies eigentlich nicht für möglich hält. Denn als Ergebnis zeigt er die 0 an. Der Bediener eines Werkzeugs muss wissen, was das Werkzeug macht und wie es im Prinzip funktioniert.

Im Fall der obigen Aufgabe ist der Einsatz des Taschenrechners schon deshalb nicht sinnvoll, weil das Eintippen des Terms mehr Zeitaufwand erfordert als zu erkennen, dass sich die beiden Potenzen aufheben und folglich die 1 als Ergebnis bleibt. Der Taschenrechner kommt deshalb zu einem falschen Ergebnis, weil er über die 23 Stellen, die für die Darstellung der Zahl 2^{75} notwendig wären, nicht verfügt und deshalb rundet. Je nach Ausführung zum Beispiel auf die zwölfte Stelle. Die Addition der 1 zu der gerundeten sehr großen Zahl ändert diese in der singulären Welt des Taschenrechners nicht.

8 Kompetenzen oder Fertigkeiten – wie erkennt man den Unterschied?

8.1 *Mathematisch argumentieren* (K 1): Flächeninhalt des Dreiecks

Die Flächeninhaltsformel für das Dreieck bietet eine Gelegenheit, bei der die Lernenden selbst einen mathematischen Zusammenhang entdecken, und dabei selbstständig beschreiben, begründen und argumentieren können. Der Flächeninhalt errechnet sich als die Hälfte des Produkts aus einer Dreiecksseite und der zugehörigen Höhe. In Schülerbüchern wird zum Zweck der Regelformulierung sehr früh der Begriff „Grundseite" verwendet und zum Teil wird das rechtwinklige Dreieck auch als ein Sonderfall herausgestellt: $\mathrm{A} = \frac{1}{2}a \cdot b$, sofern die Seite c Hypotenuse des Dreieckes ist, denn dann fallen Höhen und Seiten zusammen.

Lernende können durch Ergänzen oder Zerlegen den Satz selbst „entdecken", aber zum Argumentieren bedarf es einer offenen Situation, die nicht auf die eleganteste Darstellungsform hinführt, welche sich aus der Rückschauperspektive ergeben würde.

Als Erkundungsauftrag werden einer Klasse 8 der Realschule verschiedene ausgeschnittene Dreiecke aus Papier oder Karton zur Verfügung gestellt, verbunden mit der Aufforderung, deren Flächeninhalte zu bestimmen, und mit dem Ausblick, dass am Ende eine Regel stehen soll, die für alle Dreiecke gilt. Es reicht ein spitzwinkliges, ein rechtwinkliges und ein stumpfwinkliges Dreieck, jeweils in mehreren Exemplaren.

Die Lernenden beginnen, indem sie zunächst die Dreiecke vermessen. Einige zeichnen besondere Linien ein, erfahrungsgemäß öfter die Seitenhalbierenden, seltener die Höhen. Meist ist auch ein Lernender dabei, der die Formel schon kennt und deshalb eine geeignete Höhe einzeichnet. Davor hat er das Dreieck so gedreht, dass es für sein Vorhaben günstig liegt; er verfügt schon über eine Rückschauperspektive, denn er weiß bereits, dass er eine Höhe benötigt, um den Flächeninhalt berechnen zu können und hat ein passendes Bild im Kopf. Der Lehrende kann sich darauf einstellen, indem er nur mit diesem einen Lernenden diskutiert, wie und mit welcher Absicht er das Dreieck gedreht hat, und nutzt mit der Frage nach einer Begründung eine Chance, den individuellen Lernfortschritt positiv zu verstärken.

Auf die Idee, zwei gleiche Dreiecke aneinander zu legen, kommen die Lernenden meist nicht von selbst. Dazu ist ein Impuls nötig oder die Aufforderung kann bereits in der Aufgabenstellung enthalten sein. Damit lenkt der Lehrende die Aufmerksamkeit der Lernenden in eine bestimmte Richtung. Das ist legitim, denn nicht alle müssen unbedingt den Zusammenhang entdecken, sondern sollen begründen lernen, weshalb er gilt. Wenn dann Dreiecke aneinandergelegt werden, sollte sich der Lehrende aber zurückhalten und nicht durch weitere Intervention das Erkunden stören und lenken. Für die Ergänzungsbeweisidee gibt es neun Konstellationen, die alle gleich „richtig" sind:

Spitzwinkliges Dreieck

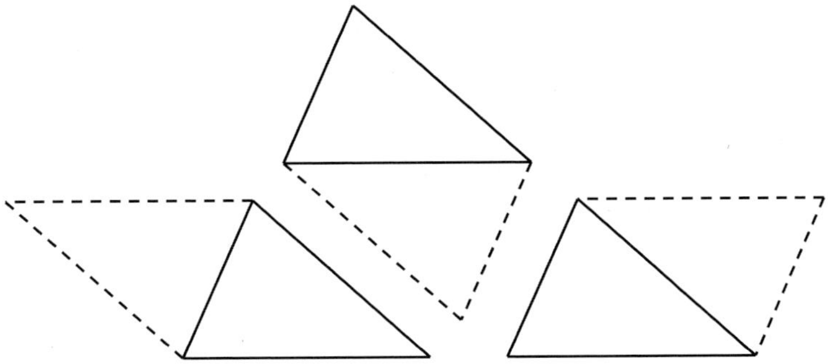

Rechtwinkliges Dreieck

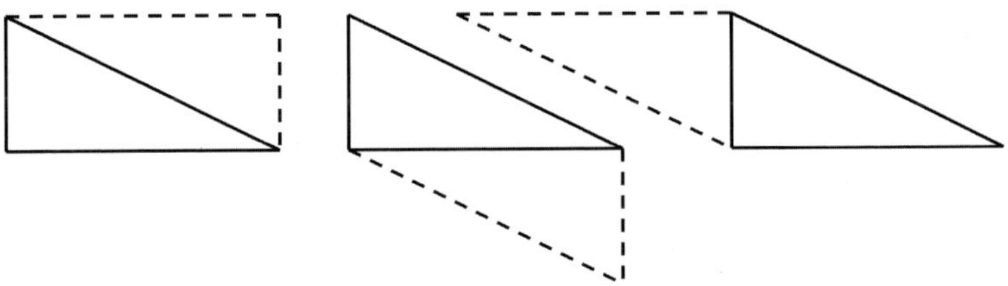

Stumpfwinkliges Dreieck

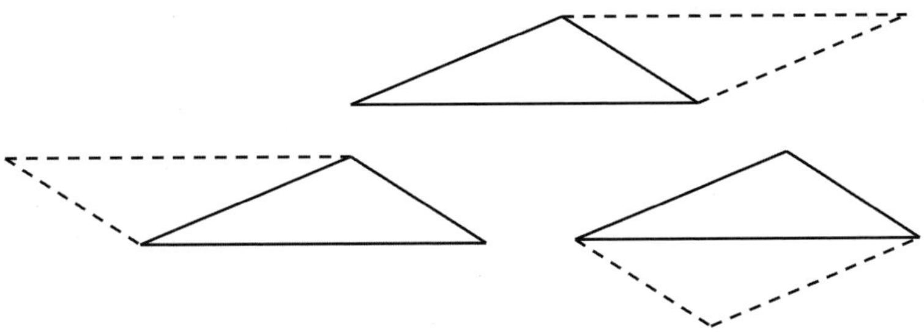

Der Lehrende unterlässt es, zum Beispiel rechtwinklige Dreiecke zu drehen, damit die Hypotenuse unten waagerecht liegt, weil so der Satz gut „hergeleitet“ werden kann. Lernen muss von der Perspektive der Lernenden ausgehen, und jeder Lernende weiß selbst am besten, wie er die Dreiecke vor sich hinlegen muss, um einen Fortschritt zu erreichen.

Ein Lernender, der das rechtwinklige Dreieck auf eine Kathete legt, zeigt, dass er mehr am Entdecken als am Reproduzieren ist. Denn so erfordert es mehr eigenständiges Denken, die Richtigkeit des Gesagten zu begründen. Er kann dann einfach herausfinden, dass der Flächeninhalt des Dreiecks die Hälfte des Flächeninhalts ist, den er eben gelegt hat, wird aber wahrscheinlich Seite mal Seite rechnen. Hier bedarf es lediglich eines Impulses und trotz Kenntnis des Satzes finden kognitive Lernaktivitäten statt, etwa mit der Frage: Geht das bei jedem Dreieck?

Die frühe Verwendung mathematischer Symbole oder des Hilfsbegriffs „Grundseite“ würde den Lernprozess an dieser Stelle mehr behindern als fördern. Denn die richtigen Möglichkeiten, aus zwei gleichen Dreiecken eine Fläche zu legen, sind vielfältig. Auf den Schülertischen entstehen neue Formen, die sich aus Sicht der Lernenden durchaus unterscheiden. Die Zusammenstellung oben zeigt, dass für den Ergänzungsbeweis neun verschiedene Parallelogramme möglich sind. Nur eines davon besitzt zusätzlich die Eigenschaften eines Rechtecks. Ein Lehrer, der bei der Vorbereitung der Stunde diese neun Möglichkeiten berücksichtigt, hat kein Problem damit, dass er den Verlauf der Stunde nicht exakt planen kann, denn er hat sich einen Überblick verschafft, was herauskommen kann, wenn man Lernende in eine offene Situation schickt.

Gerade in der Mathematik ist es übersichtlich, worauf Lernende in vorgegebenen Situationen kommen könnten und gerade die Mathematik hilft, mögliche zu erwartende Konstellationen zu strukturieren, zu sortieren und überschaubar zu halten.

Der erste Beweisschritt aus der Perspektive der Lernenden besteht darin, die „richtigen“, also für die Argumentation brauchbaren, Ergänzungen zu unterscheiden von Ergänzungen, die nicht zu Parallelogrammen führen. Der Lehrer ist darüber informiert, welche Formen auf den Schülertischen liegen könnten, denn er hat es ausprobiert. Hier sind die nicht brauchbaren Beispiele zusammengestellt:

Spitzwinkliges Dreieck

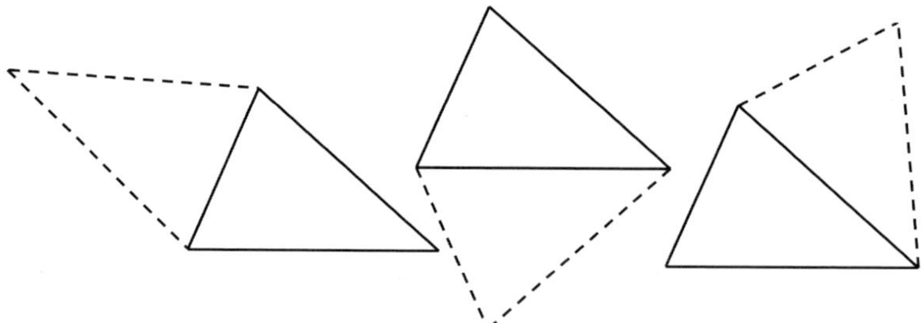

Rechtwinkliges Dreieck

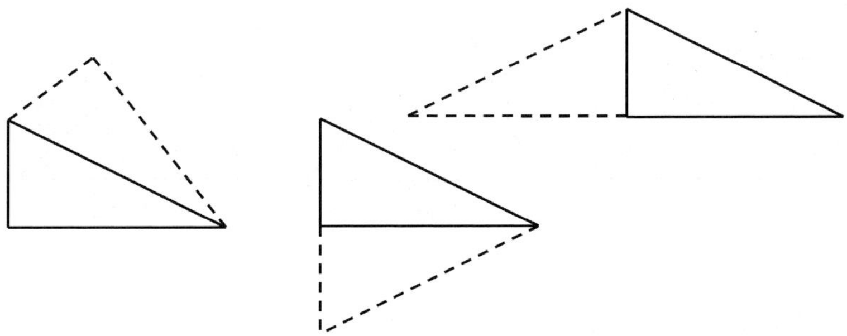

Stumpfwinkliges Dreieck

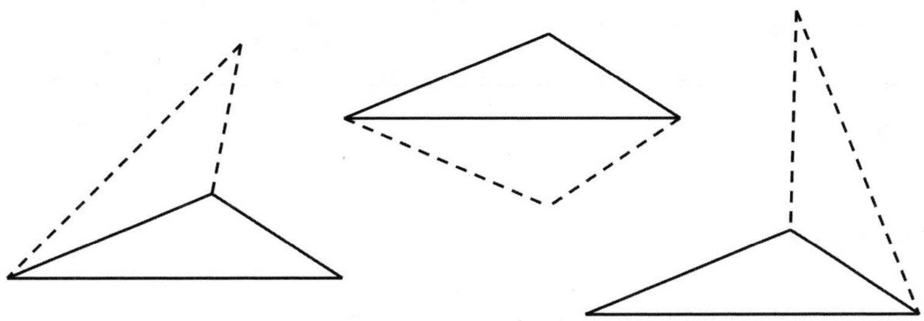

Nicht brauchbare Beispiele stellen keine Fehler dar, sondern man kann lediglich damit das Gewünschte nicht begründen. Sie sind durch Achsenspiegelung entstanden, beziehungsweise wurden die Papierdreiecke umgedreht, während bei den brauchbaren Beispielen die zweiten Dreiecke durch Verschiebung aus den vorhandenen Dreiecken hervorgegangen sind.

Ein weiterer Impuls im Verlauf der Erkundung kann aus dem Hinweis des Lehrenden bestehen, dass es auch erlaubt ist, die Dreiecke zu zerschneiden. Hier gibt es zahlreiche Möglichkeiten, die nicht geeignet sind, den Flächeninhalt des Dreiecks zu visualisieren und seine Berechnung zu begründen. Auf die Idee, ein Dreieck parallel zu einer Seite durch die Hälfte der Höhe gehend zu teilen, kommen Schüler eher selten von selbst, denn eine Vorstellung des Teilens basiert meist sehr stabil auf einer Vorstellung des Halbierens. Und wenn doch, dann am ehesten bei einem rechtwinkligen Dreieck, das auf einer Kathete liegt, denn dann ist die zugehörige Höhe schon vorhanden, kann also halbiert werden. Trotzdem bedarf es in der Regel eines weiteren Impulses vom Lehrenden, man könnte das Dreieck „auf halber Höhe" zerteilen und versuchen, mit den beiden Teilen etwas zu begründen. Auf jeden Fall ist es hilfreich, wenn eine ausreichende Anzahl von Papierdreiecken auch für Fehlversuche vorhanden ist.

Auch beim Zerlegen ergeben sich wieder neun mögliche Konstellationen, die auf Rechtecke beziehungsweise Parallelogramme führen, welche in diesen Fällen denselben Flächeninhalt wie das Dreieck besitzen, aber nur die halbe Höhe.

Spitzwinkliges Dreieck

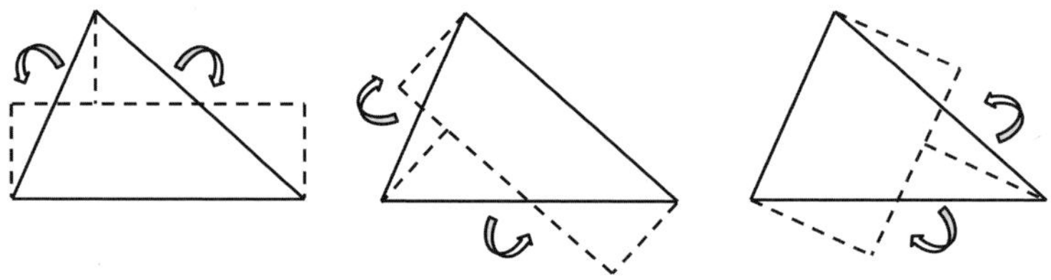

Rechtwinkliges Dreieck

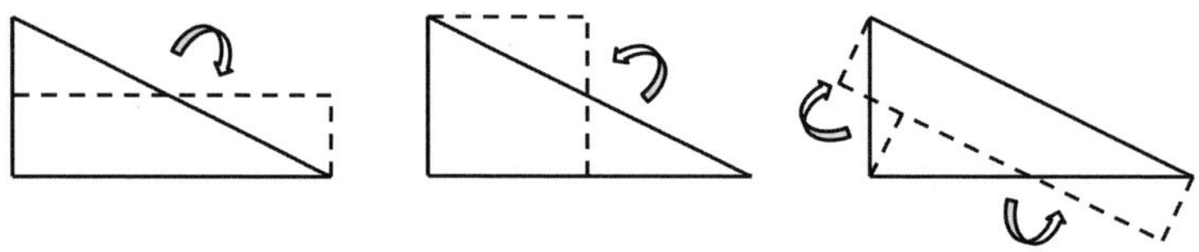

Stumpfwinkliges Dreieck

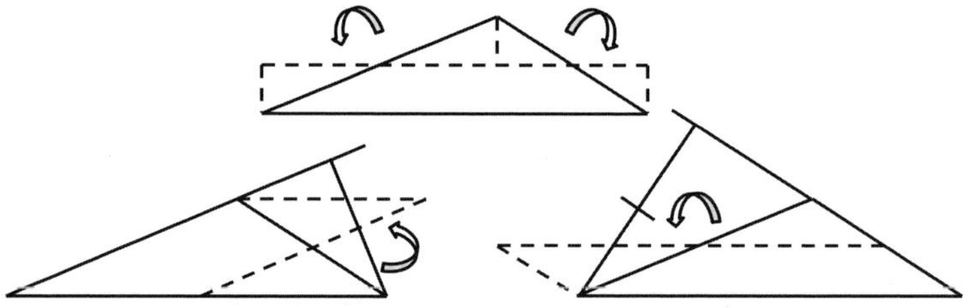

Während beim Ergänzungsbeweis Figuren erzeugt wurden, die den doppelten Flächeninhalt des Dreiecks besitzen, bleibt beim Zerlegungsbeweis der Flächeninhalt gleich, aber das Viereck, mit dessen Hilfe der Flächeninhalt des Dreiecks berechnet wird, besitzt nur noch die halbe Höhe im Vergleich zum Dreieck.

Beide Male wurde halbiert. Aus der Perspektive der Lernenden ist es aber nicht dasselbe, ob man einen Flächeninhalt verdoppelt und das Ergebnis anschließend halbiert, oder ob man nur eine der Angaben halbiert, um den Flächeninhalt auf eine Form zurückzuführen, mit der man bereits rechnen kann.

Die hier verwendeten Darstellungen der Dreiecke berücksichtigen die Vorschauperspektive der Lernenden. Denn es wurde bewusst darauf verzichtet, die Grundseiten waagerecht darzustellen, weil die Lernenden den Begriff der Grundseite eines Dreiecks noch nicht kennen und sie nicht wissen, dass sie selbst eine Seite des Dreiecks auswählen und als Grundseite festlegen können.

Es existiert noch keine tragfähige Vorstellung für die „Grundseite" eines Dreiecks. „Grundseite" beschreibt keine Eigenschaft, sondern ist eine Variable. Erst wenn man im Anschluss an die hier beschriebene Stunde den Begriff „Grundseite" einführt und ihm die Vorstellung einer zugehörigen Höhe zuordnet, können Schüler verstehen und nicht nur lernen. Dann wird der Begriff nicht auf Vorrat gelernt, sondern er vereinfacht die Kommunikation.

Ein Lehrender, der sich vorher überlegt hat, was bei einem offenen Erkunden der Lernenden herauskommen kann, wird viel neugieriger auf die Ideen seiner Schüler eingehen können als einer, der darauf abzielt, dass genau die Figur entsteht, die er auf einer Folie oder einem Plakat vorbereitet hat, und im Anschluss einsetzen möchte.

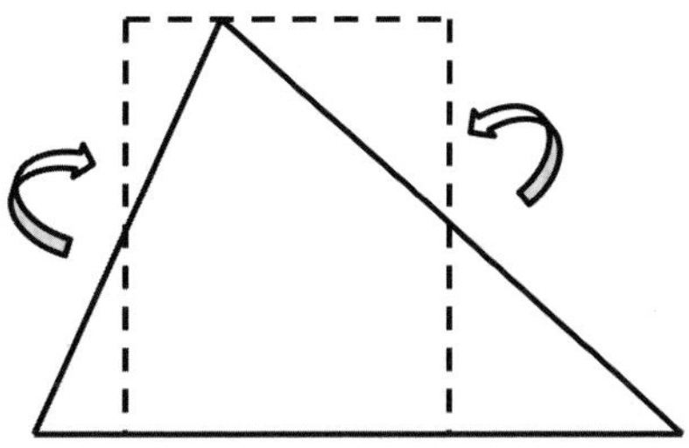

Trotzdem kann auch der gut vorbereitete Lehrende in eine Situation geraten, in der er nicht spontan entscheiden kann, ob eine Schüleridee „richtig" ist. Ein Lernender könnte zum Beispiel auf die Idee kommen, ein spitzwinkliges Dreieck so aufzuteilen, dass ein Rechteck entsteht aus der Höhe des Dreiecks und der halben Grundseite; die Halbierung der Grundseite geht nicht von einer Ecke aus, sondern ergibt sich dadurch, dass die beiden anderen Dreiecksseiten halbiert werden und kann nur durch Messen oder gezieltes Probieren erzeugt werden. Ohne die ikonische Darstellung wäre diese Konstruktion nicht unbedingt leicht zu verstehen. Wenn sie aus Papier ausgeschnitten wird, leuchtet die Konstruktion zwar unmittelbar ein, aber nicht, warum sie richtig ist, um die Flächeninhaltsformel nachzuweisen. Und geht das auch mit jeder Seite als Grundseite und auch mit rechtwinkligen und stumpfwinkligen Dreiecken? Hier ergeben sich Differenzierungsmöglichkeiten für besonders leistungsfähige Lernende, und der Lehrende kann mitlernen.

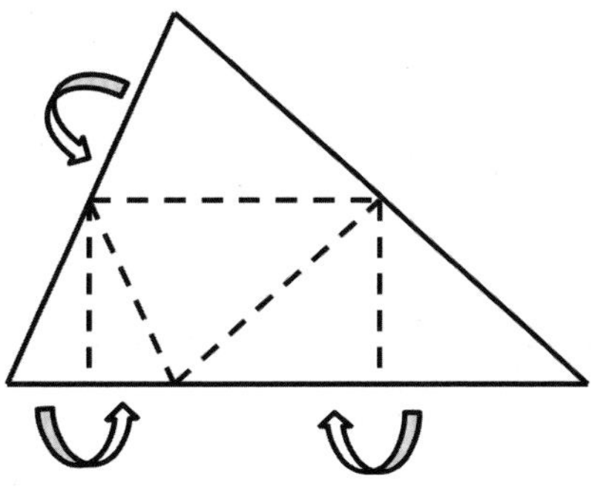

Gehen wir noch einen Schritt weiter. Aus einem Dreieck kann durch Falten ein Rechteck erzeugt werden, das die halbe Grundseite und die halbe Höhe des Dreiecks besitzt. Das Dreieck wird dadurch in ein zweilagiges Rechteck umgewandelt. Die Summe der Flächeninhalte ist $2 \cdot \frac{g}{2} \cdot \frac{h}{2}$, also $2 \cdot \frac{g \cdot h}{4}$, also $\frac{g \cdot h}{2}$. Dem gut vorbereiteten Mathematiklehrer kann es passieren, dass ihm einer seiner Schüler das durch Falten nachweist, obwohl er selbst nicht darauf gekommen ist. Was wäre daran nachteilig? Es würde eine Argumentation stattfinden, bei der der Lehrende nicht automatisch jedes Argument schon im Voraus kennt. Schließlich sollen die Lernenden ihre Kompetenz steigern, mathematisch zu argumentieren. Es ist auch kein

Problem, wenn der Lehrende nicht spontan sagen kann, ob das auch für rechtwinklige und für stumpfwinklige Dreiecke nachweisbar ist. Und geht das dann auch mit allen Seiten als Grundseite? Probieren wir es doch aus und weisen nach, dass es immer geht oder begründen, weshalb es nicht geht.

Wenn man Lernende zum eigenständigen Denken anhält, entstehen spannende Ergebnisse. Auch und gerade wenn man differenzierte Lösungswege zulässt und fördert, wird es einzelne Lernende geben, die das Ziel früh erreichen: die Flächeninhaltsformel des Dreiecks kennen, beschreiben und an mehreren Beispielen begründen können.

Andere brauchen mehr Zeit. Diese Zeit können die Leistungsstärkeren mit einer produktiven Übungsaufgabe nutzen, die ihnen einen weiteren Kompetenzzuwachs ermöglicht, der über die Grundanforderungen hinausgeht.

Mit der auf der folgenden Seite abgedruckten Aufgabe[52] wird das Gelernte in einem erweiterten Zusammenhang angewandt. Wieder geht es nicht primär darum, den Zusammenhang zu entdecken. Das ist zwar notwendig, um die Aufgabe zu lösen, aber es ist ein Wiederentdecken. Die Kompetenz *Mathematisch argumentieren* wird mit der Aufforderung gefördert, den Zusammenhang zu begründen.

[52] Die Idee zu dieser Aufgabe stammt von Bruno Scheja (Scheja 2014). Je zwei Eckpunkte des Dreiecks bilden mit dem variablen Punkt innerhalb des Dreiecks ein Teildreieck, das durch die Seitenmitte in ein weißes und ein gefärbtes Teildreieck aufgeteilt wird. Beide haben dieselbe Höhe und dieselbe Grundseite, sind also flächeninhaltsgleich. Die Summe der gefärbten Flächen bedeckt die halbe Dreiecksfläche.

Dreiecksfläche

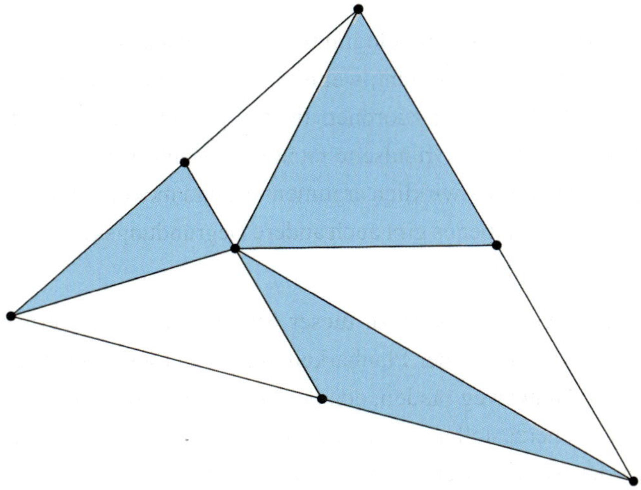

Ein beliebiges Dreieck wird wie oben in sechs Teildreiecke aufgeteilt: Wähle einen beliebigen Punkt innerhalb des Dreiecks. Verbinde die drei Eckpunkte mit diesem Punkt. Verbinde zusätzlich die drei Seitenmitten mit dem Punkt. Färbe drei der entstandenen Teildreiecke, die nicht benachbart sind.

Wenn du keinen Computer zur Verfügung hast, beginne mit Aufgabenteil c)

Aufgabe:

a) Erstelle die Zeichnung des Dreiecks und der Teildreiecke mit dem Computerprogramm GeoGebra.

b) Verändere mehrmals die Form des Dreiecks und die Lage des Punktes im Dreieck und beobachte, wie die Teildreiecke sich dabei verändern.

c) „In jedem Dreieck, das auf diese Weise aufgeteilt wurde, ist genau die Hälfte der Dreiecksfläche eingefärbt.“ Begründe, weshalb diese Aussage richtig ist.

Am Ende der Stunde ist immer noch keine Formalisierung nötig geworden, der Begriffsname „Grundseite“ ist noch nicht gefallen. Aber den Lernenden ist klar geworden, dass man aus einer Seite und der dazu gehörenden Höhe den Flächeninhalt eines Dreiecks berechnen kann.

Denn er ist genau die Hälfte eines Parallelogramms, das man aus diesen Angaben erstellen könnte. Der Flächeninhalt verändert sich nicht, wenn man eine andere Seite wählt, sofern man dann die jeweils zugehörige Höhe richtig zuordnet. In stumpfwinkligen Dreiecken ergibt das interessante Konstellationen, wenn die Grundseite nicht so gewählt wird, wie es aus der Rückschauperspektive günstig ist. Hier muss wirklich argumentiert und nicht nur Offensichtliches nachvollziehend beschrieben werden. Aber es gibt auch andere Begründungsketten, für die man überhaupt keine Parallelogramme braucht.

Der fertigkeitsbezogene Gegenentwurf zu dieser Stunde führte die Lernenden auf einen viel schmaleren Lernweg und war von der Planbarkeit her wesentlich riskanter. Denn nur, wenn die Lernenden den einen Lösungsweg fanden, den der Lehrer vorbereitet hatte, folgte der Unterricht der Planung. Um das sicherzustellen, wurden oft ein oder zwei Zeichnungen verwendet, an denen die Lernenden den vom Lehrenden bereits festgelegten Nachweis entdecken sollten, zum Beispiel Zeichnungen wie diese:

Der Lehrende wartete ab und gab Hilfen, bis einer seiner Schüler verstand, was er entdecken sollte. Dann wurde an der Tafel präsentiert, wie man den Flächeninhalt des Dreiecks herleiten kann: Man verdoppelt es auf die gezeigte Weise geschickt und erhält ein Parallelogramm oder ein Rechteck, das so lang wie die „Grundseite“ und so breit wie die Höhe des Dreiecks ist; also hat das Dreieck selbst den halben Flächeninhalt im Vergleich zum Parallelogramm oder Rechteck.

Hier wurde nicht begründet und argumentiert, sondern gezeigt. Was gezeigt wurde, hat der Lehrer anschaulich zurechtgelegt, damit die Lernenden leicht „draufkommen“ konnten. Genauso gut könnte der Lehrer den Beweis im Plenum vorführen und den Lernenden zur Übernahme anbieten, was oft auch so geschehen ist. Dann wurden die Stücke mit mathematischer Symbolik versehen, die Zeichnung wurde beschriftet, und eine Formel wurde aufgestellt. Gründliche Lehrer erarbeiteten nicht eine, sondern drei Formeln:

$$\mathrm{A} = \frac{1}{2} \cdot a \cdot h_a$$
$$\mathrm{A} = \frac{1}{2} \cdot b \cdot h_b$$
$$\mathrm{A} = \frac{1}{2} \cdot c \cdot h_c$$

Vollendet wurde die Einführung der Flächeninhaltsformel für das Dreieck mit der Verallgemeinerung $A = \frac{1}{2} \cdot g \cdot h$. Den Schülern wurde mit auf den Weg gegeben, es sei ausreichend, wenn sie diese allgemeine Formel auswendig lernen.

Im kompetenzorientierten Mathematikunterricht steht der Prozess im Vordergrund, wie vorhandene Wissenselemente durch Argumentationsketten zu neuen Wissenselementen geführt werden. Im Unterschied dazu wurde beim fertigkeitsorientierten Mathematikunterricht vom Lehrenden fachkompetent ein Anschauungsbeweis ausgewählt, den er den Schülern mediengestützt präsentierte mit der Absicht, dass diese ihn möglichst schlüssig nachvollziehen können.

Lehramtsanwärter kehren leider oft genau dann zum fertigkeitsorientierten Weg zurück, wenn sie eine Stunde zeigen, die beraten oder bewertet wird. Denn sie halten den fertigkeitsorientierten Weg für sicherer und besser planbar. Dabei ist er beides nicht. Die fertigkeitsorientierte Stunde funktioniert nur, wenn möglichst viele Schüler möglichst schnell genau das erraten oder herausfinden, was ihr Lehrer an vermeintlichen Entdeckungen vorgesehen hat, wenn also im Gleichschritt gelernt wird und abweichende Gedanken nicht weitergeführt werden. Die Stunde läuft gut, wenn der Nachvollzug gut läuft, aber nachvollziehendes Lernen ist nicht das Ziel.

Risikoärmer im Verlauf und lernwirksamer für die Lernenden ist, wenn eine Situation geschaffen wird, in der jeder Lernende seinen eigenen Weg finden kann, in der argumentiert und überzeugt wird, und in der der gut vorbereitete Lehrer gespannt seinen Schülern zuhört, ihre Ideen und Gedanken wertschätzt und sich von Schüleräußerungen gern überraschen lässt.

Unterrichtsbeispiel „Flächeninhalt des Dreiecks“

Kompetenzorientiert	**Fertigkeitsorientiert**
	Die Definition „Grundseite“ wird auf Vorrat gelernt.
Medieneinsatz mit dem Ziel, dass Vielfalt entsteht und Begründungen nötig werden.	Medieneinsatz mit dem Ziel, dass eine anschauliche Variante des Zusammenhangs leicht zu entdecken ist.
Mehrere ähnliche Argumentationsketten werden durchgeführt.	Hinführung zu einer ausgewählten eleganten und anschaulichen Darstellung.
Eine Formalisierung erfolgt spät oder es wird ganz darauf verzichtet.	Verwendung mathematischer Symbolik ist von zentraler Bedeutung.
Lernende argumentieren eigenständig und vielfältig.	Lernende vollziehen einen Weg nach, den der Lehrende optimal vorbereitet hat.
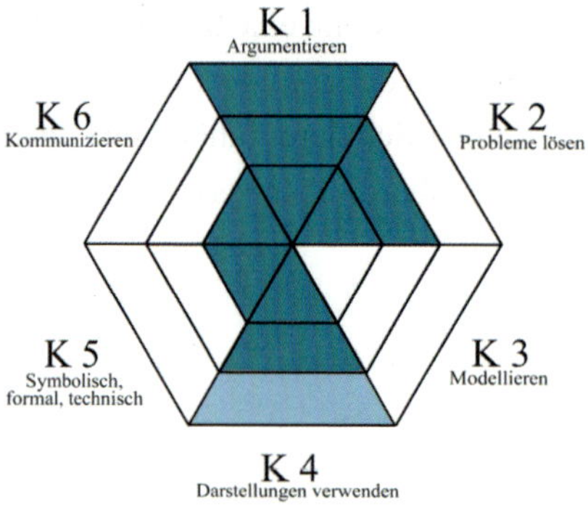	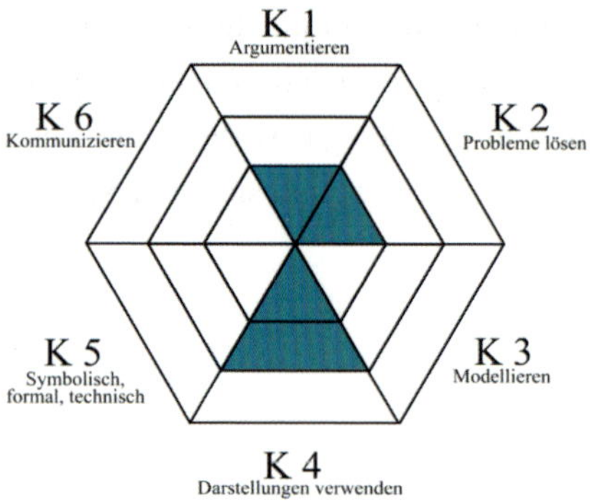

8.2 *Probleme mathematisch lösen* (K 2): Bruchschokolade

Bevor in das traditionelle „Bruchrechnen" eingestiegen werden kann, müssen ein neuer Zahlbegriff und Vorstellungen für Bruchzahlen aufgebaut werden. Für den Alltagsgebrauch ist ein tragfähiger Bruchzahlbegriff wichtiger als die Beherrschung des Bruchrechnens mit den darin enthaltenen Rechenfertigkeiten. Ein Größenvergleich von Brüchen ist für das Verständnis von Brüchen unverzichtbar.

Die Größe von Brüchen kann mit unterschiedlichen Strategien verglichen werden.

Falls die Nenner gleich sind, reicht es, die Zähler zu vergleichen.		
$\frac{3}{16} < \frac{4}{16}$	Die Teile sind gleich groß und vier Teile sind mehr als drei Teile.	*Zählervergleich, „gleichnamig"*

Falls die Zähler gleich sind, reicht es, die Nenner zu vergleichen.		
$\frac{3}{15} > \frac{3}{16}$	Es sind gleich viele Teile und Fünfzehntel sind größer als Sechzehntel.	*Nennervergleich*

Wenn weder Zähler noch Nenner gleich sind, reicht oft ein Vergleich mit der Hälfte.		
$\frac{13}{24} > \frac{17}{36}$	$\frac{13}{24}$ ist mehr als die Hälfte und $\frac{17}{36}$ ist weniger als die Hälfte.	*Zahlenblick*

Immer kann man die Brüche auf einen gemeinsamen Nenner erweitern und dann vergleichen.		
$\frac{8}{18} > \frac{6}{15}$	$\frac{120}{270} > \frac{108}{270}$, weil die Teile nach dem Verfeinern gleich groß sind und weil 120 Teile mehr sind als 108 Teile.	*gemeinsamer Nenner*

Diese vier Verfahren reichen aus, um jede denkbare Kombination von Brüchen zu vergleichen. Das letztgenannte Verfahren lässt sich optimieren, indem nicht irgendeiner, sondern der kleinste gemeinsame Nenner bestimmt wird.

Immer kann man die Brüche auf den kleinsten gemeinsamen Nenner erweitern und dann vergleichen.		
$\frac{8}{18} > \frac{6}{15}$	$\frac{40}{90} > \frac{36}{90}$, weil die Teile nach dem Verfeinern gleich groß sind und weil 40 Teile mehr sind als 36 Teile.	*kleinster gemeinsamer Nenner, „Hauptnenner"*

Aber auch der Blick auf die Zähler ist auf Bruchpaare anwendbar, wenn die Zähler zunächst nicht gleich sind.

Immer kann man die Brüche auf einen gemeinsamen Zähler erweitern und dann vergleichen.		
$\frac{6}{24} < \frac{4}{15}$	$\frac{24}{96} < \frac{24}{90}$, weil es gleich viele Teile sind und weil Neunzigstel größer sind als Sechsundneunzigstel.	*gemeinsamer Zähler*

Immer kann man die Brüche auf den kleinsten gemeinsamen Zähler erweitern und dann vergleichen.		
$\frac{6}{24} < \frac{4}{15}$	$\frac{12}{48} < \frac{12}{45}$, weil es gleich viele Teile sind und weil Fünfundvierzigstel größer sind als Achtundvierzigstel.	*kleinster gemeinsamer Zähler*

Ich möchte an dieser Stelle nicht dazu anregen, einen neuen mathematischen Begriff des „Hauptzählers“ in Entsprechung zum Hauptnenner zu schaffen. Wenn es nur darum geht, Brüche zu vergleichen, ist trotzdem der Blick auf die Zähler genauso zielführend wie der Blick auf die Nenner. Und es gibt Zahlenbeispiele, bei denen ein solcher Vergleich kürzere Wege ermöglicht als der Weg über den Hauptnenner. Wenn beim Größenvergleich von Brüchen nur auf den Hauptnenner fokussiert wird, dient dies vor allem einer Vorbereitung des Bruchrechnens in traditionellem Sinn und entstammt damit einer Perspektive der Rückschau. Im Alltag muss man öfter Brüche vergleichen als addieren oder subtrahieren.

Um zu diesem Thema eine Stunde zu planen und vorzubereiten, findet der Lehrende zunächst weitestgehend alle sich bietenden Möglichkeiten heraus. Er geht mit der Einstellung heran, sich nicht festzulegen, wie die Lernenden zu denken haben, sondern er zeigt sich offen für die Vielfalt, die sich im Unterricht ergeben kann und hat sich darauf vorbereitet.

Alle oben beschriebenen Strategien wurden hier auf einer symbolischen Ebene vorgestellt. Diese Darstellung ist Merkmal einer Rückschauperspektive, über die die Leser dieses Buches verfügen; die Darstellungen wären in einer Phase des Lernens weniger hilfreich, denn Lernende verfügen über diese Perspektive nicht.

Weitere zu erwartende Unterschiede in den Schüleraktivitäten ergeben sich bei der Darstellung, denn Brüche kann man auf allen Abstraktionsebenen vergleichen:

- man kann sie auf Zahlenstrahlen lokalisieren und feststellen, welcher Bruch weiter rechts steht und folglich die größere Zahl ist;

- man kann in geeigneten Darstellungen von Streifen, Kreisen und Flächen Bruchanteile einzeichnen und ihre Größe durch Übereinanderlegen oder Abzählen vergleichen;
- man kann auf einer symbolischen Ebene rechnerische Größenvergleiche vornehmen.

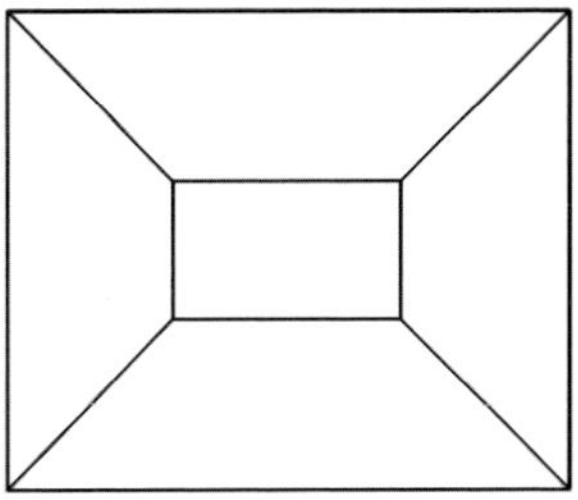

Ein Einstieg in eine Unterrichtsstunde, der die Lernenden motivieren soll, birgt oft zugleich die Gefahr einer verfrühten Verengung auf einen bestimmten Lösungsweg. Trotzdem möchte ich einen Einstieg so beschreiben, wie er stattgefunden hat. Der Lehrende hatte zwei Kuchenreste auf zwei gleich großen Blechen mitgebracht und erzählte, das sei der Rest eines gestrigen Festes. Auf dem einen Blech lagen auf das ganze Blech bezogen drei Viertel Apfelkuchen, auf dem anderen fünf Achtel Pflaumenkuchen. Das Einstiegsproblem: Welcher Rest ist größer? Der Fragestellung folgte eine kurze Placemat-Runde[53] in Vierergruppen. Die Lernenden verwendeten dabei hauptsächlich zeichnerische Darstellungen und übertrugen die Erkenntnisse dann in Bruchschreibweise.

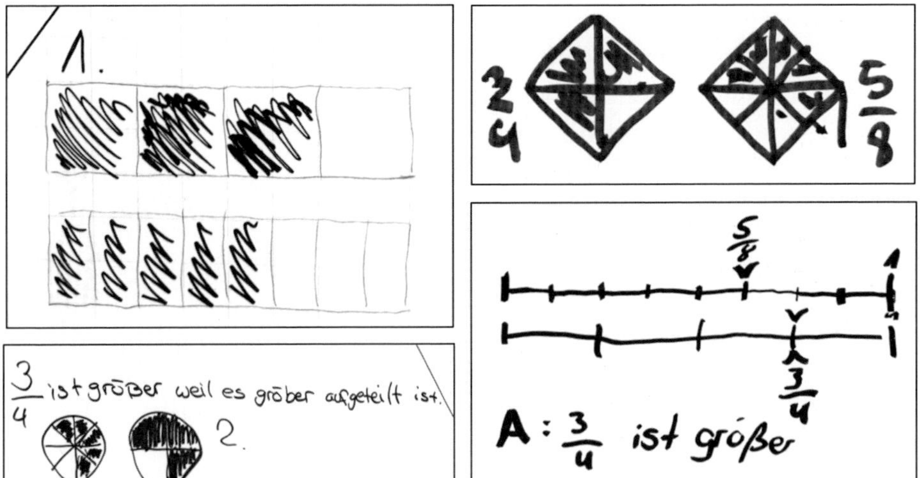

Nicht alle Gruppenergebnisse waren fehlerfrei, aber es gelang gut, die Eingangsfrage im Plenum zu beantworten: Es sind mehr Stücke vom Pflaumenkuchen übrig geblieben als vom Apfel-

[53] Placemat (Platzdeckchen) ist eine Methode der kooperativen Ideenfindung, bei der Lernende in Gruppen sitzend auf einem großen Blatt Papier Ideen zu einer gestellten Aufgabe notieren. Das Blatt enthält pro Gruppenmitglied ein Feld und ein gemeinsames in der Mitte. Das Blatt wird schrittweise um ein Feld weiter gedreht, sodass jeder die Ideen der anderen Gruppenmitglieder lesen, kommentieren oder ergänzen kann, nachdem er zunächst unbeeinflusst seine eigenen Gedanken festgehalten hat. Abschließend einigt man sich auf eine gemeinsame Stellungnahme oder Lösung, die zentral auf dem Blatt festgehalten wird. In der Literatur wird die Methode teilweise auch ohne die Möglichkeit beschrieben, die Felder der anderen zu verändern. Dann stellt sie lediglich eine Artikulationsform der Ich-Du-Wir-Methode dar. Die Methode Placemat wird zum Beispiel beschrieben von Barzel/Büchter/Leuders 2007, S. 152 ff.

kuchen; trotzdem ist mehr Apfelkuchen übrig, weil die Stücke beim Apfelkuchen größer sind, nämlich doppelt so groß. Als Bestätigung wurden mit einem Messer die Apfelkuchenstücke in jeweils zwei Hälften geteilt. Nun waren alle Stücke gleich groß und konnten abgezählt werden: sechs Stücke Apfelkuchen, aber nur fünf Stücke vom Pflaumenkuchen.

Eine Auswertung der Platzdeckchen ermöglicht es dem Lehrenden, im Nachhinein den Problemlöseprozess der Gruppen zu beobachten. Im oben abgedruckten Platzdeckchen war die erste Darstellung mit Streifendiagrammen zwar nicht falsch, aber für die Problemstellung nicht hilfreich. Deshalb wurde sie vom nächsten Schüler mit „Nee" kommentiert, und durch eine Darstellung mit gleich langen Streifen ersetzt. Interessanterweise wurden die übrigen Kuchenstücke nicht zusammengefasst; so verhält es sich ja auch in der Realität. Wieder zeigt sich, dass Lernende Aufgaben oft anders auffassen als Lehrende dies erwarten.

Im Plenum wurde die Lösung des Problems vorgestellt, indem die Apfelkuchenstücke halbiert wurden. Damit hat auf der enaktiven Ebene ein Vergleich stattgefunden, der durch Erweitern ermöglicht wurde. Es entstand eine Tafelzeichnung, die durch die symbolische Darstellung ergänzt wurde. Die realen Kuchenstücke wären für die Erreichung der Teillernziele nicht notwendig gewesen; eine Tafelzeichnung allein hätte denselben Zweck erfüllt. Die Lernenden haben gemeinsam einen absoluten und einen relativen Vergleich durchgeführt. Als Zwischenergebnis wurde die Erkenntnis gesichert, dass der Vergleich möglich wurde, weil die Stücke auf die gleiche Größe gebracht worden sind.

„Es gibt noch weitere Wege, Brüche zu vergleichen", merkt der Lehrer an, und nennt dann seine Absicht, verschiedene Wege zum Vergleichen von Brüchen zu finden. Dafür wählt er den Kontext Schokolade: wo wurde mehr Schokolade weggenommen? Es werden nur Aufteilungen verwendet, die es als 100-Gramm-Tafel tatsächlich gibt: 9, 15, 16, 18, 24 und 36 Stücke. Jede der Aufgaben 1 bis 6 führt zu einer anderen Lösungsstrategie. Die Aufgaben sind fotografisch dargestellt, sodass die Lernenden die Zähler und Nenner selbst ermitteln können.

Die Stunde ist dem Lernen von Problemlösen zuzuordnen, weil die Lernenden „Methoden und Techniken zum Lösen individuell schwieriger Aufgaben" kennen und anwenden gelernt haben

(Bruder/Collet 2011, S. 14). Im Plenum werden die Lösungsstrategien explizit benannt und abgegrenzt; mathematische Begriffe werden zugeordnet. Den Lernenden wird auch die Rolle der Vorstellung von Schokoladenstücken bewusst. Vergleiche von unterschiedlich vielen gleich großen und von gleich vielen unterschiedlich großen Stücken konnten gut mit der Vorstellung von Schokolade unterstützt werden, ebenso die Entscheidung, ob ein Anteil mehr oder weniger als die Hälfte ist. Dass alle Verfahren, die mit Erweitern verbunden sind, mit Schokolade nicht mehr vorstellbar sind, äußerten einzelne Lernende in der Reflexion, „ich kann die Teile ja nicht beliebig zerkleinern, trotzdem konnte ich mir die Aufgabe mit der Schokolade besser vorstellen".

Die Stunde endet mit einer Übungsphase, in der der Kontext Schokolade verlassen wird. Die Aufgaben sind wieder so zusammengestellt, dass aber jede der Strategien bei einzelnen Aufgaben zum kürzesten Lösungsweg führt. Kein einziger Lernender entscheidet sich dafür, immer auf den Hauptnenner zu erweitern, obwohl er damit jede Aufgabe lösen könnte.

Im traditionellen, fertigkeitsorientierten Mathematikunterricht wurde dem Größenvergleich von Brüchen deutlich weniger Aufmerksamkeit gewidmet. Ein Größenvergleich am Zahlenstrahl führte sehr schnell zu der Feststellung, dass Brüche dann gut zu vergleichen sind, wenn sie denselben Nenner besitzen. Die Zahlenbeispiele wurden so gewählt, dass sich ein Nenner als Hauptnenner anbot. Dies wurde zum Anlass genommen, das Erweitern einzuführen, sofern es nicht schon im Voraus auf Vorrat gelernt worden war. Nachdem die Fertigkeit des Erweiterns gelernt und geübt worden war, wurden die Lernenden angewiesen, Brüche zum Größenvergleich grundsätzlich auf den Hauptnenner zu erweitern. Dies kam jedoch nicht allzu häufig vor, denn nicht der Aufbau eines tragfähigen Bruchzahlbegriffs war das zentrale Anliegen, sondern der Größenvergleich von Brüchen diente nur als Vorstufe zum Bruchrechnen.

Unterrichtsbeispiel „Bruchschokolade"

Kompetenzorientiert	**Fertigkeitsorientiert**
„Brüche vergleichen" ist eine eigenständige Fragestellung zum Aufbau und zur Festigung des Bruchzahlbegriffs.	„Brüche vergleichen" wird als Vorstufe zum Rechnen mit Brüchen verstanden.
Lernziel ist der Größenvergleich von Brüchen mit unterschiedlichen Strategien.	Lernziel ist die Fertigkeit, Brüche gleichnamig zu machen, um sie vergleichen zu können.
In unterschiedlichen Konstellationen werden unterschiedliche Verfahren angewandt. Geübt wird die Auswahl eines passenden Verfahrens.	Der Lehrende steuert den Verlauf des Unterrichts so, dass am Ende ein allgemeingültiges Verfahren übrig bleibt, dessen Anwendung geübt wird.
Der Problemlösevorgang selbst wird reflektiert.	Die Richtigkeit von Lösungen wird verglichen.
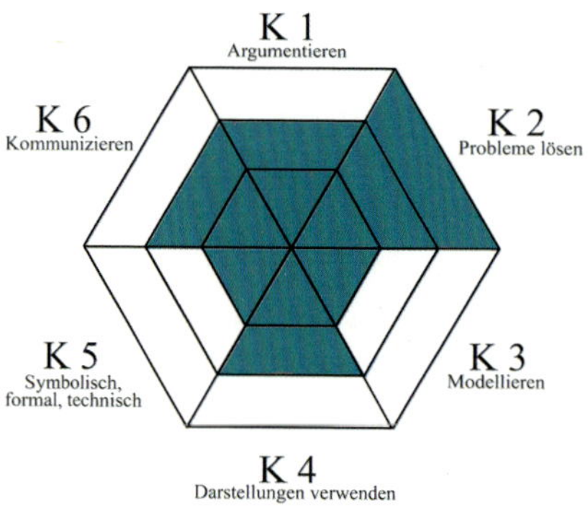	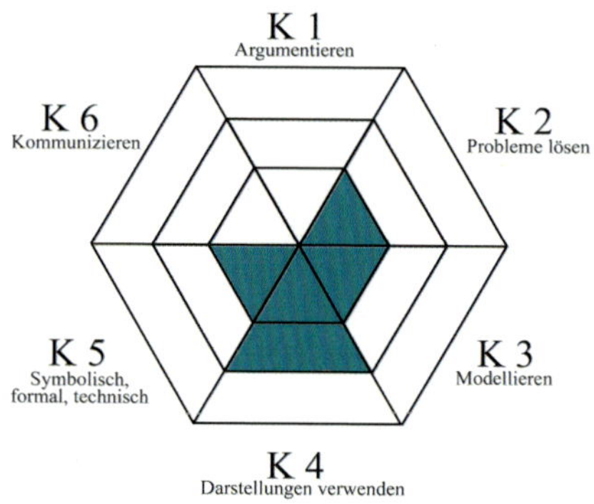

1

Wo wurde mehr Schokolade weggenommen?
Jede Tafel hat 100 Gramm. Davon wurden unterschiedliche Teile weggenommen. Vergleiche die weggenommenen Anteile paarweise. Verwende zum Vergleichen Brüche.

A	Bruch	B	Bruch

Setze < oder > ein	Begründe deine Entscheidung.
A B	

2

Wo wurde mehr Schokolade weggenommen?
Jede Tafel hat 100 Gramm. Davon wurden unterschiedliche Teile weggenommen. Vergleiche die weggenommenen Anteile paarweise. Verwende zum Vergleichen Brüche.

A	Bruch	B	Bruch

Setze < oder > ein	Begründe deine Entscheidung.
A B	

Wo wurde mehr Schokolade weggenommen?
Jede Tafel hat 100 Gramm. Davon wurden unterschiedliche Teile weggenommen. Vergleiche die weggenommenen Teile paarweise. Verwende zum Vergleichen Brüche.

3

 A	Bruch	 B	Bruch

Setze < oder > ein	Begründe deine Entscheidung.
A B	

Wo wurde mehr Schokolade weggenommen?
Jede Tafel hat 100 Gramm. Davon wurden unterschiedliche Teile weggenommen. Vergleiche die weggenommenen Teile paarweise. Verwende zum Vergleichen Brüche.

4

 A	Bruch	 B	Bruch

Setze < oder > ein	Begründe deine Entscheidung.
A B	

5

Wo wurde mehr Schokolade weggenommen?
Jede Tafel hat 100 Gramm. Davon wurden unterschiedliche Teile weggenommen. Vergleiche die weggenommenen Teile paarweise. Verwende zum Vergleichen Brüche.

  A	Bruch	  B	Bruch

Setze < oder > ein	Begründe deine Entscheidung.
A B	

6

Wo wurde mehr Schokolade weggenommen?
Jede Tafel hat 100 Gramm. Davon wurden unterschiedliche Teile weggenommen. Vergleiche die weggenommenen Teile paarweise. Verwende zum Vergleichen Brüche.

  A	Bruch	  B	Bruch

Setze < oder > ein	Begründe deine Entscheidung.
A B	

8.3 *Mathematisch modellieren* (K 3): Umkreis und Umkreismittelpunkt

Wenn in der Dreieckslehre besondere Linien und Punkte am Dreieck thematisiert werden, werden dafür oft mehr oder weniger konstruierte Alltagsbezüge hergestellt. Im hier beschriebenen Beispiel soll der Umkreismittelpunkt als Schnittpunkt der Mittelsenkrechten erarbeitet werden.

Als Einstieg verwendet der Lehrende einen textlich fingierten Zeitungsbericht, der aber auf tatsächlichen Ereignissen basiert. Problemstellung ist die Standortwahl für einen Rettungshubschrauber, der von drei benachbarten Städten gleichgut erreichbar sein soll. Die Lernenden werden mediengestützt mit der Alltagssituation vertraut gemacht. In einer gemeinsamen Phase wird die Problemstellung in dem Sinne präzisiert, dass „die Mitte" gesucht werde. Dann werden die Lernenden aufgefordert, zunächst in Einzelarbeit nach einer Lösung zu suchen. Die Fragestellung steht an der Tafel: „Wie kann ich die Mitte finden?"

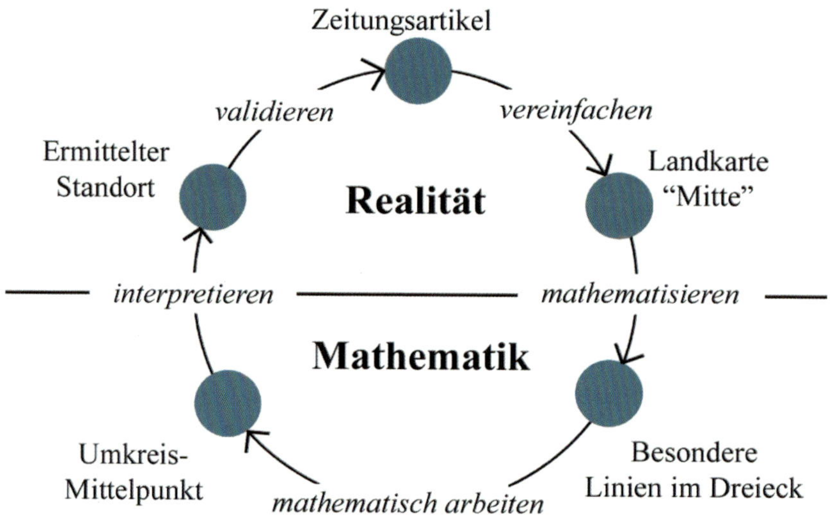

Wenn man die Aufgabe mithilfe des Modellierungskreislaufs strukturiert, wird die reale Situation durch den Zeitungsartikel repräsentiert. Als reales Modell dient die Frage nach der „Mitte" zusammen mit der Landkarte, die die Lage der Städte zeigt. Das mathematische Modell ist ein Dreieck mit den Städten als Eckpunkten, in dem es Punkte mit besonderen Eigenschaften gibt. Einer führt zum mathematischen Resultat: der Umkreismittelpunkt, ermittelt durch Messen, Zeichnung oder Konstruktion.

Bürgermeister kämpfen um Rettungshelikopter

© Wikimedia Commons Christoph 13

Aichach – Friedberg
Die Region Augsburg/Nordschwaben bekommt einen weiteren Rettungshubschrauber. Ein Gutachten hat ergeben, dass hier die Stationierung eines weiteren Hubschraubers notwendig sei. Während anfangs das Klinikum in Augsburg und das Krankenhaus Sankt Elisabeth in Dillingen als Standorte im Gespräch waren, soll nach dem Willen von Georg Schmid nun Donauwörth das Rennen machen. Schmid stammt aus Donauwörth. Die betroffenen Bürgermeister der Nachbarstädte gehen inzwischen gegen seine Pläne vor.

Welcher Standort für den Rettungshelikopter ist für alle drei Städte günstig, wenn er in keiner der Städte, sondern gerecht in der Mitte sein soll? Zeichne den Standort in die Karte ein.

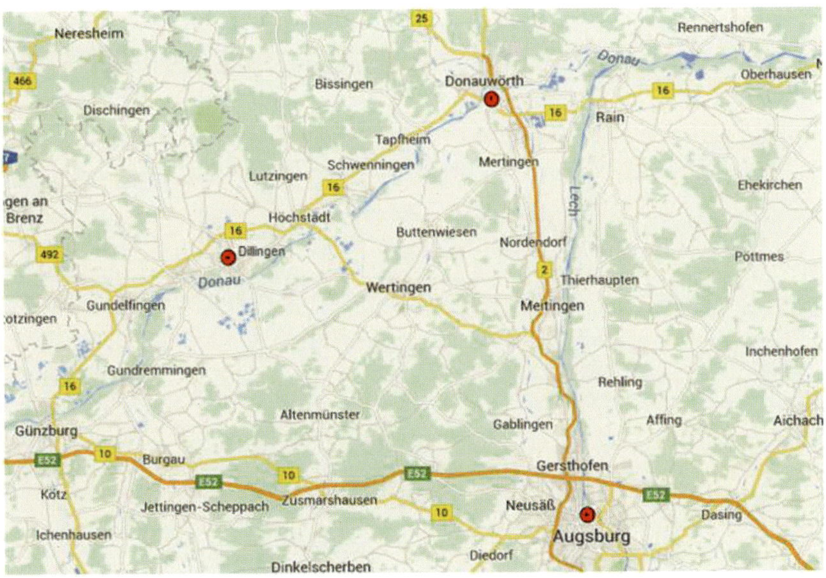

Kopiervorlage zum Download

Der gefundene Standort wird in der Karte eingezeichnet. Die Lösung wird validiert, indem die drei Abstände gemessen werden. Als weiterer Nachweis für die Richtigkeit der Lösung wird der Umkreis eingezeichnet und verbalisiert: Die „Mitte“ ist von allen drei Städten gleich weit entfernt, weil sie der Schnittpunkt der Mittelsenkrechten auf den Verbindungslinien der Städte ist. Anhand einer Problemstellung aus der Realität wurde ein mathematisches Verfahren gelernt: Bestimmung des Umkreismittelpunktes eines allgemeinen Dreiecks.

Das Arbeitsblatt[54] auf der vorigen Seite enthält den Zeitungsartikel und den Arbeitsauftrag für die Erkunden-Phase. Die vollständige erwartete Lösung könnte so beschrieben werden:

- als Modell für die Lage der drei Städte wird ein allgemeines Dreieck zugeordnet;
- die Mittelsenkrechten des Dreiecks werden als Ortslinien für gleichen Abstand zu jeweils zwei Städten ermittelt;
- wegen der Transitivität der Gleichheitsrelation hat der Schnittpunkt der Mittelsenkrechten zu allen drei Städten denselben Abstand;
- die Richtigkeit wird durch die Möglichkeit nachgewiesen, einen Kreis mit dem Lösungspunkt als Mittelpunkt zu zeichnen, sodass auf der Kreislinie alle drei Städte liegen. Damit ist der gefundene Kreismittelpunkt von jeder der drei Städte gleich weit entfernt.

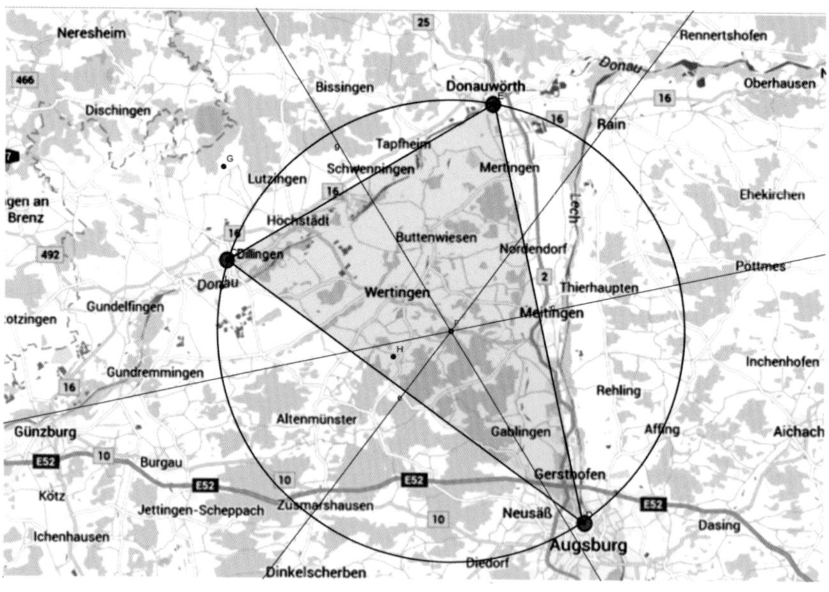

Die besonderen Linien im Dreieck: Mittelsenkrechte, Winkelhalbierende, Seitenhalbierende, und ihre Konstruktionen sind den Lernenden bereits bekannt, nicht jedoch Um- und Inkreis. Der

[54] Text des Zeitungsartikels von Larissa Meyer in Anlehnung an Augsburger Allgemeine Online, Dezember 2009.

Verlauf der Stunde folgt nicht exakt der Planung. Ein großer Teil der Lernenden zeichnet zwar tatsächlich zunächst ein Dreieck ein. Dann finden in der Stunde aber vielfältige Aktivitäten statt, die so vom Lehrenden nicht alle vorhergesehen wurden:

- Die Abstände zweier Städte werden bestimmt und halbiert, teils durch Messen, teils durch Konstruktion.
- Um die Städte herum werden gleich große Kreise gezeichnet, die sich tangential berühren oder auch nicht.
- Winkelhalbierende werden eingezeichnet und geschnitten.
- Seitenhalbierende werden eingezeichnet und geschnitten.
- Eine Mittelsenkrechte wird mit der Seitenhalbierenden einer anderen Seite geschnitten.
- Eine Winkelhalbierende wird mit einer gegenüberliegenden Mittelsenkrechten geschnitten.

Einige Lernende haben die Konstruktion des Umkreismittelpunktes herausgefunden oder schon gekannt; bei der folgenden Auswertung im Plenum kann sich der Lehrende also zurückhalten. Als Zusatzaufgabe wird ihnen angeboten, auf einer weiteren Karte einen entsprechenden Standort in einer Konstellation zu finden, bei der vier Städte beteiligt sind. Die Städte liegen auf dem Sehnenviereck eines nicht bekannten Kreises, die Aufgabe ist also theoretisch lösbar. Allerdings wird hier keine Lösung erwartet, sondern die besonders leistungsfähigen Lernenden sollen zu weiterführenden Überlegungen angeregt werden und weniger über eine konkrete Lösung als über die Bedingungen der Lösbarkeit nachdenken.

An den anderen Ideen der Lernenden zur ursprünglichen Aufgabe spiegeln sich einerseits die Inhalte des vorangegangenen Unterrichts; Winkelhalbierende, Mittelsenkrechte und Seitenhalbierende des Dreiecks waren schon bekannt. Andererseits ist es spannend, wie unterschiedlich sich die Lernenden mit der Fragestellung auseinandersetzen. Der Modellierungskreislauf wird zunächst von den Lernenden in Einzelarbeit durchlaufen; die unterschiedlichen Ergebnisse werden dann verglichen und validiert. Es erweist sich als sinnvoll, den Kreislauf ein zweites Mal zu durchlaufen, diesmal im Plenum.

Neben einigen wenigen fehlerhaften Lösungswegen sind in der Einzelarbeitsphase korrekte Konstruktionen für drei vorstellbare „Mitten" des Dreiecks entstanden: Umkreismittelpunkt, Inkreismittelpunkt und Schwerpunkt. Bei den Lernenden ist also ein Erfahrungsschatz entstanden, aus dem die Eigenschaften dieser drei besonderen Punkte des allgemeinen Dreiecks erarbeitet werden könnten, obwohl Ziel der Stunde eigentlich nur der Umkreismittelpunkt war. Abweichend von der Planung kann die Kenntnis von gleich drei besonderen Punkten am Dreieck gesichert werden.

Darüber hinaus sind Konstruktionen erstellt worden, die zwar keinem mathematischen Inhalt direkt zuzuordnen sind, die aber der geschilderten Situation durchaus gerecht werden. Zum Beispiel führt der Schnittpunkt der Winkelhalbierenden bei Donauwörth mit der Mittelsenkrechten auf der Verbindung von Dillingen und Augsburg zu einer diskutablen Lösung, da ein gleicher Abstand zu den Verbindungsstraßen Donauwörth/Augsburg und Donauwörth/Dillingen für einen Rettungshubschrauber durchaus relevant ist. Wären Augsburg und Dillingen ebenfalls durch eine Straße verbunden, die annähernd Seite des Dreiecks ist, wäre der Inkreismittelpunkt für den gesuchten Standort eine genauso sinnvolle Lösung wie der Umkreismittelpunkt. Das wird in der Stunde auch herausgearbeitet. Der Lehrende verhält sich flexibel und lässt die Lernenden ihre unterschiedlichen Lösungen vorstellen und diskutieren, fordert sie auf zu kommunizieren und unterstützt sie im Argumentieren.

Vor dem zweiten Durchgang des Modellierungskreislaufs wird der Zeitungsartikel noch einmal gelesen. Nachdem Argumente ausgetauscht wurden, einigt man sich darauf, dass es den Bürgermeistern wohl mehr darum geht, dass der Hubschrauberlandeplatz gleich weit von den Städten entfernt sein soll, und weniger um den Abstand von den Straßen. Aus „der Mitte“ wird „die Mitte zwischen den Städten“. Der Umkreismittelpunkt ist nun das einzige passende Modell. Mit der Festlegung auf den Umkreismittelpunkt wird es möglich, durch Nachmessen die Lösung zu validieren. Wenn ein dritter Durchgang nötig wird, bedeutet dies kein Scheitern, sondern nur, dass die Lösung des Alltagsproblems noch nicht oder noch nicht überzeugend gefunden wurde.

Lehrende stellen sich solchen, in gewissem Sinne offenen, Situationen selten oder sie führen sie nicht weiter, wohl weil sie von einem zwar nachvollziehbaren, aber eigentlich unangemessenen Bedürfnis nach Vorhersehbarkeit des Unterrichtsverlaufs geführt werden. Dabei ist es doch erfreulich, wenn im Unterricht Situationen entstehen, in denen es nicht nur eine einzige richtige Lösung gibt. Die Fragestellung ist hier bewusst nicht so präzise formuliert worden, damit nicht alle Lösungswege, die nicht zum Umkreismittelpunkt führen, als „falsch“ abgelehnt werden müssen, sondern sie bietet Anlässe zum Argumentieren und Kommunizieren. Der Umkreismittelpunkt stellt die gewünschte Lösung dar, aber andere Punkte sind auch „Mitten“ des Dreiecks und liegen bei dem gegebenen Dreieck örtlich sogar relativ nah beieinander. Sie werden miteinander verglichen und können als ungeplante zusätzliche Lernergebnisse gesichert werden.

Bei einer fertigkeitsorientierten Vorgehensweise hätte man von Anfang an auf den Umkreismittelpunkt als zielführendes Verfahren fokussiert, was sich in einer Fragestellung äußern würde, die die Situation einengt und früh das Lösungsverfahren festlegt. Bevor die Lernenden eigene Ideen entwickeln könnten, würde klargestellt, dass ein Punkt im Dreieck gesucht wird, der von allen Dreieckspunkten gleich weit entfernt ist; man könnte das eine „klare Arbeitsanweisung“ nennen. Bei der Lösung stünde nicht die Beantwortung der alltagsbezogenen Frage im Vordergrund, sondern das Erlernen einer Konstruktionsvorschrift. Die mathematischen Bezeichnungen „Mittelsenkrechte“, „Umkreis“ und „Umkreismittelpunkt“ und die Fertigkeit, die Konstruktion durchzuführen, würden als Lernergebnisse gesichert werden.

Unterrichtsbeispiel „Umkreis und Umkreismittelpunkt“

Kompetenzorientiert	**Fertigkeitsorientiert**
Reale Problemstellung, die mithilfe von Mathematik gelöst werden kann.	Problemstellung mit konstruiertem realem Bezug, die auf die gewünschte mathematische Lösung führt.
Welcher von mehreren möglichen Lösungswegen überzeugt, hängt von Begründungen und Argumenten ab.	Fragestellung, die zu einem einzigen richtigen Lösungsweg führt.
Ausgangssituation ist zum Teil offen und lässt mehrere Verfahren zu.	Ausgangssituation ist vollständig geklärt und führt konsequent auf ein bestimmtes Verfahren.
Die Lösung einer Alltagsproblematik mit mathematischen Mitteln ist das Ziel.	Die korrekte Konstruktion des Umkreismittelpunkts ist das Ziel.
Gesichert wird der Umkreismittelpunkt als ein Punkt mit gleicher Entfernung zu den Eckpunkten des Dreiecks.	Gesichert wird der Ablauf beim Zeichnen oder Konstruieren des Umkreismittelpunkts.
Abweichende Lösungsansätze werden gewürdigt und reflektiert.	Abweichende Lösungsansätze werden nicht weiter verfolgt.
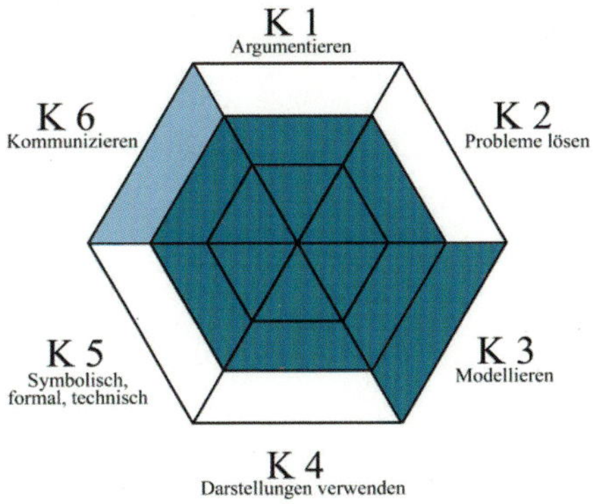	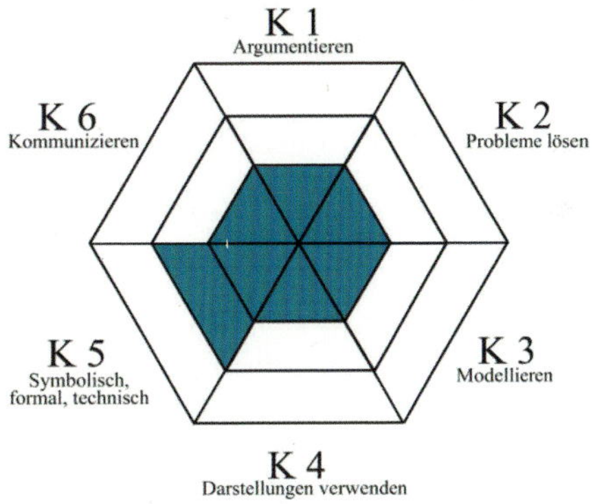

8.4 *Mathematische Darstellungen verwenden* (K 4): Lineare Gleichungssysteme

Die Lösungsverfahren für lineare Gleichungssysteme sind in der Lerngruppe bekannt. Der Lehrende möchte die erworbenen Kompetenzen vertiefen und überprüfen, indem er eine Rückwärtsstrategie einfordert: *„Die Lösung ist* $(4/3)$. *Konstruiert dazu ein passendes lineares Gleichungssystem."* Offensichtlich ist das für die Lernenden einer Gymnasialklasse schwierig, denn die Aufgabenstellung löst große Verunsicherung aus: „Wir wissen nicht, was wir rechnen sollen." Sie haben zwar die Anwendung von graphischem Verfahren, Einsetzungs-, Gleichsetzungs- und Additionsverfahren gelernt und geübt, aber das reversible Denken fällt schwer, wohl weil die Lernenden auf der symbolischen Ebene verhaftet sind.

Dabei ist die Aufgabe relativ einfach, vorausgesetzt, man wählt eine passende mathematische Darstellung, in diesem Fall die graphische. Man markiert die Lösung als Schnittpunkt zweier Geraden im Koordinatensystem und stellt passende Geradengleichungen auf.

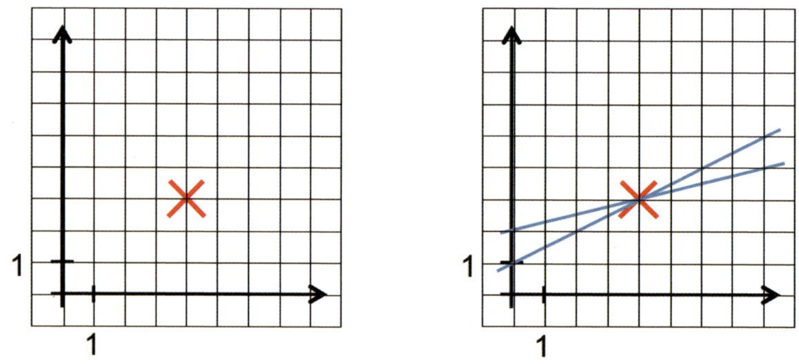

Im obigen Beispiel sind das $y = 0,5x + 1$ und $y = 0,25x + 2$.

Das Gleichungssystem

$$(1)\; y = 0,5x + 1$$
$$(2)\; y = 0,25x + 2$$

hat die Lösung $(4/3)$ und lässt sich mittels Äquivalenzumformungen beliebig verkomplizieren, zum Beispiel:

$$(1)\; 4y = 2x + 4$$
$$(2)\; 10y = 2,5x + 20$$

oder:

$$(1)\; 4y - 2x = 4$$
$$(2)\; 10y - 2,5x - 20 = 0$$

Mit anderen Geradenpaaren, die sich im Punkt (4/3) schneiden, lassen sich beliebig viele weitere Gleichungssysteme kreieren, die alle dieselbe Lösung haben.

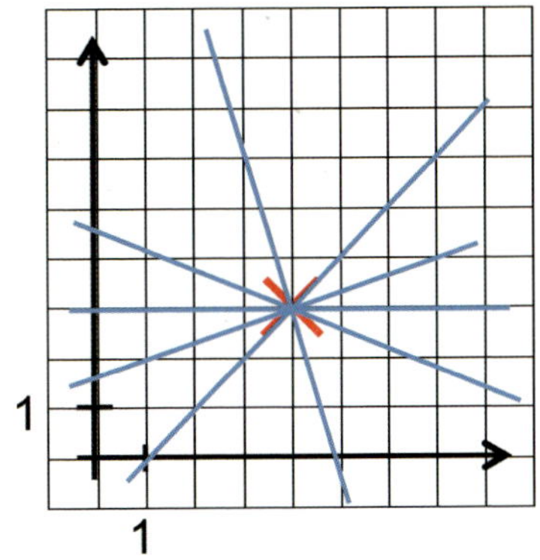

Grund der Ratlosigkeit der Lernenden ist, dass sie mit der gewohnten Darstellungsweise in Form von zwei Funktionsgleichungen keinen Lösungsansatz finden. Ein Hinweis auf die Möglichkeit der graphischen Darstellung genügt, um Lernprozesse anzustoßen. Damit die Lernenden argumentieren, wird die Aufgabenstellung präzisiert:

„*Die Lösung ist* (4/3).

a) *Konstruiere dazu ein passendes lineares Gleichungssystem;*

b) *konstruiere ein weiteres;*

c) *finde alle;*

d) *begründe, weshalb du alle gefunden hast.*"

Die leistungsstarken Lernenden finden rasch heraus, dass es nicht möglich ist, alle Gleichungssysteme zu finden. Sie definieren einschränkende Bedingungen, indem sie die Menge der Zahlen, die für Achsabschnitt und Steigung eingesetzt werden dürfen, einschränken. So wird es möglich, alle Geraden zu erfassen, aber auch dann lassen sich zu jedem Geradenpaar noch beliebig viele Gleichungssysteme finden.

Das bedeutendste Ergebnis der lernaktiven Stunde mit differenziertem Anspruch ist, dass mithilfe der passenden mathematischen Darstellung die ursprünglich als schwierig empfundene Aufgabe lösbar wurde. Die Lernenden haben eigenständig mathematische Darstellungen erzeugt und sind verständig mit verschiedenen Repräsentationen umgegangen.

In einem anderen Unterrichtsbeispiel zum Thema „lineare Gleichungssysteme" setzt der Lehrende eine konventionelle Schulbuchaufgabe ein:

„*In einem Stall leben Hasen und Hühner. Es sind insgesamt 9 Tiere mit 24 Füßen. Wie viele Hasen und Hühner sind es jeweils?*"[55] Wenn auch ziemlich konstruiert, kann die Aufgabe zum mathematischen Problemlösen anregen.

Nur einzelne Lernende versuchen, Gleichungen aufzustellen. Einige probieren, die Aufgabe zu lösen, indem sie Tiere mit vier und mit zwei Füßen zeichnen und die Füße zählen. Einige legen Grenzwerte fest: „9 Hasen haben zusammen 36 Füße, 9 Hühner haben zusammen 18 Füße;

[55] Aufgabe aus: Schnittpunkt 4, Mathematik für Realschulen Baden-Württemberg, Ernst Klett Verlag Stuttgart 2006, S. 100

dazwischen liegt die Lösung.“ Sie wird von denjenigen gefunden, die systematisch probieren, indem sie Wertetabellen anlegen.

Zusammen 9 Tiere könnten sein:

Hasen	1	2	3	4	5	6	7	8
Hühner	8	7	6	5	4	3	2	1

Zusammen 24 Füße könnten haben:

Hasen	1	2	3	4	5
Hühner	10	8	6	4	2

Nur die Kombination 3 Hasen und 6 Hühner kommt in beiden Tabellen vor, also ist das die Lösung. Die Lösung erfüllt beide Zusammenhänge, die jeweils als Wertetabelle dargestellt sind, und wurde durch die Wahl einer passenden mathematischen Darstellung gefunden. Anders als vom Lehrenden erwartet, wählten die Lernenden weder die Darstellungsart über zwei Gleichungen noch ein graphisches Verfahren, sondern griffen fast ausschließlich zur Wertetabelle.

Im dritten Unterrichtsbeispiel zu diesem Thema erzeugt der Lehrende einen Anlass, die Darstellung zu wechseln, indem er in ein Übungsblatt zu den schriftlichen Lösungsverfahren Aufgaben einbaut, die unlösbar oder allgemeingültig sind. Im Klassengespräch wird der Unterschied von drei Beispielaufgaben erörtert.

Aufgabe 1:

$$(1)\ y = \text{-}x + 2$$
$$(2)\ y = x + 3$$

Die Lösung $(\text{-}0,5/2,5)$ entspricht den Erwartungen der Lernenden und wird durch eine Probe bestätigt.

Bei Aufgabe 2:

$$(1)\ y = 2x + 2$$
$$(2)\ y = 2x - 1$$

formen die Lernenden die Gleichungen wiederholt um und kommen auf Gleichungen wie „$2 = \text{-}1$“ oder „$3 = 0$“. Einige merken, dass „es nicht weitergeht“ andere setzen die Zahlen aus ihrer letzten Gleichung als Lösung ein, merken aber dann, dass die Probe nicht aufgeht.

Bei Aufgabe 3:

$$(1)\ y = x - 1$$
$$(2)\ 2y = 2x - 2$$

verläuft es ähnlich. Bei „$2x - 2 = 2x - 2$“ meint ein Lernender unsicher „das ist ja dasselbe“, weiß mit seiner Beobachtung aber wenig anzufangen. Andere kommen auf „$2 = 2$“ oder „$0 = 0$“.

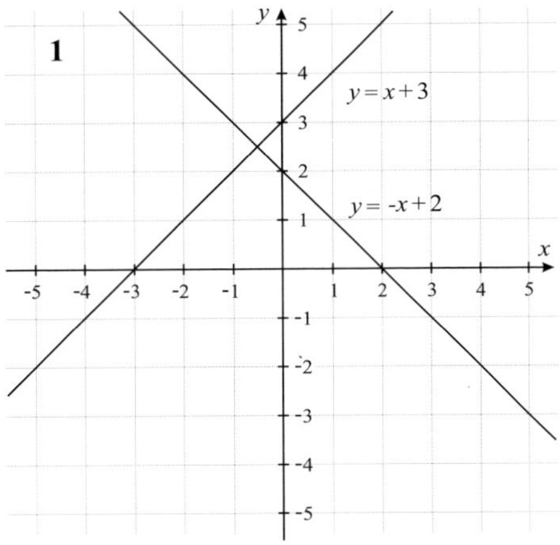

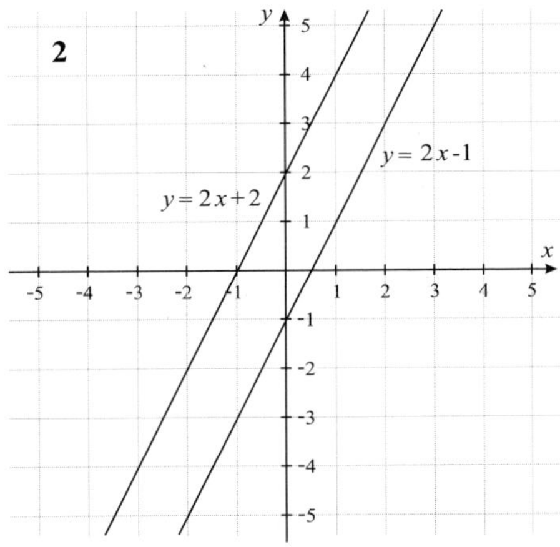

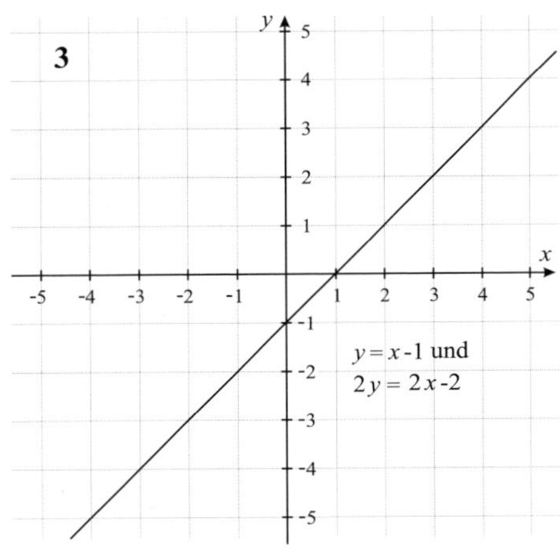

Eine Klärung erfolgt über den Wechsel der mathematischen Darstellung. Aufgabe 1 sieht „normal" aus. Die Geraden schneiden sich und wie gewohnt gibt man den Schnittpunkt als Lösung an. Bei Aufgabe 2 verlaufen die Geraden parallel; es gibt keinen Schnittpunkt, also keine Lösung. Bei Aufgabe 3 liegen beide Geraden aufeinander oder beide Gleichungen beschreiben dieselbe Gerade. Mit dem Gleichungssystem wurde eine Situation beschrieben, in der sich eine Gerade selbst schneidet. Also stimmen die Gleichungen in allen Einsetzungen überein.

Ein Wechsel zurück zur symbolischen Darstellung ermöglicht nun die Sichtweise, dass die Gleichungen in Aufgabe 2 dieselbe Steigung haben und sich deshalb nicht schneiden. Und bei Aufgabe 3 ist es möglich, mittels einer Äquivalenzumformung aus der ersten die zweite Gleichung zu erstellen.

Die hier eingesetzten Gleichungssysteme könnte man wie im Anfangsbeispiel dieses Kapitels durch Äquivalenzumformungen wieder so gestalten, dass nicht unmittelbar erkennbar bleibt, welches Gleichungssystem nun lösbar, unlösbar oder allgemeingültig ist. Der Wechsel der Darstellungen war hilfreich beim Verstehen. Sprache unterstützt den Wechsel zwischen unterschiedlichen Zeichensystemen, die denselben Sachverhalt zum Teil ikonisch, zum Teil auf der symbolischen Ebene repräsentieren.

In einem fertigkeitsorientierten Mathematikunterricht dagegen ging es primär um die Beherrschung der verschiedenen Lösungsverfahren. Diese wurden isoliert gelernt. Eher selten wurde dasselbe Gleichungssystem mit unterschiedlichen mathematischen Darstellungen gelöst. Es ging nicht um eine Gegenüberstellung unterschiedlicher mathematischer Darstellungen, sondern nach dem Beherrschen verschiedener Verfahren wurde angestrebt, dass den konkreten Aufgaben jeweils ein möglichst gut geeignetes Verfahren zugeordnet werden kann, um auf möglichst kurzem Weg richtige Lösungen zu erzeugen.

Unterrichtsbeispiel „Lineare Gleichungssysteme“

Kompetenzorientiert	**Fertigkeitsorientiert**
Die Wahl einer passenden mathematischen Darstellung ist Teil der Aufgabe.	Die mathematische Darstellungsform ist durch die Aufgabe vorgegeben.
Darstellungen unterschiedlicher Abstraktionsniveaus werden parallel genutzt.	Anschauliche werden als Vorstufen zu symbolischen Darstellungen erlebt.
Darstellungen werden danach ausgewählt, wie gut sie den Sachverhalt erklären.	Lösungsverfahren werden danach ausgewählt, wie direkt sie zur Lösung führen.
Derselbe Sachverhalt wird in unterschiedlichen Darstellungen betrachtet und verglichen.	Jede Aufgabe enthält ein neues Zahlenbeispiel.
Die Lernenden selbst wählen für sie passende mathematische Darstellungen aus.	Der Lehrende entscheidet, welche Darstellung verwendet wird.
Unterschiedliche Darstellungen werden vernetzt verwendet.	In unterschiedlichen Zusammenhängen werden unterschiedliche Darstellungen verwendet.

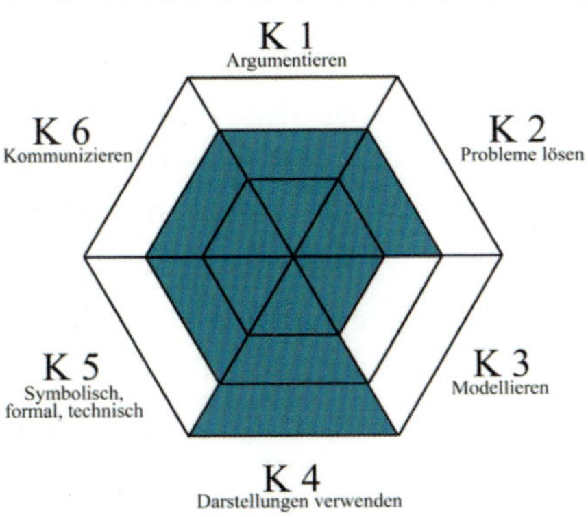

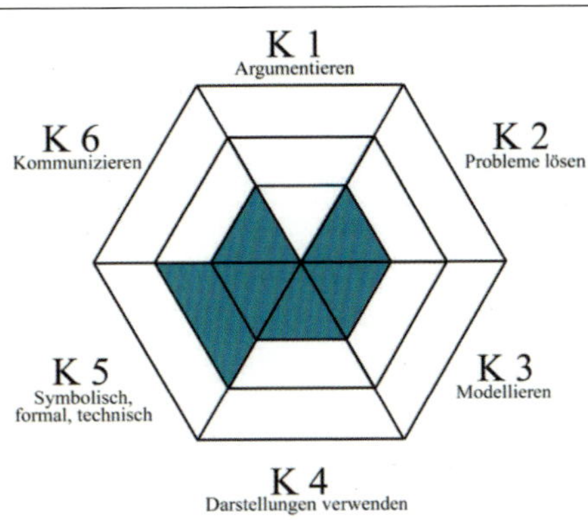

8.5 *Mit symbolischen, formalen und technischen Elementen der Mathematik umgehen* (K 5): Terme aufstellen

Die Stunde kann in zwei Varianten gehalten werden. Beide Varianten wurden erprobt und haben sich als praktikabel und lernwirksam erwiesen. Im einfacheren Fall steht im Vordergrund, dass Terme aufgestellt werden, im erweiterten enthält die Zielsetzung zusätzlich, dass in den Termen Variablen enthalten sind. Auch in der einfacheren Variante war es möglich, mit den stärkeren Schülern am Ende differenzierend das Stundenergebnis unter Verwendung von Variablen zu formulieren.

Als Einstieg versieht der Lehrer vor der Klasse eine mitgebrachte quaderförmige Geschenkverpackung mit einem Geschenkband und nennt das Thema der Stunde: die Länge von solchen Bändern für unterschiedliche Pakete zu bestimmen. Auch wenn nicht gerade Weihnachten vor der Tür steht, erkennen die Schüler Sinn und Nutzen der Fragestellung, denn irgendwann hat jeder schon mal ein Paket eingepackt.

Ob als nächster Schritt nun physikalisch vorhandene Verpackungen mit einem Band versehen werden oder ob die Maße der Geschenkbänder auf andere Weise ermittelt werden, hängt davon ab, wie viel Vorbereitungsaufwand man in die Stunde investieren kann. Auf jeden Fall lässt man die Lernenden zunächst einen eigenen Erfahrungsschatz gewinnen, indem jeder auf enaktiver, ikonischer oder symbolischer Ebene Geschenke verpackt, also an mehreren Beispielen dasselbe macht.

In einer gemeinsamen Auswertung werden nicht die Lösungen, sondern die Lösungswege vorgestellt und verglichen. Die Lernenden haben bereits selbst herausgefunden, dass sie mit den Abmessungen der Pakete rechnen können, um herauszubekommen, wie viel Band sie brauchen. Sie nehmen vor dem Handeln die Mathematik in Anspruch, um ihre Handlungen zu planen und zu strukturieren. Und sie haben eine Gemeinsamkeit entdeckt: „Wir haben immer dasselbe gerechnet, nur mit anderen Zahlen“ oder „man kann das eigentlich bei allen gleich machen“. Dass eine Zugabe für die Schleife nötig ist, wurde früh erkannt; wie groß diese Zugabe ist, darüber kann man diskutieren, oder man kann es ausprobieren. Im vorliegenden Fall wurde vereinbart, dass alle mit derselben Zugabe für die Schleife rechnen.

Jeder sieht ein, dass es sinnvoll ist, „immer dasselbe“ präziser auszudrücken. „Zweimal Das, zweimal Das, viermal Das und dann noch 40 Zentimeter für die Schleife“ ist eine wertvolle Schüleräußerung auf dem Weg hin zur Verwendung von Variablen. Aber sie taugt noch nicht zur Kommunikation. Denn dass mit dreimal „Das“ nicht dreimal dasselbe gemeint ist, versteht man nur, wenn man dem Finger folgt, der am Gegenstand jeweils auf Länge, Breite und Höhe deutet. Es kann der Lehrer sein, der vorschlägt, Variablen einzusetzen und zwar für jedes „Das“ eine andere. Ergebnis der Stunde wird sein, wie man die Berechnung der Länge des Geschenkbands beschreibt:

- für einen Quader mit dem Term $2 \cdot a + 2 \cdot b + 4 \cdot c + 40$,
- für eine quadratische Säule mit dem Term $4 \cdot a + 4 \cdot c + 40$,
- für einen Würfel mit dem Term $8 \cdot a + 40$,

wenn für die Schleife 40 Zentimeter Band zugegeben werden. Erst im Anschluss wird über das Gelernte reflektiert, der Rechenausdruck wird als Term benannt, wobei sich der Term dadurch kennzeichnet, dass er Variablen enthält; manche Schüler bezeichnen ihn auch als „Formel". Der Term dient dazu, dass man in ähnlichen Situationen schneller und sicherer rechnen kann; es stiftet Sinn, Terme zu verwenden, wenn immer wieder ähnliche Situationen auftreten.

In einer niedrigeren Jahrgangsstufe setzt man einen Schritt weiter unten an. Die Aufgabenstellung ist nicht, Terme mit Variablen aufzustellen, sondern: Stelle eine Rechnung auf und berechne die Länge des Geschenkbandes. Während der folgenden Phase muss der Lehrende einzelne Lernende an die Formulierung erinnern, denn es ist wichtig, dass für die ganze Rechnung ein Term aufgestellt wird, nicht mehrere Terme für Teilschritte. Das ist nicht immer leicht durchzusetzen, aber darum geht es in der Stunde: mit symbolischen, formalen und technischen Elementen der Mathematik umgehen. Der Term hilft, Kettenrechnungen zu vermeiden, in denen sehr oft das Gleichheitszeichen falsch gebraucht wird.

Auch wenn in anderen Zusammenhängen einmalig Berechnungen durchgeführt werden, kann man dafür Terme aufstellen. Allerdings können die Lernenden dann nicht nachvollziehen, weshalb sie Terme und Variablen verwenden sollen. Erst wenn die Verwendung von Termen und Variablen einen Vorteil bringt, ist ein Kompetenzzuwachs zu erwarten: Der Lernende hat Elemente kennengelernt, mit deren Hilfe er Lösungswege planen und dokumentieren oder womit er begründen kann, dass seine Lösung richtig ist. Terme und Variablen können beides sein: mathematische Werkzeuge und mathematische Argumente.

Für die Übungsphase kommt ein Arbeitsblatt zum Einsatz, zum Beispiel in Klasse 6 werden Rechnungen aufgestellt, in Klasse 7 ist das Ziel, dass dabei Variablen eingesetzt werden. Dies wird aber nicht erzwungen, denn die Verwendung von Variablen ist Ziel, nicht Voraussetzung.

Die Arbeitsblätter auf den folgenden Seiten sind in beiden Varianten abgedruckt und unterscheiden sich nur geringfügig. Im Sinne eines Spiralcurriculums ist auch möglich, in derselben Lerngruppe beide Versionen im Abstand von etwa einem Jahr einzusetzen. Das jeweils erste Blatt enthält die Informationen und die Aufgabenstellung, das zweite bietet Platz für die Lösungen, und das dritte ist als Zusatzaufgabe für besonders leistungsfähige Lernende gedacht, wird also zunächst zurückgehalten. Neben dieser Differenzierungsmaßnahme differenziert die Aufgabe selbst durch Teilaufgaben:

a) Mit der Aufforderung, zunächst eine einfache Aufgabe auszuwählen, wird die Kompetenz zur Selbsteinschätzung gefördert; die meisten Lernenden werden die letztgenannte

Schachtel am einfachsten finden, sofern sie sich wirklich alle angesehen haben. Der Lehrende kann mit einem Blick erkennen, ob er sein diesbezügliches Teilziel erreicht hat, wenn seine Schüler nicht mehrheitlich mit der ersten Aufgabe beginnen.

b) Dieser Aufgabenteil stellt die Grundanforderung: Jeder Lernende soll in der Lage sein, zwei Zahlenbeispiele seiner Wahl durchzurechnen, nachdem er eine „Rechnung", also einen Term oder einen Term mit Variablen, aufgestellt hat.

c) Hier wird der Prozess eingeleitet, in welchem die Lernenden entdecken, dass sie immer dasselbe machen. Wenn sie dies entdeckt haben, werden sie die weiteren Berechnungen systematischer vornehmen; wer bisher die einzelnen Rechenschritte aufgeschrieben hat, geht hier möglicherweise auf die Verwendung eines Terms über, einige wenige verwenden schon Variablen. In der späteren Variante der Stunde bietet sich die Möglichkeit, für Schachteln mit besonderen Eigenschaften einfachere Terme zu erstellen.

d) Im letzten Aufgabenteil werden die Lernenden zur Reflexion aufgefordert: Wie hast du deine Rechnungen aufgestellt, wo kannst du denselben Term verwenden? Dies bildet die Basis für ein gemeinsames Ordnen.

Rechnungen aufstellen

Bestellnummer		Länge	Breite	Höhe
S 101006		10 cm	10 cm	6 cm
R 131307		13 cm	13 cm	7 cm
R 171206		17,5 cm	12,5 cm	6,5 cm
R 151508		15,5 cm	15,5 cm	8 cm
R 201507		20 cm	15 cm	7,5 cm
S 101010		10 cm	10 cm	10 cm

a) Wähle eine Schachtel aus, die dir einfach erscheint. Stelle eine Rechnung auf und berechne die Länge des Geschenkbandes.

b) Wähle eine weitere Schachtel aus. Stelle eine Rechnung auf und berechne die Länge des Geschenkbandes.

c) Berechne alle.

d) Beschreibe, wie du deine Rechnungen aufgestellt hast.

Kopiervorlage zum Download

Terme aufstellen

Bestellnummer		Länge	Breite	Höhe
S 101006		10 cm	10 cm	6 cm
R 131307		13 cm	13 cm	7 cm
R 171206		17,5 cm	12,5 cm	6,5 cm
R 151508		15,5 cm	15,5 cm	8 cm
R 201507		20 cm	15 cm	7,5 cm
S 101010		10 cm	10 cm	10 cm

a) Wähle eine Schachtel aus. Stelle eine Rechnung auf und berechne die Länge des Geschenkbandes.

b) Wähle eine weitere Schachtel aus. Stelle einen Term mit Variablen auf und berechne erst dann die Länge des Geschenkbandes.

c) Stelle für jede Schachtel einen Term mit Variablen auf und berechne erst dann die Länge des Geschenkbandes.

d) Bei welchen Schachteln konntest du denselben Term verwenden?

Kopiervorlage zum Download

Rechnungen aufstellen

Bestellnummer	Rechnung	Ergebnis
S 101006		
R 131307		
R 171206		
R 151508		
R 201507		
S 101010		

So habe ich meine Rechnungen aufgestellt:

Kopiervorlage zum Download

Terme aufstellen

Bestellnummer	Term	Ergebnis
S 101006		
R 131307		
R 171206		
R 151508		
R 201507		
S 101010		

Diese Terme habe ich verwendet:

Kopiervorlage zum Download

Rechnungen aufstellen

Bestellnummer		Länge	Breite	Höhe
R 401508		40 cm	15 cm	8 cm

e) Die Langschachtel wird mit zwei Schleifen versehen. Stelle eine Rechnung auf und berechne die Länge des Geschenkbandes.

Bestellnummer	Rechnung	Ergebnis
R 401508		

So habe ich meine Rechnung aufgestellt:

Terme aufstellen

Bestellnummer		Länge	Breite	Höhe
R 401508		40 cm	15 cm	8 cm

a) Die Langschachtel wird mit zwei Schleifen versehen. Stelle einen Term mit Variablen auf und berechne die Länge des Geschenkbandes.

Bestellnummer	Term	Ergebnis
R 401508		

So habe ich meinen Term aufgestellt:

In solchen Stunden werden nicht nur richtige Lösungen erzeugt, sondern Erfahrungen gemacht, die sich am Ende zusammenfassen lassen. Anhand einer Auswertung der Arbeiten einzelner Schüler ist es dem Lehrenden möglich, Informationen über den Kompetenzstand zu bekommen.

Bestellnummer	Rechnung	Ergebnis
S 101006	10·2 + 10·2 + 4.6 = 24 20+ 20+24+40 = 104cm	104
R 131307	2·13 + 2·13 + 4·7 = 26 +26 +28 = 80 + 40 = 120	120
R 171206		
R 151508		
R 201507	2·20 + 2·15 + 2·7,5 40 + 30 + 30 = 140	140
S 101010	2·10+ 2·10+4·10+4·10 20+20+40 = 80+40 = 120	120cm

So habe ich meine Rechnungen aufgestellt:

Wir haben zweimal 2x gerechnet und einmal 1x4

Lisa (oben) hat in der Stunde „Rechnungen aufstellen“ vier Aufgaben geschafft, und alle Ergebnisse sind richtig. Sie hat sich die Aufgaben vorher angesehen, bevor sie gerechnet hat, und wahrscheinlich nicht mit der ersten begonnen. Die Rechnungen, die sie aufgestellt hat, konnte sie umformen und lösen. Offensichtlich hat sie die Schleifen am Anfang vergessen, bei der Schachtel mit der Bestellnummer R 201507 hat sie es bemerkt oder wurde von ihrem Lernpartner darauf aufmerksam gemacht und hat nur das Ergebnis korrigiert. Wenn sie ein Zwischenergebnis nicht spontan im Kopf berechnen konnte oder wenn sie etwas eingefügt hat, das sie zuvor vergessen hatte, setzte sie ein Gleichheitszeichen, das da nicht hingehört.

Eva (unten) hat die Aufgabenstellung nicht vollständig erfüllt, denn nirgends steht die Rechnung $2 \cdot 40 + 4 \cdot 15 + 6 \cdot 8 + 2 \cdot 40$, die der Lehrende als Lösung für die Zusatzaufgabe erwartet hatte. Aber sie hat nachvollziehbar ihre Gedankengänge dokumentiert. Sie hat den ursprünglichen falschen Gebrauch des Gleichheitszeichens nicht mit in den Kasten übertragen, als ihr einfiel, dass die Schleifen noch dazukommen. Und sie hat mit der Darstellung „Länge ·2, Breite ·4, Höhe ·6“ zwar keine mathematische Symbolik herangezogen, aber in ihrer singulären Welt das Werkzeug Variable erfunden. Im kommenden Schuljahr wird sie genau erfahren, was eine Variable ist und wie man sie darstellt. Sie wird dann erleben, dass sie das „eigentlich“ schon konnte.

Bestellnummer		·2 Länge	·4 Breite	·6 Höhe
S 401508		40 cm	15 cm	8 cm

e) Die Langschachtel versehen wir mit 2 Schlaufen. Stelle eine Rechnung auf und berechne die Länge des Geschenkbandes.

80cm+60cm+48cm = 188+40+40cm = 268cm

Bestellnummer	Rechnung	Ergebnis
S 401508	80cm+60cm+48cm = 188cm 188cm+40cm+40cm =	268cm

So habe ich meine Rechnung aufgestellt:

Länge·2
Breite·4
Höhe·6

Das Ergebniss +40+40 und dannausrechnen

Die Erwartung des Lehrenden, dass bei würfelförmigen und säulenförmigen Schachteln einfachere Terme aufgestellt würden, hat kein einziger Lernender erfüllt. Das überrascht nicht, denn hier wurden Variable mit der Grundvorstellung des Einsetzens verbunden und Terme als verkürzte Notation sich immer wiederholender Abläufe, bei denen nur die Zahlenwerte variieren. Warum sollte man für Spezialfälle neue Terme erfinden, wenn man über Terme verfügt, die alle Fälle abdecken?

Bestellnummer	Term	Ergebnis
40 40=80 24 S 101006 52+80+	2·a+2·b+4·h+40= 2·10+2·10+4·6+40= 104 cm	104 cm
26+26+28+40 R 131307	2·a+2·b+4·h+40= 2·13+2·13+4·7 = 120 cm	120 cm
R 171206	2·a+2·b+4·h+40= 2·17,5+2·12,5+4·6,5+40=126 cm	126 cm
37 62 94 R 151508	2·a+2·b+4·h+40= 2·15,5+2·15,5+4·8+40=	134 cm
70+2 R 201507	2·a+2·b+4·h+40= 2·20+2·15+4·7,5+40=140 cm	140 cm
S 101010	2·10+2·10+4·10+40=120 cm 2·a+2·b+4·c+40=	120 cm

Fast alle Lernenden haben in der späteren Variante der Stunde die Terme sowohl mit Variablen als auch mit den konkreten Zahlenwerten notiert, siehe das Beispiel oben, was auf eine gut entwickelte Begründungskultur in der Klasse schließen lässt.

In einem fertigkeitsbezogenen Mathematikunterricht wurde zuerst auf Vorrat gelernt, was Terme und Variablen sind, ein paar Terme wurden aufgestellt, und dann wurde sehr schnell dazu übergegangen, Terme umzuformen als Vorstufe zum Lösen von Gleichungen. Die Terme waren oft unsinnig:

- Tim ist halb so alt wie seine Schwester; $a:2$
- Lisa bekommt 5 € weniger Taschengeld als Ella; $b-5$
- Der Umfang eines Rechtecks, das dreimal so lang wie breit ist; $(x+3x)\cdot 2$

Im oben beschriebenen Beispiel wird dagegen durch die Verwendung von Termen ein Vorteil erzielt, weil die Aufgabe gerade darin besteht, mit unterschiedlichen Zahlenwerten mehrmals dasselbe auszurechnen.

Der Unterschied zwischen fertigkeitsorientiertem und kompetenzorientiertem Mathematikunterricht liegt hier im Gegensatz von Deduktion und Induktion. Fertigkeitsorientierung zeichnet sich dadurch aus, dass zuerst ein mathematischer Begriff gelernt wird, um dann an mehr oder weniger einleuchtenden Sachzusammenhängen die Verwendung des Begriffs zu lernen und zu üben. Kompetenzorientierung bedeutet, dass zuerst in einem Kontext immer gleiche Berechnungen durchgeführt werden, um dann mit dem Aufstellen von Termen und der Verwendung von Variablen das Rechnen leichter und sicherer zu machen. Der Begriff des Terms steht hier nicht am Anfang, sondern am Ende des Lernens. Terme dienen dazu, Rechnungen zu planen, Gedankengänge zu kommunizieren und ihre Richtigkeit zu begründen.

Unterrichtsbeispiel „Terme aufstellen“

Kompetenzorientiert	**Fertigkeitsorientiert**
Mehrere ähnliche Berechnungen werden durchgeführt	Definition: „ein Term ist …“
Gemeinsamkeiten entdecken	Terme aufstellen
Variablen verwenden	Terme mit Variablen aufstellen
Definition: „...das nennt man einen Term“	
Das Aufstellen und Berechnen mithilfe von Termen üben	Das Aufstellen von Termen üben

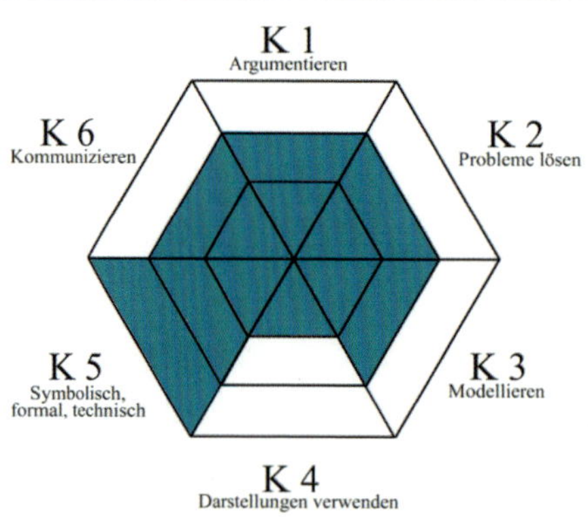

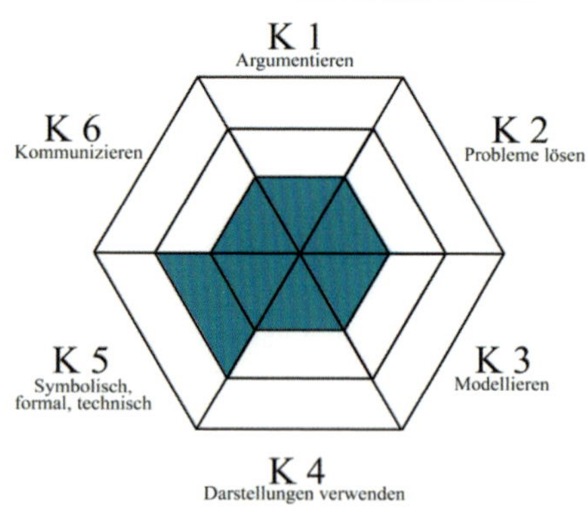

8.6 *Mathematisch kommunizieren* (K 6): Dreiecksformen

Die Stunde, die hier beschrieben wird, ist dem Begriffslernen zuzuordnen. Die Lernenden sollen Dreiecke nach ihrem größten Winkel und nach Symmetrieeigenschaften zu unterscheiden lernen, und am Ende zur Beschreibung von Dreiecken folgende Begriffe verwenden: spitzwinklig, rechtwinklig, stumpfwinklig, gleichschenklig, gleichseitig. Theoretisch gibt es neun Kombinationen dieser Begriffe, von denen sieben sinnvoll sind.

Winkelgröße / Symmetrie	alle Winkel unter 90°: **spitzwinklig**	ein Winkel mit 90°: **rechtwinklig**	ein Winkel über 90°: **stumpfwinklig**
drei gleich lange Seiten: **gleichseitig**			
zwei gleich lange Seiten: **gleichschenklig**			
keine gleich langen Seiten			

Jedem Dreieck lassen sich Eigenschaften bezüglich der Symmetrie einerseits und der Winkelgröße andererseits zuordnen. Ausnahme: Ein gleichseitiges Dreieck kann nur spitzwinklig sein. Für die exakte Beschreibung aller anderen Dreiecke sind zwei der Eigenschaften nötig.

Bei der didaktischen Reduktion des Inhalts tritt das Problem auf, wie man mit dem Fehlen einer kennzeichnenden Eigenschaft umgeht; wie wird ein Dreieck genannt, das weder gleichseitig noch gleichschenklig ist? In vielen Schülerbüchern findet man Definitionen wie „ein Dreieck, dessen Seiten alle unterschiedlich lang sind, heißt allgemein“[56] oder „im allgemeinen Dreieck sind alle drei Seiten unterschiedlich lang“[57]. Solch eine Begriffsverwendung ist mathematisch falsch, denn ein allgemeines Dreieck ist nicht durch das Fehlen einer Symmetrieeigenschaft gekennzeichnet, sondern „allgemeines Dreieck“ ist der Überbegriff für alle Dreiecke mit oder ohne besonderen Eigenschaften. Im Mathematikunterricht werden übrigens oft didaktische Reduzierungen vorgenommen, die zu Aussagen führen, die streng genommen mathematisch falsch sind, weil sie zu einer Vereinfachung beitragen.[58]

Allerdings erschwert die beschriebene Verwendung des Begriffs „allgemein“ hier das Begriffslernen, also die Verwendung eines Überbegriffs für das Nicht-Vorhandensein von besonderen Eigenschaften. Wenn dann wenig später der Begriff „allgemeines Viereck“ als Überbegriff für

[56] Schnittpunkt 3 für Realschulen in Baden-Württemberg, Klett Verlag 2005, S. 58

[57] Pluspunkt Mathematik Baden-Württemberg 2, Cornelsen Verlag 2010, S. 104

[58] Die Pyramide wird zum Beispiel üblicherweise so definiert, als ob es keine schiefen Pyramiden gäbe. Entsprechend verhält es sich bei den Prismen, oder die Begriffe Stufen- und Wechselwinkel werden stillschweigend mit der Voraussetzung verknüpft, dass die geschnittenen Geraden parallel seien.

alle Vierecke verwendet wird und daraus ein „Haus der Vierecke“ gebaut wird, braucht man sich nicht zu wundern, wenn dieses Haus auf einem wackligen Fundament steht. Oder wenn in anderen Zusammenhängen von „allgemeinen Dreiecken“ die Rede ist und mit „allgemein“ dann aber doch gemeint ist, dass der Sachverhalt, zum Beispiel die Flächeninhaltsformel, in jedem Dreieck unabhängig von seinen Eigenschaften gelten soll, dann entsteht Unordnung in den Köpfen der Lernenden.

Die Problematik hat einen durchaus fachspezifischen Hintergrund, denn in der Mathematik mangelt es oft an Bezeichnungen für Objekte, die bestimmte Eigenschaften besitzen, andere aber nicht. Man denke nur an …

- ein Prisma, das nicht Quader ist;
- einen Bruch, der nicht Stammbruch ist;
- eine lineare Funktion, die nicht proportional ist;
- ein nicht symmetrisches Viereck;
- ein nicht symmetrisches Viereck ohne rechte Winkel;
- und eben an ein Dreieck ohne Symmetrieeigenschaften.

Begriffe werden mit Vorstellungen verknüpft, und diese können unterschiedlich sein. Deshalb empfiehlt es sich, möglichst keine Begriffe einzusetzen, die nur auf das Fehlen bestimmter Eigenschaften hinweisen, und die zudem mit einer anderen Bedeutung bereits besetzt sind.

Indem festgestellt wird, ob ein Dreieck bestimmte Eigenschaften besitzt oder nicht, entsteht automatisch eine Gegenüberstellung von Beispielen und Nichtbeispielen. Die Begriffe werden operativ erworben, indem Beispiele und Nichtbeispiele betrachtet und sortiert und die Begriffsnamen erst im Nachhinein zugeordnet werden. Der Begriff entsteht durch die Abstraktion wahrnehmbarer Merkmale.

In diesem Sinne wurde die hier beschriebene Stunde geplant. Dreiecke sollten einerseits nach der Größe ihrer Winkel unterschieden werden, andererseits nach ihren Symmetrieeigenschaften, und die Lernenden sollten verstehen, dass beide Kriterien notwendig sind, um alle möglichen Dreiecke trennscharf zu unterscheiden. Die Zusammenführung der beiden Unterscheidungsmerkmale in eine zweidimensionale Darstellung wie in der obigen Tabelle ist als optionales Lernziel gedacht.

Der Lehrende fordert die Lernenden auf, eine Anzahl verschiedener Dreiecke, die jeder Lernende in einem Umschlag erhalten hat, zu sortieren. Kriterien für das Sortieren werden nicht genannt. Die Lernenden arbeiten zunächst allein, dann tauschen sie sich mit ihrem Nachbarn aus.

Da die Dreiecke farbig sind, sortieren einige Lernende zunächst nach Farben, verwerfen diese Strategie aber rasch, da dabei keine stimmige Sortierung herauskommt. Andere verwenden die Merkmale lang / mittel / breit, wieder andere ergänzen die Dreiecke zu anderen Formen, indem sie gleich lange Seiten aneinander legen oder zwei Dreiecke zu Rechtecken zusammenzulegen versuchen. Wieder andere legen Dreiecke mit ähnlichen Formen zueinander.

In der Partnerarbeitsphase werden Begriffe wie „normales Dreieck", „in die Höhe gehendes Dreieck", „Pfeildreieck", aber auch „gleichschenklig" und „gleichseitig" verwendet. Die Lernenden argumentieren, weshalb es keine gleichseitigen Dreiecke mit unterschiedlichen Formen gibt, oder dass ein stumpfwinkliges Dreieck auch spitzwinklig ist, weil es schließlich sowohl einen stumpfen als auch spitze Winkel hat. Äußerungen wie „es gibt auch Dreiecke, die kann man mit zwei Sachen bezeichnen" unterstützen die Zielsetzung des Lehrenden. „Es hat keine gleich langen Seiten und ist nicht rechtwinklig" ist die treffende Beschreibung eines Lernenden für das, was in Schülerbüchern als „allgemeines Dreieck" bezeichnet wird: ein Dreieck, das keine besonderen Eigenschaften besitzt.

Als der Lehrende die Wir-Phase beginnt, liegen auf den Tischen der Lernenden unterschiedliche, fast ausnahmslos sinnvolle und nachvollziehbare Sortierungen. Von einem Teil der Lernenden wurden bereits Begriffe verwendet wie „rechtwinklig" oder „symmetrisch". Auffallend ist, dass sehr viele Lernende die stumpfwinkligen Dreiecke deshalb zusammengelegt haben, weil sie „besonders spitz" seien oder weil sie so auf dem Tisch liegen, dass sie als „besonders hohe Dreiecke" wahrgenommen werden. In der Tat ist erklärungsbedürftig, weshalb die „besonders spitzen" Dreiecke ausgerechnet als „stumpfwinklig" bezeichnet werden. Das ist nicht logisch, sondern stellt lediglich eine Konvention dar, die mit Lernenden immer neu vereinbart werden muss: Wir benennen Dreiecke nicht nach ihrer Form oder nach ihrem Aussehen, sondern nach ihrem größten Winkel.

In der Plenumsphase entstehen dann zwei Sortierungen. Zunächst werden die Dreiecke nach Winkelgröße sortiert. Erst nachdem die Eigenschaften beschrieben wurden, werden ihnen Begriffsnamen zugeordnet. Die besonders „spitzen" Dreiecke heißen deshalb „stumpfwinklig", weil sie einen stumpfen Winkel enthalten und nicht, weil sie „stumpf" aussehen.

Als die Dreiecke dann gemeinsam nach ihren Symmetrieeigenschaften umsortiert werden, wird sehr anschaulich klar, dass jedes einzelne Dreieck in beiden Sortierungen seinen Platz hat, dass also Begriffe aus beiden Sortierungen nötig sind, um ein Dreieck eindeutig zu kategorisieren. Beide Male wurden den entsprechenden Eigenschaften Begriffsnamen zugeordnet.

In einem fertigkeitsorientierten Mathematikunterricht hätte die Kenntnis der Begriffsnamen am Anfang gestanden und weniger die zugrunde liegenden Eigenschaften. Die Lernenden wären früh aufgefordert worden, vorgegebene Begriffssysteme zu nutzen. Sie hätten früher im Lernprozess Fachbegriffe verwendet und hätten weniger über den Begriffsinhalt kommuniziert. Kommunizieren muss aber auf Vorstellungen basieren, Begriffe müssen eindeutig bestimmt sein, um ein wirkliches Verstehen zu ermöglichen.

Kopiervorlage zum Download

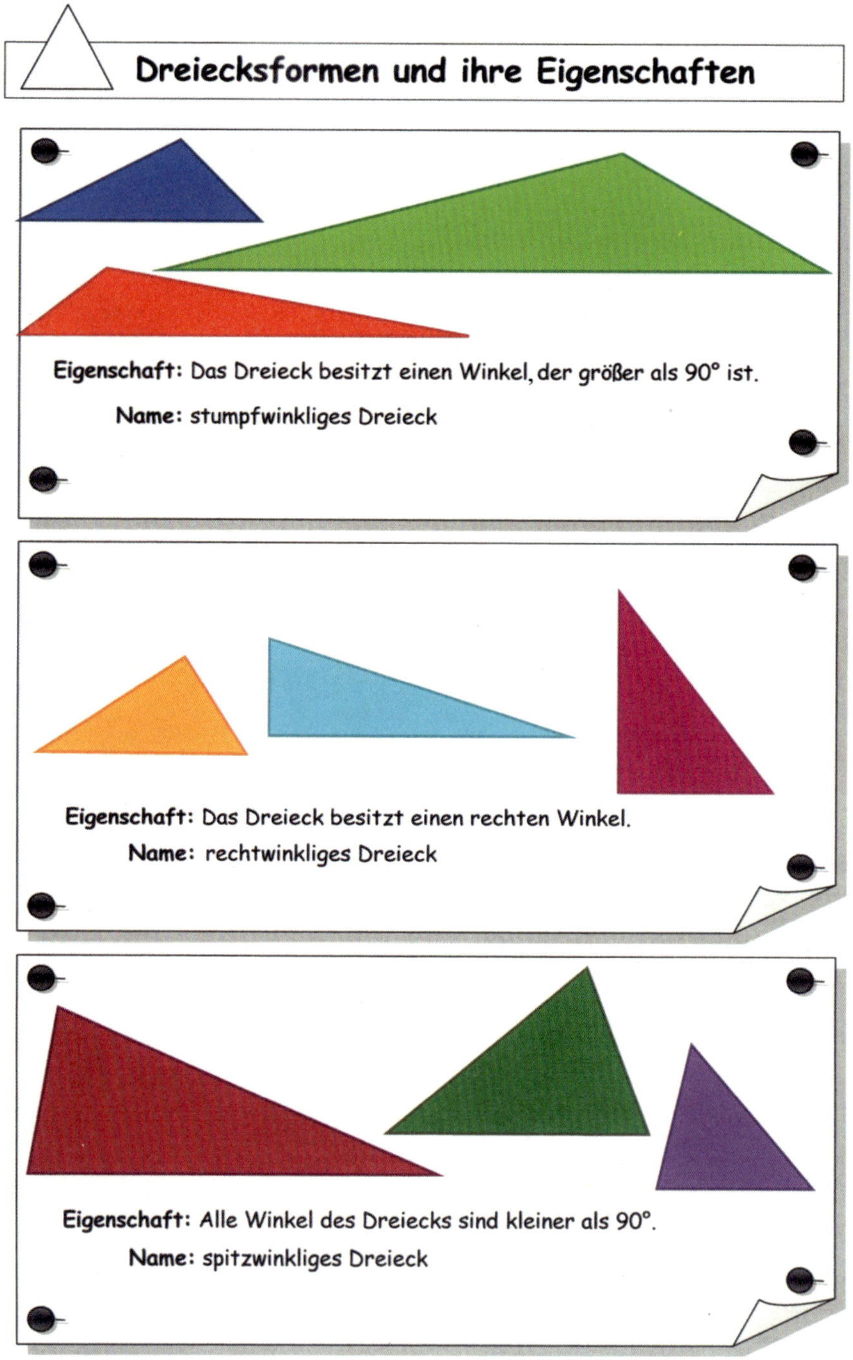
Dreiecksformen und ihre Eigenschaften
Eigenschaft: Das Dreieck besitzt einen Winkel, der größer als 90° ist.
Name: stumpfwinkliges Dreieck
Eigenschaft: Das Dreieck besitzt einen rechten Winkel.
Name: rechtwinkliges Dreieck
Eigenschaft: Alle Winkel des Dreiecks sind kleiner als 90°.
Name: spitzwinkliges Dreieck

Dreiecksformen und ihre Eigenschaften

Eigenschaft: Alle Seiten des Dreiecks sind gleich lang.

Name: gleichseitiges Dreieck

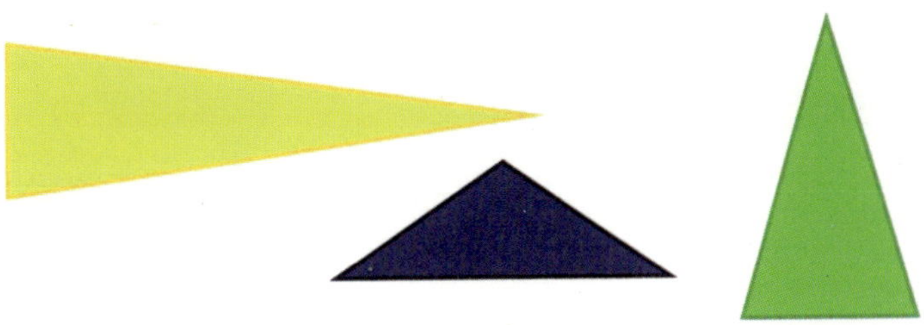

Eigenschaft: Zwei Seiten des Dreiecks, die Schenkel, sind gleich lang.

Name: gleichschenkliges Dreieck

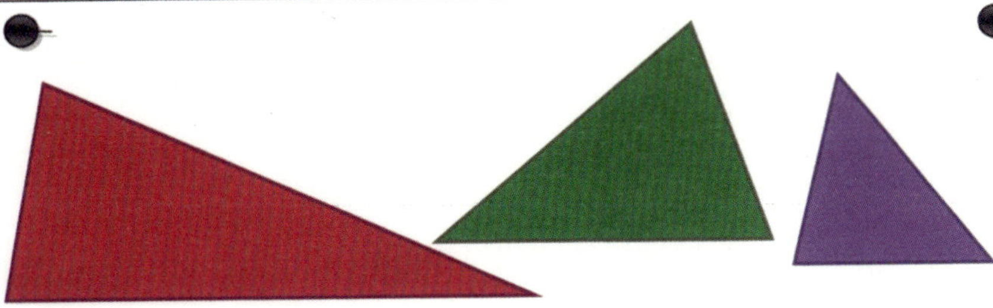

Eigenschaft: Alle Seiten des Dreiecks sind unterschiedlich lang.

<table>
<tr><th>Kompetenzorientiert</th><th>Fertigkeitsorientiert</th></tr>
<tr><td>Die Reichweite von Begriffen wird reflektiert und gegebenenfalls ausgehandelt.</td><td>Begriffe werden vorgegeben und ohne Reflexion ihrer Reichweite gelernt.</td></tr>
<tr><td>Eigenschaften werden festgestellt, und diesen werden Begriffe zugeordnet.</td><td>Begriffe werden gelernt, erst danach werden den Begriffen Eigenschaften zugeordnet.</td></tr>
<tr><td>Begriffe stehen für Eigenschaften, die vorhanden oder nicht vorhanden sind.</td><td>Mathematische Objekte werden lückenlos systematisiert und benannt.</td></tr>
<tr><td>Aus Beispielen und Gegenbeispielen entstehen Begriffe.</td><td>Begriffe werden durch Beispiele konkretisiert.</td></tr>
<tr><td>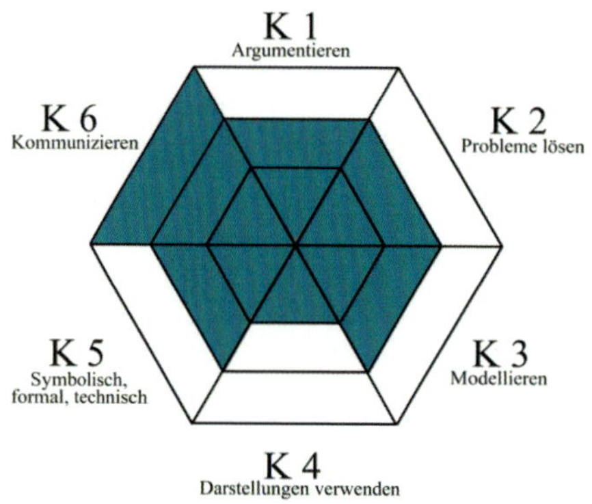
</td><td>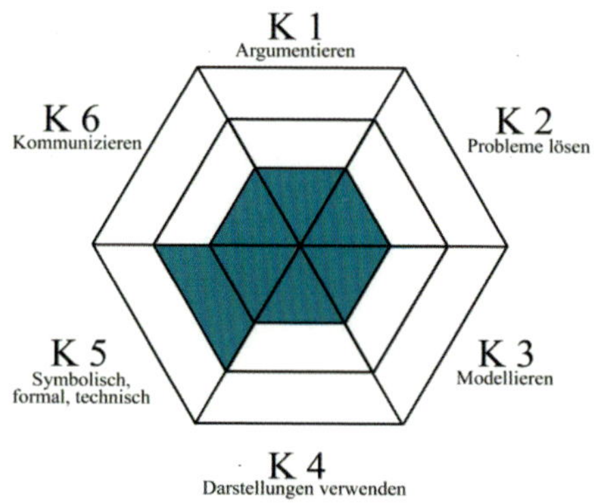
</td></tr>
</table>

9 Wie kann ich als Lehrender Kompetenzgewinne diagnostizieren und fördern?

9.1 Was ist Diagnostik?

„Diagnostik ist ein zentraler Baustein des Unterrichts. Sie hilft, Schülerprodukte und Lernprozesse besser zu verstehen und passende Schlussfolgerungen für eine systematische individuelle Förderung abzuleiten.“ *(Jordan/vom Hofe 2008, S. 4)*. Im Grunde ist Diagnostik nichts Neues, denn schon immer haben Lehrer versucht herauszufinden, was und wie ihre Schüler denken, um daran anknüpfend ihren Unterricht zu gestalten und ihre eigene Erklär-Kompetenz einzusetzen. Diagnostik bedeutet, auf die Ursachen von Fehlern einzugehen, nicht auf die Symptome.

Die Kompetenzorientierung der Bildungspläne und Veröffentlichungen wie die von Peter Gallin und Urs Ruf (zum Beispiel *Gallin/Ruf 1998*) haben in jüngerer Zeit Diagnostik und personalisierte Förderung in den Fokus des fachmethodischen Interesses gerückt. „Ziel der Diagnostik ist es, die tief liegenden Probleme des Kindes sowie die vorhandenen Kompetenzen zu identifizieren, an denen eine Förderung mit Aussicht auf Erfolg anknüpfen kann.“ *(Wartha/Rottmann/Schipper 2008, S. 22)*. Diagnostik beinhaltet demnach drei Zielebenen:

- Identifikation vorhandener Kompetenzen,
- Identifikation vorhandener Defizite,
- Zuordnung geeigneter Fördermaßnahmen.

Unterschiedliche Diagnoseformen können vor, während oder nach Abschluss einer Lerneinheit zum Einsatz kommen. Diagnostik kann sich einerseits auf den Lernprozess beziehen, andererseits auf Lernergebnisse. Deshalb unterscheidet man produktorientierte Diagnostik und prozessorientierte Diagnostik. Systematische, bewährte, alltagstaugliche Maßnahmen zur Diagnose gibt es noch wenige. Online-Diagnostik findet zunehmende Beachtung, basiert aber noch zu oft auf dem Prinzip, dass genau das, was der Lernende nicht kann, als nächste Aufgabe kommt. Programmierte Diagnostik müsste aber Fehler auf ihre Ursachen hin analysieren, bevor geeignete Fördermaßnahmen zugeordnet werden, was einen immensen Aufwand an analytisch eingesetzter Fachkompetenz und Arbeitszeit voraussetzen würde.

Der erste Schritt einer Diagnose ist die Kategorisierung[59] gemachter Fehler der Lernenden:

- *Flüchtigkeitsfehler* entstehen durch Unachtsamkeit oder mangelnde Konzentration und müssen nicht unbedingt zum Gegenstand gezielter Fördermaßnahmen gemacht werden.

[59] Kategorisierung siehe Weixler/Weixler 2014, zitiert nach Friedhelm Padberg 2009

- *Systematische Fehler* treten in bestimmten Konstellationen immer wieder auf, lassen auf Fehlvorstellungen schließen und sind an das einzelne Individuum gebunden.
- *Typische Fehler* werden von mehreren Lernenden gleichermaßen häufig gemacht und sind mehr an den Kontext gebunden, in dem sie auftreten, als an den einzelnen Lernenden.

Mittels Diagnostik werden Ursachen systematischer und typischer Fehler aufgespürt, um passende Fördermaßnahmen zu ergreifen. Dabei ist der Umgang mit typischen Fehlern mehr eine Frage der Differenzierung, während es bei systematischen Fehlern um eine Individualisierung der Förderung geht. Letztere erfordert einen wesentlich höheren Aufwand. Deshalb beschränkt sich Diagnostik im Schulalltag aus Gründen der Zeitökonomie häufig auf den Umgang mit typischen Fehlern.

Produktorientierte Diagnostik

Das klassische Beispiel für produktorientierte Diagnostik ist die Leistungsüberprüfung mittels einer Klassenarbeit. Allerdings sind mit einer Klassenarbeit in der Regel keine oder nur geringe Konsequenzen für die Weiterarbeit verbunden. Das Leisten ist vom Lernen abgetrennt und dient hauptsächlich der Selektion, eine Zuordnung geeigneter Fördermaßnahmen stellt eher die Ausnahme dar. Lernergebnisse werden ausgewertet nach den Polen *korrekt/nicht korrekt* und *kann ich/kann ich nicht* und die Identifikation vorhandener Kompetenzen wird in der Regel defizitorientiert diagnostiziert.

Ursprünglich produktorientiert gedachte Lernstandserhebungen können aber durchaus auch gezielt im Hinblick auf eine damit verbundene Förderung eingesetzt werden. Die Kontrolle kann dabei durch die Schüler selbst erledigt werden: Diagnoseaufgaben, Hausaufgabenkontrolle, Selbst- oder Partnerdiagnosebögen, Kompetenzraster, Checklisten.

Kompetenzraster und Checklisten bieten eine Übersicht über die zu erwerbenden Kompetenzen für einen Unterrichtsabschnitt aus Schülersicht. *Ich-kann*-Formulierungen machen deutlich, welche Leistungen der Lernende zu erbringen fähig oder willens war. Kompetenzraster oder Checklisten sind Instrumente, mit deren Hilfe die individuelle Lernarbeit im Nachhinein diagnostiziert und strukturiert werden kann. Sie konkretisieren die Standards auf der Ebene der Lernenden. Im Mittelpunkt der Arbeit mit Kompetenzrastern und Checklisten stehen die Fragen: „Was sollte ich können?“ und „kann ich das auch?“

Kompetenzraster und Checklisten geben Auskunft über Fähigkeiten und Fertigkeiten: Was kann ein Lernender zu einem oder zu verschiedenen Zeitpunkten? Sichtbar gemachte Lernfortschritte können motivieren. Dabei zeigt sich, in welche Richtung, auf welchem Gebiet, der Lernende weiterlernen könnte. Das hilft ihm, sich selbst einzuschätzen und selbst Ziele zu setzen.

Die beschriebenen Instrumente der Selbstdiagnose zeigen auf, was der einzelne Lernende kann und was er nicht kann. Aber man sollte sich keine allzu großen Illusionen über die Richtigkeit von Selbstdiagnosen machen, die Lernende mithilfe solcher Instrumente erstellt haben. Neben der Neigung zum Selbstbetrug lässt sich bei Lernenden der Glaube an die Bedeutsamkeit richtiger Lösungen feststellen. Wenn sie nach einer Lösungskontrolle fehlerhafte Lösungen korrigiert haben, sind die meisten Lernenden der Meinung, sie würden „das jetzt können", wohl weil sie jetzt die richtige Lösung „besitzen". Dabei haben sie bestenfalls einen gemachten Fehler identifiziert und nachvollzogen, an welcher Stelle sie den Fehler gemacht haben. Meist wurde sogar nur ein falsches Ergebnis mehr oder weniger reflektiert durch ein richtiges ersetzt. Wenn die Lernenden dann meinen oder vorgeben, dass sie „das jetzt können", bedeutet das eben meistens nicht, dass sie damit auch die Kompetenz erworben haben, die zur zukünftigen Vermeidung ähnlicher Fehler nötig wäre.

Prozessorientierte Diagnostik

Hierbei handelt es sich um Methoden zur Erfassung individueller Lernprozesse mit dem Ziel, die Gedanken des einzelnen Lernenden besser verstehen zu können. Hilfreich ist in diesem Zusammenhang die Unterscheidung in eine reguläre und die singulären Welten. Die Begriffe „singuläre Welten" für personengebundene Schülersicht und Schülersprache und „reguläre Welt" für Fachstruktur und Fachsprache gehen zurück auf Peter Gallin und Urs Ruf. Diagnostik hat die Aufgabe, dem Lehrenden die singulären Welten jedes einzelnen Lernenden zu erschließen. Die Methoden dafür sind aufwändig: Tests, Lerntagebücher, diagnostische Interviews. Eine Herausarbeitung von typisch richtigen und typisch falschen Lösungen ist sowieso Teil der Leistungsmessung und hilft, ökonomisch vorzugehen, lenkt den Fokus aber nicht unbedingt auf das einzelne Individuum. Ein Beispiel für typisch falsch: Aufgaben werden stets auf den zuletzt behandelten Lerninhalt bezogen. Typisch richtig ist hingegen, alle relevanten Informationen zu verwenden und sinnvoll zu verknüpfen. Es wäre illusorisch zu fordern, dass im alltäglichen Unterricht der Lehrende stets die Lernprozesse jedes einzelnen Lernenden diagnostisch begleiten könnte. Es ist aber in diesem Zusammenhang besser, kleine Schritte zu tun als große im Bereich des Wünschenswerten zu belassen.

Grundvorstellungen sind die Schlüssel zum Gelingen der Übersetzung von der Realität in die Mathematik und von der Mathematik in die Realität. „Die Analyse von Schülerstrategien im Hinblick auf zugrundeliegende Vorstellungen ermöglicht eine Diagnose bestehender Lerndefizite. Daraus lassen sich effektive Fördermaßnahmen ableiten." *(Hafner/vom Hofe 2008, S. 14).* Kern der Diagnose ist, dass der Lehrende versteht, wie und weshalb der einzelne Lernende so denkt wie er denkt, er muss die singulären Welten der Lernenden mit der regulären Welt der Mathematik vergleichen. Weniger die Identifikation fehlerhafter Denkergebnisse und Denkschritte ist dabei hilfreich, sondern die Aufdeckung fehlerträchtiger Vorstellungen und Strategien. Das fällt in der Regel bei typischen Fehlern leichter als bei systematischen. Erst darauf aufbauend können geeignete Fördermaßnahmen ergriffen werden.

9.2 Mathematische Diagnostik im Schulalltag

Diagnostik ist zwar primär ein Thema der pädagogischen und fachdidaktischen Forschung, dennoch ist sie im alltäglichen Mathematikunterricht eine Notwendigkeit. Dass aber ein Lehrer, der allein eine Klasse mit 20 bis 30 Schülern betreut, im Rahmen seiner alltäglichen Arbeit in großem Umfang diagnostisch tätig sein könnte, ist eher eine Illusion. In diesem Kapitel geht es nicht um eine weitere Aufgabe, die ein guter Mathematiklehrer „eigentlich" bewältigen können müsste. Sondern hier werden wichtige und hilfreiche Anfänge und Einstiege in einen Bereich der Lehrertätigkeit aufgezeigt, der nicht prinzipiell neu ist, der aber wegen der zunehmenden Heterogenität der Schüler an Bedeutung zugenommen hat. Möglicherweise findet Diagnostik nur deshalb zum Teil zu wenig Beachtung, weil sie mit neuem Vokabular auf ein zu hohes Podest gehoben wurde. Hier soll weniger der wissenschaftliche Anspruch als die Sicht auf das im Schulalltag Leistbare im Vordergrund stehen.

Ein bewusster Einstieg in mathematische Diagnostik erfordert keinen nennenswerten zusätzlichen Aufwand, eher einen Perspektivenwechsel. Wenn ein Lehrender im Einzelgespräch mit einem Lernenden Fragen stellt und aufmerksam zuhört, bevor er Erklärungen gibt, ist er bereits diagnostisch tätig. Denn er ist dabei, vorhandene Kompetenzen und Probleme aufzuspüren. Indem er sich anschließend überlegt, wie er dem Lernenden weiterhelfen könnte, macht er nichts anderes, als geeignete Fördermaßnahmen zuzuordnen. So beginnt Diagnostik in der Einzelberatung und der Betreuung Lernender, sobald der Lehrende bewusst die Betreuung mit einer diagnostischen Neugier betreibt und nicht nur Gelegenheiten nutzt, zu erklären, um damit möglichst effektiv die Lernenden auf seine eigenen bewährten Lernwege zu schicken.

Auch der Umgang mit Fehlern enthält diagnostische Elemente. Ein Fehler entsteht, wenn eine zunächst als passend angesehene Strategie zu einem falschen Ergebnis führt. Der Fehler sollte nicht einfach korrigiert, sondern analysiert und kategorisiert werden. Handelt es sich um einen Flüchtigkeitsfehler, systematischen Fehler oder um einen typischen Fehler? Hat der Lernende also aus Unachtsamkeit etwas falsch gemacht, das er „eigentlich kann", liegen individuelle Lerndefizite oder Fehlvorstellungen vor, die eine individuelle Förderung notwendig machen oder verlangt das häufige Auftreten typischer Fehler nach differenzierenden Maßnahmen?

Eine weitere Art von „Fehlern" sollte man von den oben aufgezählten Fehlern abgrenzen: Lernende versuchen sich beim Erkunden an Inhalten, die sie „noch nicht können" und verfolgen Strategien, die sich als nicht ganz zielführend herausstellen. Hier besteht die angemessene Intervention des Lehrenden im Sammeln und Systematisieren, im Bestärken und Bestätigen richtiger Elemente; offene Erkundungsphasen sollten nicht defizitorientiert ausgewertet werden.

Gerade Situationen, in denen „Fehler" auftreten, die noch keine sind, können wertvoll und fruchtbar für den Lernprozess sein, weil eine Analyse des „Fehlers", also „wie es nicht geht" unmittelbar lernwirksam wird, denn ein Gegenbeispiel ist bereits vorhanden. Mit dem Wissen, wie etwas nicht geht, „kann gerade durch Benennung des Falschen das Richtige erst deutlich gemacht werden“ *(Holzäpfel/Loibl/Ufer 2015, S. 5)*. Ein solches Falsches sollte auf keinen Fall vermieden oder negativ sanktioniert werden. Erfahrungsgemäß werden gerade in Lehrproben oft große Lernpotenziale regelrecht verschenkt, weil Lehramtsanwärter aus falsch verstandenem Sicherheitsbedürfnis den Unterricht so anlegen, dass von Anfang an alles richtig gemacht wird. Dabei wäre die angemessene Haltung den Lernenden gegenüber so einfach auszudrücken: „Was du noch nicht gelernt hast, kannst du auch nicht falsch machen.“

Jede Diagnostik ist zeitaufwändig, weil der einzelne Lernende im Fokus steht und das gedankliche Konstrukt eines imaginierten Durchschnittsschülers meistens nicht weiter hilft. Die zentrale Frage der Diagnostik ist nicht, was eine Lerngruppe lernen muss oder gelernt hat, sondern was der Einzelne schon kann oder noch nicht kann, und wie ihm individuell geholfen werden kann. Diagnostik im Unterricht enthält die Frage, wie es weiter geht: Differenzierung oder individuelle Förderung.

Trotzdem ist im Schulalltag meistens die Lerngruppe der Ausgangspunkt der Diagnostik, typischen Fehlern kommt schon aus Gründen der Zeitökonomie mehr Beachtung zu als systematischen. Für eine größere Gruppe Lernender bedeutet dies, dass individuell gemachte Äußerungen im Sinne einer vom Lehrenden vorgenommenen Differenzierung zusammengefasst werden, um den Schritt der Förderung effektiv gestalten zu können.

Mit dem im Folgenden beschriebenen Beispiel wurde eine Bestandsaufnahme für die ganze Lerngruppe vorgenommen; es ging in einer Klasse 6 der Realschule um die Multiplikation von Dezimalzahlen. Eine Lernstunde und eine Übungsstunde zu diesem Thema hatten bereits stattgefunden, dann kam ein Ferienabschnitt. Für die Lernstandkontrolle in Form eines Kurztests verwendete der Lehrende Aufgaben, die den Lernenden schon bekannt waren.

Die Aufgaben:

1. Multipliziere im Kopf : $0{,}3 \cdot 6$
2. Multipliziere im Kopf: $0{,}08 \cdot 4$
3. Rechne das Päckchen aus:
   $100 \cdot 100 =$
   $10{,}0 \cdot 100 =$
   $1{,}00 \cdot 100 =$
   $1{,}00 \cdot 10{,}0 =$
   $1{,}00 \cdot 1{,}00 =$
4. Erkläre, wie die Aufgaben aus Aufgabe 3. zusammenhängen.
5. Es ist $426 \cdot 538 = 229\,188$
   Wenn du das weißt, kannst du leicht berechnen:
   $42{,}6 \cdot 5{,}38 =$

Vor der Auswertung ordnet der Lehrende Teilkompetenzen zu, die er mittels dieses Kurztests diagnostizieren kann. Über folgende Teilkompetenzen können die Lösungen zu den Aufgaben Auskunft geben:

1) Ich kann beim Ergebnis einer Multiplikation das Komma an die richtige Stelle setzen (Aufgaben 1, 2, 5).
2) Ich kann das kleine Einmaleins sicher anwenden (Aufgaben 1, 2).
3) Ich kann im Kopf multiplizieren (Aufgaben 1, 2).
4) Ich schaue mir eine Aufgabe genau an, bevor ich rechne oder antworte (Aufgabe 5).
5) Ich kann erklären, wie ich eine Aufgabe gelöst habe (Aufgabe 4).
6) Ich habe das Multiplizieren verstanden (Aufgabe 3).
7) Ich kann mit Zehnerpotenzen sicher rechnen (Aufgabe 3).

Nach der Kontrolle der Lösungen wertet er diese im Hinblick auf das Vorhandensein der Teilkompetenzen aus und stellt die Ergebnisse in einer Klassenliste dar (siehe folgende Seite). Jeder Lernende notiert sich seinen eigenen Lernstand; eine Bewertung mit Zeugnisnoten findet nicht statt.

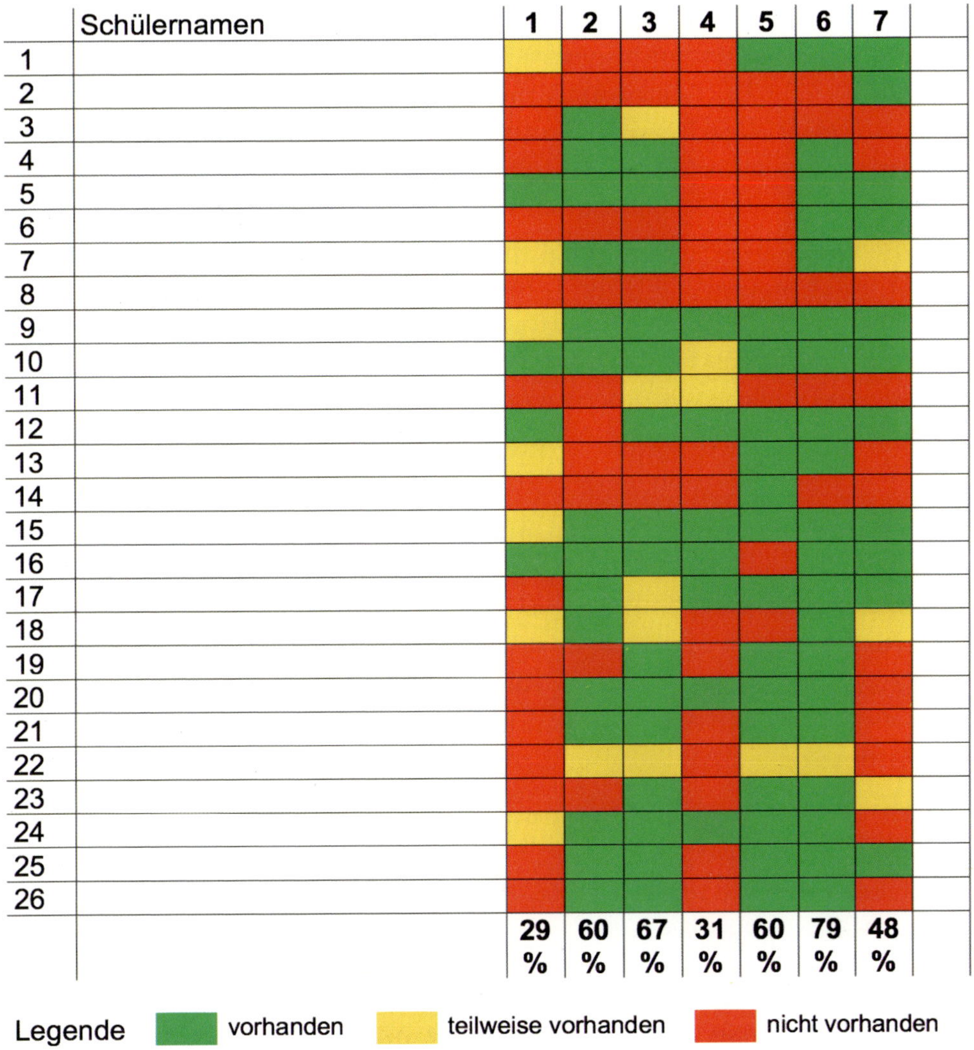

Ein erster Blick auf die Tabelle führt zu der Erkenntnis, dass viele vorhandene Kompetenzen festgestellt werden können, aber genauso viele Defizite. Das Aufgabenensemble war intuitiv zusammengestellt worden, eine statistische Auswertung, die über die Identifizierung von Tendenzen hinausgeht, wäre unangemessen. Trotzdem geben sie dem Lehrenden wertvolle Hinweise:

- Die mit 1. bezeichnete Kompetenz „*ich kann beim Ergebnis einer Multiplikation das Komma an die richtige Stelle setzen*“ bezieht sich auf das inhaltliche Lernziel, das den Lehrenden veranlasst hatte, die Bestandsaufnahme überhaupt durchzuführen: „Können sie schon Dezimalzahlen multiplizieren?“ Die Antwort ist mit 29 % relativ eindeutig zu beantworten: „Nein, sie können es noch nicht.“ Nur weniger als ein Drittel der Lerngruppe verfügt über diese Kompetenz.

- Die mit 2., 3., 6. und 7. bezeichneten Kompetenzen beziehen sich nicht direkt auf die vorausgegangenen Unterrichtsstunden. Ein häufig aufgetretener Fehler war zum Beispiel: $0{,}08 \cdot 4 = 0{,}34$. Das Komma wurde richtig gesetzt, aber die Rechnung $8 \cdot 4 = 32$ wurde falsch ausgeführt; ein Hinweis, dass gezählt statt gerechnet wurde. Hier geht es um Kompetenzen, die eigentlich in der Grundschule erworben werden müssten: kleines Einmaleins, Rechenverfahren der Multiplikation, Zahlbegriff, Stellenwertsystem. Vielmehr wurde hier diagnostiziert, welche Bedingungen die Lernenden mitgebracht haben, und festgestellt, dass sich diese auf den aktuellen Lernerfolg immer noch auswirken. Das Ergebnis deutet auf eine sehr heterogen zusammengestellte Klasse hin. Die Idee, als Fördermaßnahme Grundschulinhalte zu thematisieren, ist nahe liegend. Jedoch stellt sich die Frage, wie in der Sekundarstufe ein Verständnis gelingen sollte, das in der Grundschule nicht erreicht wurde. Eventuelle Fördermaßnahmen müssen mit einer derartigen Differenzierung durchgeführt werden, dass Lernende, die keine oder nur geringe Defizite aus der Vergangenheit mitbringen, nicht benachteiligt werden.

- Bei Aufgabe 3 kamen Ergebnisse vor, die mit der Ziffer 2 begannen. Dies ist ein Hinweis, dass die betreffenden Lernenden nicht sicher sind in der Abgrenzung von Addition und Multiplikation, und kein tiefes Verständnis für die Multiplikation erworben haben. Das ist bei einem Drittel der Klasse der Fall: $100 \cdot 100 = 20000$; auch andere Anfangsziffern als die 2 kamen vor. Auch dies weist auf ein Defizit hin, das bereits in der Primarstufe aufgetreten ist.

- Bleibt die Teilkompetenz 5: Begründen als Teilkompetenz der Kompetenz K1: *Mathematisch argumentieren*. Hier deutet ein Wert von 60 % darauf hin, dass diese Kompetenz durchaus erfolgreich gefördert wurde, denn an dieser Stelle sind erfahrungsgemäß oft größere Defizite festzustellen.

Man könnte die Auswertung noch verfeinern, indem man pro Schüler die Kombination der festgestellten Kompetenzen und Defizite interpretiert, man sollte aber nicht allzu weitreichende Schlüsse ziehen. Denn der Test ist nur ein Schnappschuss; er gibt nur Auskunft darüber, was die Lernenden an einem bestimmten Tag gekonnt haben. Der Lernende mit der Nummer 8 zum Beispiel kann bestimmt nicht nichts; vielleicht hatte er einen schlechten Tag, war mit seinen Gedanken noch in den Ferien. Andererseits weist die Kombination der Defizite bei den Teilkompetenzen 2, 3 und 6 bei drei Lernenden auf eine typische Rechenschwäche hin und führt zu dem Schluss, dass es sich bei diesen Lernenden um „zählende Rechner" handelt.

Welche Maßnahmen ergeben sich nun aus dieser Diagnose? Zunächst ist die Antwort auf die ursprüngliche Frage eindeutig: Das Ziel, dass der überwiegende Teil der Klasse mit Dezimalzahlen multiplizieren kann, ist noch nicht erreicht. Hier muss mit der ganzen Klasse noch gearbeitet werden.

Darüber hinaus sind weitere Maßnahmen möglich geworden:

- Gezielte Beobachtung der drei Lernenden mit Verdacht auf eine Rechenschwäche. Im beschriebenen Fall war bei zwei der drei Lernenden tatsächlich schon ein diesbezüglicher standardisierter Test durchgeführt worden. Erfahrungsgemäß sind zusätzliche Fördermaßnahmen innerhalb des regulären Unterrichts bei solchen Lernenden wenig erfolgversprechend. Aber der Lehrende kann sich darauf einstellen, wenn ihm solche Rechenschwächen bekannt sind, indem er den betroffenen Lernenden mehr Zeit zum Rechnen gibt und ihre vorhandenen anderweitigen mathematischen Kompetenzen besonders positiv rückmeldet.
- Unterstützung der Selbstdiagnose der Lernenden, indem ihnen das Diagnoseergebnis in geeigneter Weise bekannt gemacht und erläutert wird.
- Anleitung zur Selbstförderung zum Beispiel mit dem untenstehenden Aufgabenblatt. Die daraus hervorgehenden Fragen der Lernenden können die Basis für eine differenzierte Förderstunde bilden.
- Bereitstellung von differenzierten Förderaufgaben[60]; damit überschreitet der Aufwand jedoch für den Lehrenden unter Umständen das im Alltag erfüllbare Maß. Denn zusätzliche Aufgaben zu den festgestellten Defiziten reichen in der Regel nicht; warum sollten weitere Aufgaben helfen, die schon im Test nicht bewältigt wurden? Die Förderaufgaben sollten vielmehr einen Schritt zurückgehen und das fördern, was dazu geführt hat, dass die Teilkompetenz nicht erworben wurde.

Das hier vorgestellte Beispiel macht insgesamt einen zeitlichen Mehraufwand von etwa zwei bis drei Zeitstunden notwendig. Es ist Lehrern nicht möglich, ständig solche Aufgaben zu erarbeiten und auszuwerten; aber es ist durchaus ab und zu bei einzelnen Anlässen machbar. Auch in dieser Hinsicht ist es besser, kleine Schritte zu tun als große Schritte im Bereich des Wünschenswerten zu belassen. Mit dem folgenden Fragebogen hat der Lehrende die Diagnoseaufgabe dann noch ausgewertet.

[60] Unter Zuhilfenahme von Software wie der DVD 10 000 Aufgaben Mathematik, Cornelsen Verlag Berlin 2008 können zeitökonomisch Aufgabensammlungen mit Lösungen zusammengestellt werden.

	Kompetenz	Beispiel	kann ich	na ja	kann ich nicht
1	Ich kann beim Ergebnis einer Multiplikation das Komma an die richtige Stelle setzen.	$1{,}5 \cdot 2{,}4 = 3{,}6$	☐	☐	☐
2	Ich kann das kleine Einmaleins sicher anwenden.	$8 \cdot 4 = 32$	☐	☐	☐
3	Ich kann multiplizieren.	Schriftliches Rechenverfahren	☐	☐	☐
4	Ich schaue mir eine Aufgabe genau an, bevor ich rechne oder antworte.		☐	☐	☐
5	Ich kann erklären, wie ich eine Aufgabe gelöst habe.		☐	☐	☐
6	Ich habe das Multiplizieren verstanden .	$1 \cdot 1 = 1$	☐	☐	☐
7	Ich kann mit Zehnerpotenzen sicher rechnen.	$100 \cdot 100 = 10000$	☐	☐	☐

Aufgaben:

1. Übertrage den Stand deiner Kompetenzen in die Tabelle.
2. Schreibe zu jedem „kann ich nicht“ eine Frage und überleg dir zwei mögliche Antworten.

9.3 Leistungsmessung diagnostisch nutzen

Schriftliche Klassenarbeiten als Maßnahmen der Leistungsfeststellung sind Diagnoseinstrumente mit dem Ziel einer Selektion. In die Erstellung und Auswertung von Klassenarbeiten investieren Lehrende in der Regel viel Aufwand; schließlich sollen die Zeugnisnoten, die aus Leistungsfeststellungen errechnet werden, den Leistungsstand aller Lernenden zutreffend wiedergeben und rechtlich unangreifbar sein.

Leistungsfeststellung und die damit verbundenen „Korrekturen“[61] verursachen meist ungeliebte Arbeit. Der Sichtweise, man hätte als Lehrer keine Zeit für zusätzliche Aufgaben wie Diagnostik möchte ich hier mit dem Vorschlag begegnen, den Arbeitsaufwand, den man für die Leistungsfeststellung sowieso aufbringen muss, durch Synergieeffekte besser zu nutzen. Mit jeder Klassenarbeit hat man zum Zweck der Leistungsbewertung eine große Menge Daten erhoben, die sich mit vergleichsweise geringem Aufwand zusätzlich diagnostisch nutzen lassen.

Die dabei gewonnenen Erkenntnisse können zur Differenzierung eingesetzt werden, indem die Lernenden zum Beispiel entsprechend ihrer Zugehörigkeit zu einer Gruppe mit unterschiedlichen Aufgabenensembles gefördert werden. Darüber hinaus wird das individuelle Lernen gefördert, weil die Lernenden detaillierte Kenntnisse über ihre Kompetenzstände erhalten, die weit darüber hinausgehen, nur bewertet worden zu sein. Die Leistungsbewertung wird durch Förderung ergänzt, was sich positiv auf das Verhältnis zwischen Lehrendem und Lernenden auswirkt. Die untenstehenden Beispiele wurden im regulären Alltagsunterricht erprobt.

Selbstdiagnose nach der Klassenarbeit

Wie bespricht man eine Klassenarbeit? An der Tafel gemeinsam eine Musterlösung zu erarbeiten, die jeder Lernende abschreibt, ist wenig effizient. Denn dabei werden individuelle Leistungsstände ignoriert, und insbesondere für die leistungsstarken Lernenden entsteht viel Leerlauf und es wird gemeinsame Lernzeit verschwendet. Die konventionelle „Verbesserung“ einer Klassenarbeit diente mehr dem Bedürfnis, richtige Lösungen zu produzieren als Kompetenzen zu fördern.

Hier ist ein Vorschlag, wie man es anders machen kann: Jeder Lernende kontrolliert seine Lösungen selbst. Dazu bekommt er eine Musterlösung als Kopie an die Hand; wo mehrere Lösungswege möglich sind, ist dies in der Musterlösung vermerkt. Mit einem Arbeitsblatt wie der „Selbstdiagnose nach der Klassenarbeit“ wird jeder Lernende angeleitet, selbst kompetenzorientiert seine Klassenarbeit auszuwerten. Den einzelnen Aufgaben sind knappe Formulierungen der Teilkompetenzen zugeordnet, und die Lernenden werden aufgefordert, ihren Kompetenzstand anhand der Teilkompetenzen selbst einzuschätzen. Wenn sie mit der Klassenarbeit abgeglichen wird, ist diese Form der Selbsteinschätzung exakt nachprüfbar.

[61] Ganz am Rande kann man hier über den Gebrauch des Begriffs „Korrekturen“ reflektieren, denn bei den sogenannten geht es nicht darum, Falsches durch Richtiges zu ersetzen, sondern man möchte feststellen, wie viel Richtiges in einer Schülerarbeit vorhanden ist, um dem Richtigen, nicht dem Falschen, eine Leistungsbewertung zuordnen zu können.

Dann setzt die Förderung ein: Die Lernenden suchen die entsprechenden Seiten im Schülerbuch, lesen den Einführungstext für die Themen, wo sie schwach waren, noch einmal durch, und lösen entsprechende Übungsaufgaben. Schwache Lernende haben mehr Stellen mit Förderbedarf als starke und brauchen für diese Tätigkeit also mehr Zeit. Mit der Formulierung „Themen, bei denen du das Kreuz am weitesten rechts setzen musstest“ hat der Lehrende eine zeitliche Differenzierung vorgenommen. Die Erwartung ist nicht, dass jeder einzelne Lernende jedes einzelne Defizit ausgleichen kann. Sondern die gemeinsame Lernzeit wird so genutzt, dass alle möglichst viel Nutzen daraus ziehen können. Der Stärkste hat das letzte Detail klären können, was er noch nicht beherrscht hat, und der Schwächste konnte sich mit seinem größten Defizit auseinandersetzen. Und jeder weiß, wie weit er mit seinem Kompetenzaufbau und mit der Beseitigung seiner Defizite gekommen ist.

Dieses Verfahren setzt voraus, dass relativ eng mit dem Schülerbuch gearbeitet wird. Es lässt sich optimieren, indem

- die Kompetenzen expliziter formuliert werden;
- die Aufgaben in der Klassenarbeit von vornherein nach Kompetenzen angeordnet werden;
- die Kompetenzformulierungen bereits in der Klassenarbeit aufgeführt werden;
- die Klassenarbeiten immer so ausgewertet werden.

Kern des Vorschlags ist, jedem einzelnen Lernenden seinen Kompetenzstand in den Mittelpunkt zu stellen, wenn eine Klassenarbeit „zurückgegeben“ wird. Die Leistungsfeststellung soll eine natürliche Verbindung eingehen mit Fördermaßnahmen. Dann wirkt es auch nicht widersinnig, wenn Übungsaufgaben bearbeitet werden zu einem Thema, über das unmittelbar zuvor eine Klassenarbeit geschrieben wurde.

Selbstdiagnose nach Klassenarbeit Nr.

	kann ich einwandfrei	kann ich einigermaßen	kann ich noch nicht so gut	kann ich überhaupt nicht	wo ich das Thema im Buch finde
Aufgabe 1 und 8 Brüche aufstellen					
Aufgabe 2 und 11 Brüche verstehen					
Aufgabe 3 und 6 Erweitern					
Aufgabe 4, 9 und 10 Kürzen					
Aufgabe 5 Brüche vergleichen					
Aufgabe 7 Primzahlen bestimmen					
Aufgabe 9 Brüche addieren und subtrahieren					
Aufgabe 10 Brüche vervielfachen und teilen					
Aufgabe 12 Merkregeln kennen und verstehen					

Förderung

1. Vergleiche alle Lösungen deiner Klassenarbeit genau: was kannst du schon, was kannst du noch nicht?
2. Mache in jeder Zeile der Tabelle ein Kreuz, wie du dich einschätzt.
3. Suche die Seiten in deinem Buch mit den Themen, bei denen du das Kreuz am weitesten rechts setzen musstest und schreibe die Seitenzahlen in deine Tabelle.
4. Lies den Einführungstext im Buch, löse die Musteraufgaben.
5. Löse Übungsaufgaben aus dem Buch dazu, kontrolliere die Lösungen und wende dich erst dann an den Lehrer, wenn deine Lösungen immer noch falsch sind.

Kopiervorlage zum Download

Rückmeldung über den Kompetenzstand

Beim folgenden Beispiel ging es in der Klassenarbeit um Prozentbegriff und Prozentrechnen. Schon deshalb erschien es dem Lehrenden nahe liegend, zur Auswertung der Klassenarbeit Prozentdarstellungen heranzuziehen. Die Lernenden sollten bei der Rückgabe der Klassenarbeit die Erfahrung machen, dass die Kompetenzen, die sie davor mehr oder weniger vollständig erworben hatten, in ihrem normalen Leben eine Rolle spielen und nützlich sind.

Wenn dem Leser die zuvor und im Folgenden vorgestellten Schülerleistungen relativ schwach vorkommen, dann kann dies erstens als Hinweis auf die Authentizität der Quellen verstanden werden. Zweitens spiegelt es die nützliche Idee von Lehrenden wider, die Auswertung von Klassenarbeiten mit besonderen Maßnahmen zu verbinden, wenn die Ergebnisse nicht ihren Erwartungen entsprechen. Insofern sind die hier beschriebenen Beispiele bestimmt auch aus Situationen entstanden, die subjektiv als Nöte empfunden wurden. Man sah Handlungsbedarf. Trotzdem möchte ich die Beispiele so verstanden wissen, dass ihre Anwendung auch ohne Not Mehrwert schafft.

Bei dem jetzt zu beschreibenden Beispiel hat der Lehrende die Aufgaben der Klassenarbeit in drei Kompetenzbereiche aufgeteilt, deren Abgrenzung der Klasse bekannt war. Er hat erklärt, weshalb er als Lehrender mit den Ergebnissen nicht zufrieden ist: Sie enthalten zu viele rote Felder (siehe Klassenliste), was Förderbedarf bedeutet. Insgesamt betrachtet betrifft dieser Förderbedarf 6 von 24 Schülern, also 25 %, was viel, aber noch nicht außergewöhnlich ist. Betrachtet man die Kompetenzbereiche einzeln, ergibt sich ein genaueres Bild.

Insgesamt hat die Klasse nur 50 % der erreichbaren Punkte bekommen, wobei das hauptsächlich an den Aufgaben des Kompetenzbereichs A mit nur 27 % liegt[62], die Gesamtleistung liegt zwischen 95 % und 26 %. In der untenstehenden Liste sind die Leistungen farblich gekennzeichnet, sodass für jeden einzelnen Lernenden die Verteilung seiner Leistungen auf die Kompetenzbereiche transparent wird. Ähnlich wie im obigen Beispiel erhalten die Lernenden eine zwar grobe, aber personalisierte Rückmeldung über ihren Kompetenzstand, die der Lehrende mit einem überschaubaren Arbeitsaufwand erstellt hat.

Der Lernende mit der Nummer 11 weiß natürlich, dass er die beste Arbeit geschrieben hat; trotzdem wird ihm bei dieser Darstellung klar, dass er sich im Kompetenzbereich A noch verbessern kann. Noch deutlicher ist die Aussage beim Lernenden mit der Nummer 8: Er hat insgesamt eine überdurchschnittliche Leistung erbracht, obwohl er im Kompetenzbereich A überhaupt keine Punkte erreichen konnte. Diese Information ist für ihn wesentlich wertvoller als die Note „befriedigend", die er wohl für die Klassenarbeit bekommen hat.

[62] In den drei Kompetenzbereichen waren unterschiedlich viele Punkte zu erreichen, deshalb lassen sich die Prozentsätze der einzelnen Kompetenzbereiche nicht direkt in den Gesamtanteil umrechnen.

	Schülernamen	KB A	KB B	KB C	Gesamt
1		8%	12%	43%	28%
2		93%	75%	83%	85%
3		8%	62%	65%	54%
4		16%	24%	60%	47%
5		0%	35%	35%	29%
6		21%	38%	74%	54%
7		54%	56%	67%	58%
8		0%	65%	67%	54%
9		38%	50%	68%	59%
10		3%	24%	35%	26%
11		75%	98%	92%	95%
12		4%	24%	35%	26%
13		8%	12%	50%	32%
14		8%	24%	53%	37%
15		50%	56%	53%	55%
16		16%	85%	35%	47%
17		16%	18%	57%	37%
18		50%	47%	63%	58%
19		13%	24%	53%	38%
20		50%	53%	90%	70%
21		36%	97%	32%	53%
22		25%	65%	43%	43%
23		38%	79%	57%	61%
24		13%	71%	63%	57%
	Spitzenfeld				
	Mittelfeld		**50%**	**57 %**	**50%**
	Förderbedarf	**27%**			

Weiter personalisierte Rückmeldung

Im nächsten Beispiel hat der Lehrende ebenfalls alle Aufgaben der Klassenarbeit einem von drei Kompetenzbereichen zugeordnet. Dann hat er ermittelt, wie sich die erbrachte Gesamtleistung jedes einzelnen Lernenden auf die drei Bereiche verteilt hat. Im gezeigten Beispiel wurde eine Skala mit der Genauigkeit von zehn Prozent verwendet.

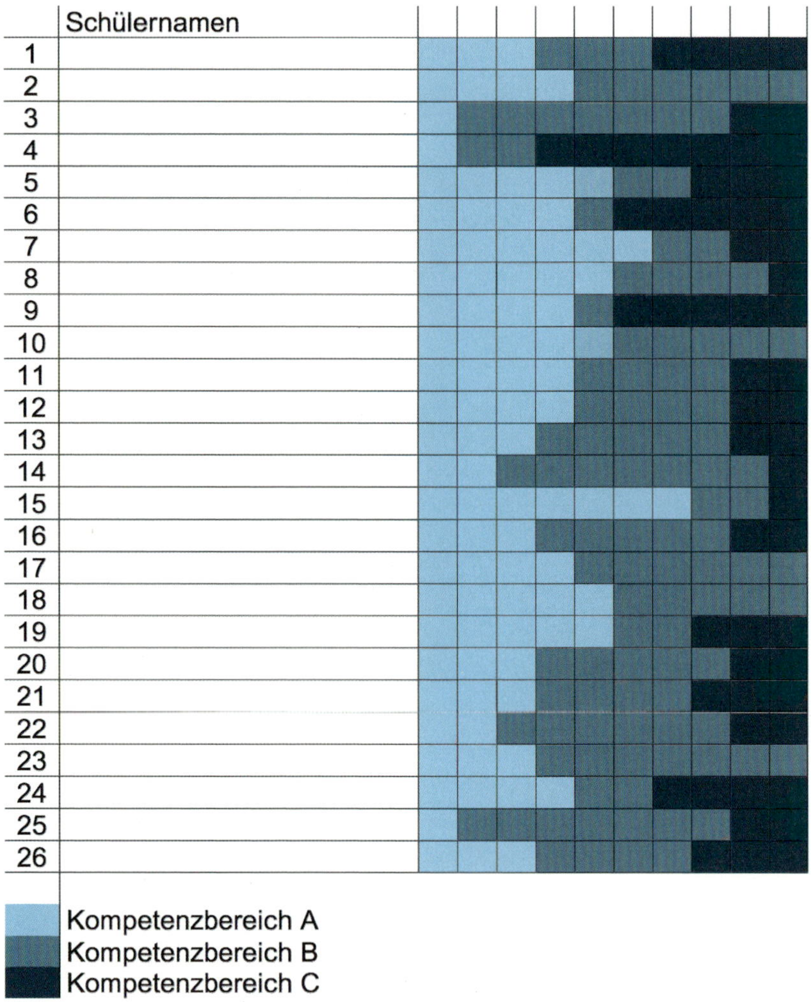

Der Balken für jeden Lernenden zeigt die prozentuale Verteilung seiner Leistungen unabhängig davon, wie gut seine Leistungen insgesamt waren. Der Lernende mit der Nummer 1 zum Beispiel hat 30 % seiner Punkte im Kompetenzbereich A geholt, weitere 30 % im Kompetenzbereich B und 40 % im Kompetenzbereich C. Dies ist eine relativ gleichmäßige Verteilung der Leistungen, die besonders häufig bei sehr starken und bei sehr schwachen Lernenden vorkommt; bei diesen Gruppen ist die Leistungsstärke relativ unabhängig von dem Kompetenzbereich, in dem die

Leistungen erbracht werden. Für Schüler 1 hat sich durch die Analyse seiner Leistungen ergeben, dass sein Kompetenzstand im Bereich C etwas höher ist als in den beiden anderen. Beim Lernenden mit der Nummer 2 ist die Aussage eindeutig: Er hat im Kompetenzbereich C nur sehr geringe (rundungsbedingt unter 5 %) Leistungen erbracht, deshalb bedarf es in diesem Bereich einer Förderung.

Für den Lehrenden selbst sind darüber hinaus Rückschlüsse auf den eigenen Unterricht möglich. Im Beispiel ist der Kompetenzbereich C der einzige, in dem mehrere Schüler keine oder nur sehr geringe Leistungen erbracht haben. Das kann ein Hinweis darauf sein, dass der Unterricht diesen Kompetenzbereich betreffend nicht dieselbe Qualität erreicht hat wie in den beiden anderen. Es kann aber auch daran liegen, dass ein Teil der Lerngruppe mit der Klassenarbeit nicht fertig geworden ist, sofern die betreffenden Aufgaben im hinteren Teil der Klassenarbeit verortet waren. Welche Interpretationen eine solche Analyse von Leistungsergebnissen zulässt, kann der einzelne Lehrende nur selbst erschöpfend beurteilen.

Man könnte das hier vorgestellte Verfahren noch verfeinern und die Genauigkeit ausdehnen bis dahin, dass jede Teilkompetenz erfasst wird, die mit der Klassenarbeit überprüft wurde. Das müsste das Ziel sein. Aber mit zunehmender Verfeinerung steigt der Aufwand, und für die Lernenden nimmt die Verständlichkeit ab. Je genauer Teilkompetenzen unterschieden werden, desto mehr muss dafür die Perspektive der Rückschau eingenommen werden, und über diese verfügen bestenfalls die starken Lernenden, die aber solche Verfahren am wenigsten brauchen. Im obigen Beispiel hat der Lernende mit der Nummer 26 eine sehr gute Leistung erzielt; eine Verfeinerung der Kompetenzen hätte für ihn keine andere Aussage ergeben, nämlich dass er über alle Teilkompetenzen verfügt. Die Genauigkeit des Verfahrens sollte auch dadurch bestimmt werden, dass seine Anwendung vom Lehrenden nicht als nennenswerte Zusatzbelastung empfunden wird.

Fördermaßnahme

Im letzten Beispiel hat der Lehrende zu jedem Kompetenzbereich der Klassenarbeit einen differenzierten Übungsplan erstellt. Nach Auswertung der Klassenarbeit bearbeitet jeder Lernende den Übungsplan des Bereichs, in dem er die relativ schwächsten Ergebnisse erzielt hat.

		Übungsplan A	Übungsplan B	Übungsplan C	Auswahl
1		x	x		X
2				x	
3			x		
4			x		
5			x		
6			x	x	X
7				x	
8			x		
9				x	
10				x	
11				x	
12		x		x	
13		x		x	
14			x	x	X
15				x	
16				x	
17				x	
18			x		
19				x	
20		x		x	X
21		x		x	X
22				x	
23			x		
24		x		x	X
25		x		x	X

Lernende, die in zwei Bereichen annähernd gleich großen Förderbedarf haben, bleibt die Auswahl selbst überlassen, aber ansonsten ist die Zuordnung verbindlich.

Allen hier vorgestellten Beispielen ist gemeinsam, dass die individuell gewonnenen Daten aus der Leistungsmessung genutzt werden, um den Kompetenzstand transparent zu kommunizieren und um differenzierte Fördermaßnahmen anzuschließen. Die Beispiele sind so angelegt, dass der Aufwand für den Lehrerenden überschaubar bleibt. Voraussetzung sind Aufgaben, die sich jeweils den angestrebten Kompetenzen zuordnen lassen. Das sollte in einem kompetenzorientierten Mathematikunterricht aber generell Teil der Lern- und Leistungskultur sein. Ebenfalls gehört dazu, dass prozessbezogene Kompetenzen auch in der Leistungsmessung angemessen Berücksichtigung finden. Stets sollte für die Lernenden in transparenter Art und Weise herausgestellt werden, welche Kompetenzen von ihnen am Ende des Lernens erwartet werden. Sie sollten immer erkennen können, wo sie selbst Defizite haben, sollten diese möglichst genau benennen können und Zugriff auf oder Angebote an Hilfen bekommen, diese Defizite zu beseitigen.

9.4 Wissenserwerb und Handlungskompetenz

Traditioneller Mathematikunterricht war gekennzeichnet durch fragend-entwickelnde Unterrichtsgespräche und durch Lehrende, die gut erklären konnten. Beides erfordert anspruchsvolle Kompetenzen des Lehrenden und beides wird immer noch erfolgreich umgesetzt, wie durch empirische Studien wiederholt nachgewiesen wurde. „Das meiste von dem, was man wirklich weiß, besteht aus Einsichten, die von anderen entdeckt wurden und auf sinnvolle Weise kombiniert worden sind" *(David Paul Ausubel, zitiert nach Kratz 2011, S. 60).* Ausubel (1918-2008), der als einer der Begründer des Konstruktivismus gilt, beschreibt Wissenserwerb durch Übernahme, Lehren als Instruktion. Der Lehrende nutzt seinen Wissensvorsprung und hält die Lernenden zur Übernahme eines Teiles seines Wissens an, den er zuvor ausgewählt, sortiert, vereinfacht und aufbereitet hat; er hat didaktische und methodische Überlegungen angestellt und setzt sie um. Solche Instruktion ist als Weg des Wissenserwerbs effektiv und ökonomisch, die Lernenden müssen das neue Wissen in ihren jeweils singulären kognitiven Strukturen vernetzen. Wenn instruierendes Lernen in größeren Lerngruppen stattfindet, ist es allerdings mit einem gewissen Gleichschritt verbunden; auf die Heterogenität der Lernenden, ihre Voraussetzungen und Potenziale, kann wenig Rücksicht genommen werden.

„Meiner Meinung nach kann man nur durch Üben des Problemlösens und dadurch, dass man sich um Entdeckung bemüht, die heuristischen Methoden zur Entdeckung lernen" *(Jerome Bruner, zitiert nach Kratz 2011, S. 60).* Bruner (1915-2016), der mit dem E-I-S-Prinzip auch heute noch in sehr vielen Unterrichtsentwürfen indirekt zitiert wird, plädiert für eigene Handlungen der Lernenden und stellt sie damit selbst aktiv in den Vordergrund des Lernens. Steht das im Widerspruch zu Ausubels Position? Widersprechen sich da zwei Klassiker der Mathematikdidaktik?

Ich meine nicht. Bruner spricht von Kompetenzerwerb, während es Ausubel um Wissenserwerb geht. Wissen allein führt nicht zwangsläufig zu Handlungskompetenz in konkreten Situationen. Wissenserwerb und Kompetenzerwerb sind zwei Säulen schulischen Lernens, die aufeinander angewiesen sind. Wissen kann vom Lehrenden vermittelt und vom Lernenden übernommen werden, während Handlungskompetenz nur durch eigenes Tun der Lernenden erworben werden kann. Guter Mathematikunterricht zeichnet sich durch eine Balance aus dem Erwerb von Wissen und von Handlungskompetenz aus. Für den Lehrenden heißt das, dass er eine Balance aus Instruktion und Konstruktion herstellen und halten können muss. Kompetenzerwerb ersetzt Wissenserwerb nicht, sondern beides trägt zu nachhaltigem Lernen bei.

Um diese Balance herzustellen, bedarf es notwendig der aktiven Teilnahme der Lernenden. Eine Übernahme angebotenen Wissens kann schwer vom Lehrenden erzwungen werden, jeder Lernende selbst muss bereit sein, angebotenes Wissen zu übernehmen. Dies wird er dann machen, wenn er einen Sinn darin sieht, ob nun für seinen Alltag, seine Zukunft oder sein schulisches Fortkommen. Daraus ergibt sich der Grundsatz der Sinnstiftung.

Was folgt daraus nun für den Lehrenden im Einzelgespräch mit den ihm anvertrauten Lernenden? Wenn ein Lehrender mit einem einzelnen Lernenden kommuniziert, um herauszufinden, was dieser verstanden hat, was er kann und was er noch nicht kann, und ihm dann etwas erklärt, ist das eine ganz andere Konstellation, als wenn im Klassenunterricht der ganzen Lerngruppe ein mathematischer Inhalt erklärt wird, bevor sich die Lernenden selbst damit beschäftigt haben. Denn im Einzelgespräch kann von individuellen Voraussetzungen ausgegangen und das Potenzial des singulär Lernenden genutzt werden. Der Lehrende kann die Übernahme von Wissen fördern, indem er so erklärt, dass der einzelne Lernende es „wirklich versteht", weil er nur ein einziges Gegenüber vor sich hat. Weil die Erklärung personalisiert ist, kann sie zu nachhaltigem Verstehen führen.

Ein Lehrender, der Kompetenzen der ihm anvertrauten Lernenden anbahnen möchte, wird also zuerst herauszufinden versuchen, was der einzelne Lernende schon kann und was nicht, wie er denkt, auf welche Vorstellungen er zugreift, um ihm dann die nächste, gezielte Frage zu stellen. Er führt ein diagnostisches Gespräch zur Lernstanderhebung.

Diagnostische Gespräche werden in Forschung und Therapie systematisch eingesetzt. Man kann aus wissenschaftlich begründeten diagnostischen Interviews eine Vorgehensweise für den Schulalltag ableiten:

- Fragen stellen, statt vorauseilend Antworten zu geben;
- sich neugierig und offen zeigen;
- zuerst zuhören statt zu erklären;
- den Lernenden als Individuum wahrnehmen;
- systematische Fehler nicht voreilig in typische Fehler umdeuten;
- sich auf die Suche nach Richtigem begeben, nicht nach Falschem suchen.

In wissenschaftlich geführten diagnostischen Interviews spricht der Lernende laut aus, was er denkt und versteht. „Indem die Schülerinnen und Schüler den Aufgabentext mit eigenen Worten wiedergeben und ihre Gedanken laut aussprechen, zeigt sich, inwieweit sie die Aufgabenstellung verstanden haben." *(Hafner/vom Hofe 2008, S. 15)* Sebastian Wartha und Wilhelm Schipper verwenden dafür den Begriff des „lauten Denkens". Dazu kann man die Lernenden auch im

Einzelgespräch im Unterricht auffordern. Damit einher geht eine detaillierte Beobachtung von Handlungen: Der Lehrende schaut genau hin, was der Lernende mit Materialien macht und was er aufschreibt. So erhält man wertvolle Informationen über das Vorgehen des jeweiligen Lernenden. Der Lehrende achtet darauf, welche Lösungsstrategien der Lernende verfolgt und welche Probleme sich dabei ergeben. Daran kann er erkennen, ob der Lernende über adäquate Grundvorstellungen verfügt oder ob Fehlvorstellungen zugrunde liegen.

Im Zusammenspiel mit personalisierter Diagnostik stellt sich übernehmendes Lernen völlig anders dar als in Arrangements von Lernen im Gleichschritt, weil hier jedem einzelnen Lernenden Wissenselemente zur Übernahme angeboten werden, die auf seinen individuellen Wissens- und Kompetenzstand abgestimmt sind.

9.5 Individuelle Förderung

Oben beschriebene Maßnahmen wie personalisierte Rückmeldungen und diagnostische Gespräche dienen der individuellen Förderung, weil jede an den einzelnen Lernenden gerichtet ist. Individuelle Förderung ist immer aufwändig, weil sie einen Dialog eins zu eins zwischen Lehrendem und Lernendem erfordert. Jede einzelne Leistung muss analysiert werden, jedes diagnostische Gespräch wird mit einem einzigen Lernenden geführt.

Lernen ist immer individuell, weil es sich im Individuum ereignet. Der Lehrende schafft günstige Bedingungen, damit individuelles Lernen stattfinden kann, erzwingen lassen sich Lernereignisse kaum.

Günstige Bedingungen können zum Beispiel für die individuelle Gestaltung von Übungsphasen so aussehen:

- Jeder Lernende arbeitet konsequent allein.
- Aufgabenpläne ermöglichen, dass jeder in einem selbst gewählten Tempo arbeiten kann.
- Differenzierte Aufgabenpläne ermöglichen das Üben auf unterschiedlichen Anspruchsniveaus.
- Vorhandene Lösungen und Lösungswege ermöglichen eine selbstständige und unmittelbare Kontrolle durch die Lernenden.
- Vorhandene Hilfen können von den Lernenden bei Bedarf und selbstständig genutzt werden.
- Die Anwesenheit der Lehrperson schafft Gelegenheiten für diagnostische Gespräche und personalisierte Hilfen.

Mit der Ausarbeitung von Aufgabenplänen greift der Lehrende vorausschauend in den Lernprozess ein; ein solches Eingreifen kann nicht personalisiert, also auf das Individuum abgestimmt werden, sondern es ist immer eine Maßnahme der Differenzierung, weil die Aufgabenpläne für Gruppen von Lernenden erstellt wurden. Mit der Erstellung eines Aufgabenensembles hat der Lehrende im Prinzip den Ablauf des Übens programmiert, indem er vorwegnimmt, welche Aufgaben in welcher Reihenfolge hilfreich sind, den Kompetenzerwerb zu fördern. Darüber hinaus hat er durch die Zuordnung von Anspruchsniveaus die Möglichkeit einer Differenzierung eingeplant. Individuelle Förderung ist aber mehr und lässt sich nicht programmieren, weil sie vom Individuum auszugehen hat. Individuelle Förderung braucht einen Anteil Spontanität und zeichnet sich durch eine gewisse Einzigartigkeit aus.

Danksagung

Die zitierten Unterrichtsbeispiele oder darin enthaltene Ideen stammen aus dem eigenen Unterricht, aus Gesprächen, Unterrichtsentwürfen zu Beratungen oder Lehramtsprüfungen von und mit:

Armelle Bigorne
Johannes Brenner
Birgit Flaig
Fabian Flinspach
Sabine Häring
Anja Hoffmann
Maike Hönig
Barbara Hübschle
Torsten Indrich
Damaris Joksch
Bettina Junge
Anne Kempf
Muhammed Keskin
Josefin Kokot
Micha Lutz
Philipp Maier
Larissa Meyer
Christina Mühlbacher
Julia Opalew
Laura von Pfister
Martin Rösch
Martin Selch
Katharina Stier
Anne Storm
Franziska Sulzer
Klemens Walz

Danke auch für die tollen Gedanken, schriftlichen Arbeiten und wertvollen Äußerungen von zahlreichen Schülerinnen und Schülern, die in dieses Buch eingeflossen sind. Die kritische Durchsicht und die konstruktiven Verbesserungsvorschläge meiner Frau Gudrun Storz waren mir sehr hilfreich und haben viel zur Qualität dieses Buches beigetragen.

Mein besonderer Dank gilt Dr. Robert Neumann und Frau Dr. Gabriela Holzmann vom Aulis Verlag bei Friedrich für die vertrauensvolle und produktive Zusammenarbeit bei der verlagstechnischen Umsetzung des Manuskriptes.

Verwendete Literatur und Quellen

AKINWUNMI, K. /DEUTSCHER, T. „5 : 0 = 0; 5 Bonbons verteilt an 5 Kinder, da bleibt keins übrig“ [2014]. In: Zeitschrift PM Praxis der Mathematik in der Schule. H. 56. Aulis Verlag. Hallbergmoos.

BACKHAUS, M. u. a. Schnittpunkt 7 Mathematik – Basisniveau Rheinland-Pfalz. Ernst Klett Verlag. Stuttgart [2010].

BACKHAUS, M. u. a. Schnittpunkt 5 Mathematik – Differenzierende Ausgabe Baden-Württemberg. Ernst Klett Verlag. Stuttgart [2015].

BAMBERG, R. u. a. Pluspunkt Mathematik Baden-Württemberg 2. Cornelsen Verlag. Berlin [2010].

BARZEL, B. Ich – Du – Wir ... [2006]. In: Zeitschrift mathematik lehren. H. 139. Friedrich Verlag. Seelze.

BARZEL, B./BÜCHTER, A./LEUDERS, T. Mathematik Methodik. Cornelsen Verlag Scriptor. Berlin [2007].

BARZEL, B./HOLZÄPFEL, L. Leitfragen zur Unterrichtsplanung [2010]. In: Zeitschrift mathematik lehren. H. 158. Friedrich Verlag. Seelze.

BARZEL, B./HOLZÄPFEL, L./LEUDERS, T./STREIT, C. Mathematik unterrichten: Planen, durchführen, reflektieren. Cornelsen Verlag. Berlin [2011].

BARZEL, B./HUSSMANN, S./LEUDERS, T./PREDIGER, S. (Hrsg.). Mathewerkstatt Rechenbausteine. Selbsttest und Training. Cornelsen Verlag. Berlin [2011].

BARZEL, B./HUSSMANN, S./LEUDERS, T./PREDIGER, S. (Hrsg.). Mathewerkstatt Baden-Württemberg 1. Cornelsen Verlag. Berlin [2012].

BARZEL, B./HUSSMANN, S./LEUDERS, T./PREDIGER, S. (Hrsg.). Materialblock zu Mathewerkstatt Baden-Württemberg 1. Cornelsen Verlag. Berlin [2012].

BARZEL, B./HUSSMANN, S./LEUDERS, T./PREDIGER, S. (Hrsg.). Handreichungen zur Mathewerkstatt Baden-Württemberg 1. Cornelsen Verlag. Berlin [2012].

BARZEL, B./HUSSMANN, S./LEUDERS, T./PREDIGER, S. (Hrsg.). Zeitschrift PM Praxis der Mathematik. H. 37. Aulis Verlag. Hallbergmoos [2011].

BARZEL, B./KLEINE, M. Verhältnisse – Ein Thema quer durch die Schulmathematik [2013]. In: Zeitschrift mathematik lehren. H. 179. Friedrich Verlag. Seelze.

BAUM, D./KLEIN, H. Formeln Mathematik Physik Technik Chemie. Bayerischer Schulbuch Verlag. München ^{3}[2007].

BAUM, D./KLEIN, H. Ein Blick ins Buch und los! [2010]. In: Zeitschrift mathematik lehren. H. 158. Friedrich Verlag. Seelze.

BAUM, D./KLEIN, H. (Hrsg.). XQuadrat Mathematik Baden-Württemberg 5. Cornelsen Schulverlage GmbH. Berlin [2015].

BAUM, D./KLEIN, H. (Hrsg.). Mathematik 2 XQuadrat Ausgabe A. Oldenbourg Verlag. München, Düsseldorf, Stuttgart [2004].

BAUM, D./KLEIN, H. (Hrsg.). Mathematik 5 XQuadrat. Oldenbourg Verlag. München, Düsseldorf, Stuttgart [2007].

BERG, M. Mach was draus! Gütersloher Verlagshaus. Gütersloh [2014].

BESSER, C. Langfristiger Kompetenzaufbau im Mathematikunterricht. In: Manfred Engel (Hrsg.). Erfolgreiche Unterrichtsentwürfe Mathematik Band 1. Freiburger Verlag. Freiburg im Breisgau [2010].

BEUTELSPACHER, A./WAGNER, M. Wie man durch eine Postkarte steigt. Herder Verlag. Freiburg im Breisgau [2010].

BIFIE, BUNDESINSTITUT BILDUNGSFORSCHUNG, INNOVATION & ENTWICKLUNG DES ÖSTERREICHISCHEN SCHULWESENS. Mathematikkompetenz – Sammlung freigegebener PISA-Aufgaben. Online-Broschüre o. J.

BLUM, W. Kann mathematisches Modellieren selbständig gelernt werden?. Vortrag an der Universität Paderborn. [29. 4. 2010].

BLUM, W./DRÜKE-NOE, C./HARTUNG, R./KÖHLER, O. (Hrsg.). Bildungsstandards Mathematik: konkret. Cornelsen Scriptor. Berlin [2006].

BÖER, H./KLIEMANN, S./MALLON, C. u. a. Mathe live 7. Ernst Klett Verlag. Stuttgart [2007].

BÖER, H./KLIEMANN, S./PUSCHER, R. u. a. Mathe live 8. Ernst Klett Verlag. Stuttgart [2008].

BÖTTNER, J. u. a. Schnittpunkt 1. Mathematik für Realschulen Baden-Württemberg. Ernst Klett Verlag. Stuttgart [2004].

BÖTTNER, J. u. a. Schnittpunkt 2. Mathematik für Realschulen Baden-Württemberg. Ernst Klett Verlag. Stuttgart [2005].

BÖTTNER, J. u. a. Schnittpunkt 3. Mathematik für Realschulen Baden-Württemberg. Ernst Klett Verlag. Stuttgart [2005].

BÖTTNER, J. u. a. Schnittpunkt 4. Mathematik für Realschulen Baden-Württemberg. Ernst Klett Verlag. Stuttgart [2006].

BONHOFF, A./LEHR, G. Ratgeber Rechenschwäche/Dyskalkulie. Therapie-Zentrum für Rechenschwäche/Dyskalkulie. Reutlingen ^{5}[2006].

BRUDER, R. Langfristiger Kompetenzaufbau im mathematischen Argumentieren in den Sekundarstufen – ganz konkret. Vortrag FB Mathematik Technische Universität Darmstadt. Fulda [14. 11. 2011].

BRUDER, R./BAUER, C. Algorithmische Vorschriften [2015]. In: Zeitschrift Mathematik lehren. H. 188. Friedrich Verlag. Seelze.

BRUDER, R./COLLET, C. Problemlösen lernen im Mathematikunterricht. Cornelsen Scriptor. Berlin [2011].

BRUDER, R. Was ist aus MABIKOM übertragbar?. Vortrag FB Mathematik Technische Universität Darmstadt. Fulda [21. 6. 2012].

BRUDER, R./LEUDERS, T./BÜCHTER, A. Mathematikunterricht entwickeln. Cornelsen Scriptor. Berlin [2008].

BRÜNING, L./SAUM, T. Individualisierung und Differenzierung [2010]. In: Zeitschrift Praxis Schule. H. 1. Westermann Verlag. Braunschweig.

BRUNNER, E. Mathematisches Argumentieren, Begründen und Beweisen. Springer Spectrum Verlag. Berlin, Heidelberg [2014].

BÜCHTER, A./LEUDERS, T. Mathematikaufgaben selbst entwickeln. Cornelsen Scriptor. Berlin [2005].

COHORS-FRESENBORG, E./KAUNE, C. Beweisen ist schlüssiges Argumentieren – vor Gericht und in der Mathematik. In: LEUDERS, T./ HEFENDEHL-HEBEKER, L./WEIGAND, H.-G. (Hrsg.). Mathemagische Momente. Cornelsen Verlag. Berlin [2009].

CORNELSEN VERLAG. 10 000 Aufgaben Mathematik. Datenbank auf DVD. Berlin [2008]

DEDEKIND, B. „Darstellen in der Mathematik" als Kompetenz aufbauen. Publikation des Programms SINUS an Grundschulen des Leibniz-Instituts für die Pädagogik der Naturwissenschaften und Mathematik (IPN) an der Universität Kiel. Kiel [2012]

DEDLMAR, R. u. a. Schnittpunkt 4. Mathematik für Realschulen Serviceband. Ernst Klett Verlag. Stuttgart [2006].

DEDLMAR, R. u. a. Schnittpunkt 5. Mathematik für Realschulen Serviceband. Ernst Klett Verlag. Stuttgart [2007].

DIEFENBACHER, I./WURZ, L. Aus Fehlern lernen [2001]. In: Zeitschrift mathematik lehren. H. 108. Friedrich Verlag. Seelze.

DOCKHORN, C. Schulbuchaufgaben öffnen [2000]. In: Zeitschrift mathematik lehren. H. 100. Friedrich Verlag. Seelze.

DRÜKE-NOE, C. Gezielt kognitiv aktivierende Aufgaben auswählen – Wie und warum?. Vortrag vor dem Staatlichen Seminar für Didaktik und Lehrerbildung (Realschulen) Reutlingen. Obermarchtal. [14. 10. 2014].

DRÜKE-NOE, C./KÜHN, S.M. Funktionen in Abschlussprüfungen: Wie funktioniert das? [2014]. In: Zeitschrift mathematik lehren. H. 187. Friedrich Verlag. Seelze.

DRÜKE-NOE, C. Basiskompetenzen am Ende der Sekundarstufe I. Vortrag beim Kontaktkreis PH-Seminare, Pädagogische Hochschule Weingarten. [19. 9. 2015].

DUDEN SCHÜLERLEXIKON. Redaktion Schule und Lernen. Bibliographisches Institut F. A. Brockhaus. Mannheim ^{7}[2003].

ELSCHENBROICH, H.-J. Bildungsstandards Mathematik: eine (nicht nur) aktuelle Diskussion [2004]. In: Zeitschrift mathematik lehren. H. 122. Friedrich Verlag. Seelze.

ENGEL, M. (Hrsg.). Erfolgreiche Unterrichtsentwürfe Mathematik Band 1. Freiburger Verlag. Freiburg im Breisgau [2010].

ERATH, K./PREDIGER, S. Lernende beim Navigieren auf „Erklärpfaden" mitnehmen [2015]. In: Zeitschrift PM Praxis der Mathematik in der Schule. H. 64. Aulis Verlag. Hallbergmoos.

FAHSE, C./LINNEMANN, T. Genügt der Beweis, oder soll ich das auch erklären? [2015]. In: Zeitschrift PM Praxis der Mathematik in der Schule. H. 64. Aulis Verlag. Hallbergmoos.

FERNHOLZ, J./PREDIGER, S. „... weil meist nur ich weiß, was ich kann!" Selbstdiagnose als Beitrag zum eigenverantwortlichen Lernen [2007]. In: PM Praxis der Mathematik in der Schule. H. 15. Aulis Verlag. Hallbergmoos.

FETZER, M. Schreibe Mathe und sprich darüber [2009]. In: Zeitschrift PM Praxis der Mathematik in der Schule. H. 30. Aulis Verlag. Hallbergmoos.

FREUDIGMANN, H. Kompetenzorientierter Mathematikunterricht. Online-Broschüre Staatliches Seminar für Didaktik und Lehrerbildung (Gymnasien). Tübingen [2009].

FREY, B.-J./FREY, H. Schnittpunkt 2. Mathematik für Realschulen Serviceband. Ernst Klett Verlag. Stuttgart [2005].

FROHN, D. Primzahlen: Ganz natürlich und doch kryptisch! [2014]. In: Zeitschrift PM Praxis der Mathematik in der Schule. H. 59. Aulis Verlag. Hallbergmoos.

FRÖHLICH, I./PREDIGER, S. Sprichst du Mathe? Kommunizieren in und mit Mathematik [2008]. In: Zeitschrift PM Praxis der Mathematik in der Schule. H. 24. Aulis Verlag. Hallbergmoos.

GAAB, K./LAMBERT, A. Mit Würfelnetzen operieren [2015]. In: Zeitschrift mathematik lehren. H. 190. Friedrich Verlag. Seelze.

GALLIN, P./RUF, U. Sprache und Mathematik in der Schule. Kallmeyer-Verlag. Seelze [1998].

GOY, A. „Unendlich" [2014]. In: Zeitschrift PM Praxis der Mathematik in der Schule. H. 59. Aulis Verlag. Hallbergmoos.

GREEFRATH, G. Modellieren lernen. Aulis Verlag. Hallbergmoos ^{3}[2010].

GREEFRATH, G. Didaktik des Sachrechnens in der Sekundarstufe. Spektrum Akademischer Verlag. Heidelberg [2010].

GREEFRATH, G./LEUDERS, T. Nicht von ungefähr. Runden – Schätzen – Nähern [2009]. In: Zeitschrift PM Praxis der Mathematik in der Schule. H. 28. Aulis Verlag. Hallbergmoos.

GRIESEL, H./POSTEL, H./VOM HOFE, R. Mathematik heute 4. Bildungshaus Schulbuchverlage Schroedel. Braunschweig [2005].

HAFNER, T. Wer löst das über Verhältnisse? [2013]. In: Zeitschrift mathematik lehren. H. 179. Friedrich Verlag. Seelze.

HAFNER, T./VOM HOFE, R. Aufgaben analysieren und Schülervorstellungen erkennen [2008]. In: Zeitschrift Mathematik lehren. H. 150. Friedrich Verlag. Seelze.

HANDSCHUH, K./BULLINGER, R. Mathematik am, im und um den Bodensee?. In: HARTMUT KÖHLER (Hrsg.). Kreative Ideenbörse Mathematik Sekundarstufe I. Olzog-Verlag. München [2008].

HAMMER, C. Vom Argument zum Beweis [2009]. In: Zeitschrift mathematik lehren H. 155. Friedrich Verlag. Seelze.

HARNISCHFEGER, J. u. a. Klippert Schülerheft Mathematik: Geometrie, Stochastik. Ernst Klett Verlag. Stuttgart [2007].

HARNISCHFEGER, J. u. a. Klippert Schülerheft Mathematik: Terme, Variablen, Gleichungen, Funktionen. Ernst Klett Verlag. Stuttgart [2008].

HARNISCHFEGER, J. u. a. Klippert Schülerheft Mathematik: Ganze Zahlen, Rationale Zahlen. Ernst Klett Verlag. Stuttgart [2010].

HARNISCHFEGER, J. u. a. Klippert Schülerheft Mathematik: Prozente, Zuordnungen. Ernst Klett Verlag. Stuttgart ^{3}[2012].

HECKMANN, L. Kann das stimmen? [2014]. In: Zeitschrift Mathematik 5–10. H. 26. Friedrich Verlag. Seelze.

HELMKE, A. Was wissen wir über guten Unterricht? [2006]. In: Zeitschrift Pädagogik. H. 2. Beltz-Verlag. Weinheim.

HENGARTNER, E./HIRT, U./WÄLTI, B. Lernumgebungen für Rechenschwache bis Hochbegabte. Verlag Klett und Balmer. Zug [2006].

HERGET, W. Rechnen können reicht … eben nicht! [2000]. In: Zeitschrift mathematik lehren. H. 100. Friedrich Verlag. Seelze.

HERLING, J. u. a. Mathematik 6. Bildungshaus Schulbuchverlage Westermann. Braunschweig [2007].

HEYMANN, H.W. Der „Stoff“ ist nicht entscheidend [1996]. In: Zeitschrift Praxis Schule 5–10. H. 3. Westermann Verlag. Braunschweig.

HEYMANN, H.W. Allgemeinbildung und Mathematik. Beltz-Verlag. Weinheim [1996/^{2}2013].

HEYMANN, H.W. Kompetenz- und Standardorientierung im Mathematikunterricht [2009]. In: Zeitschrift Pädagogik. H. 7-8. Beltz-Verlag. Weinheim.

HEYMANN, H.W. Mathematikunterricht und sein (möglicher) Beitrag zur Allgemeinbildung [1997]. In: Zeitschrift Pädagogik. H. 1. Beltz-Verlag. Weinheim.

HEYMANN, H.W. Garantieren „Standards" einen besseren Mathematikunterricht? [2005]. In: PM Praxis der Mathematik in der Schule. H. 1. Aulis Verlag. Hallbergmoos.

HEYMANN, H.W. Kompetenz- und Standardorientierung im Mathematikunterricht [2009]. In: Zeitschrift Pädagogik. H. 7-8. Beltz-Verlag. Weinheim.

HÖFER, T. Von der Idee zum Beweis [2014]. In: Zeitschrift mathematik lehren. H. 184. Friedrich Verlag. Seelze.

VOM HOFE, R. Grundbildung durch Grundvorstellungen [2003]. In: Zeitschrift mathematik lehren H. 118. Friedrich Verlag. Seelze.

VOM HOFE, R. Förderkonzepte [2011]. In: Zeitschrift mathematik lehren. H. 166. Friedrich Verlag. Seelze.

VOM HOFE, R./HATTERMANN, M. Zugänge zu negativen Zahlen [2014]. In: Zeitschrift mathematik lehren. H. 183. Friedrich Verlag. Seelze.

HOLZÄPFEL, L./LOIBL, K./UFER, S. Fehler $\neq$ Fehler [2015]. In: Zeitschrift mathematik lehren. H. 191. Friedrich Verlag. Seelze.

HUF, C./BREIDENSTEIN, G. Schülerinnen und Schüler bei der Wochenplanarbeit. Beobachtungen zur Eigenlogik der „Planerfüllung" [2009]. In: Zeitschrift Pädagogik. Beltz-Verlag. Weinheim.

HUMENBERGER, H. Dreiecke als Tetraedernetze [2015]. In: Zeitschrift mathematik lehren. H. 190. Friedrich Verlag. Seelze.

HUSSMANN, S. Mathematik entdecken und erforschen. Cornelsen Verlag. Berlin [2003].

HUSSMANN, S./LEUDERS, T./PREDIGER, S./BARZEL, B. Mathewerkstatt 4 Baden-Württemberg. Cornelsen Schulverlage. Berlin [2015].

HUSSMANN, S./LEUDERS, T./PREDIGER, S. Schülerleistungen verstehen – Diagnose im Alltag [2007]. In: PM Praxis der Mathematik in der Schule. H. 15. Aulis Verlag Deubner. Köln.

HUSSMANN, S./NÜHRENBÖRGER, M./PREDIGER, S./SELTER, C./DRÜKE-NOE, C. Schwierigkeiten in Mathematik begegnen [2014]. In: Zeitschrift PM Praxis der Mathematik in der Schule. H. 56. Aulis Verlag. Hallbergmoos.

HUSSMANN, S./PREDIGER, S. Mit Unterschieden rechnen – Differenzieren und Individualisieren [2007]. In: Praxis der Mathematik in der Schule. H. 17. Aulis Verlag. Hallbergmoos.

HUSSMANN, S./PREDIGER, S./BARZEL, B./LEUDERS, T. (Hrsg.). Rechenbausteine Handbuch. Cornelsen Verlag. Berlin [2011].

HUSSMANN, S./PREDIGER, S./BARZEL, B./LEUDERS, T. (Hrsg.). Mathewerkstatt Rechenbausteine Training. Cornelsen Verlag. Berlin [2012].

HUSSMANN, S./SELTER, C. Standortbestimmungen – Leistungsfeststellung als Grundlage individueller Förderung [2007]. In: Zeitschrift PM Praxis der Mathematik in der Schule. H. 15. Aulis Verlag. Hallbergmoos.

INSTITUT ZUR QUALITÄTSENTWICKLUNG IQB (Hrsg.). Kompetenzentwicklung im Mathematik-Unterricht: Modellieren. In: Handreichungen zu VERA 8 Mathematik. Berlin [2009].

INSTITUT FÜR QUALITÄTSENTWICKLUNG AN SCHULEN SCHLESWIG-HOLSTEIN (Hrsg.). Methoden im Unterricht – Anregungen für Schule und Lehrerbildung (IQSH). Kronshagen ^{2}[2012].

IQB-LÄNDERVERGLEICH 2012. Mathematische und naturwissenschaftliche Kompetenzen am Ende der Sekundarstufe I. Waxmann-Verlag. Münster [2013].

JAHNKE, N. Hypothesen und ihre Konsequenzen [2009]. In: Zeitschrift PM Praxis der Mathematik in der Schule. H. 30. Aulis Verlag. Hallbergmoos.

JORDAN, A./VOM HOFE, R. Diagnose von Schülerleistungen [2008]. In: Zeitschrift mathematik lehren. H. 150. Friedrich Verlag. Seelze.

KESSLER, M./ZIENER, G. Woran kann man kompetenzorientiertes Unterrichten erkennen?. Pädagogisch Theologisches Zentrum (ptz). Stuttgart [2004]. als Download

KIEL, E./MEYER, M./MÜLLER-HILL, E. Erklären. Was? Wie? Warum? [2015]. In: Zeitschrift PM Praxis der Mathematik in der Schule Heft. H. 64. Aulis Verlag. Hallbergmoos.

KLAPP, H. Tischlein, deck dich! [2014]. In: Zeitschrift Mathematik 5–10. H. 26. Friedrich Verlag. Seelze.

KLAPP, H. Wer hat Schuld? [2014]. In: Zeitschrift Mathematik 5–10. H. 26. Friedrich Verlag. Seelze.

KLEINE, M. (Hrsg.). Mathe.Logo 6. C. C. Buchners Verlag. Bamberg [2010].

KLEINE, M./LUDWIG, M. (Hrsg.). Mathe.Logo 7 Regelschule Thüringen. C. C. Buchners Verlag. Bamberg [2011].

KLEINE, M./WEIXLER, S. Leitidee Zahl [2014]. In: Zeitschrift PM Praxis der Mathematik in der Schule. H. 59. Aulis Verlag. Hallbergmoos.

KLIEMANN, S./PUSCHER, R./SEGELKEN, S./SCHMIDT, W./VERNAY, R. mathe live 5. Ernst Klett Verlag. Stuttgart [2006].

KORTENKAMP, U./LAMBERT, A. Wenn …, dann … bis … . Algorithmisches Denken (nicht nur) im Mathematikunterricht [2015]. In: Zeitschrift mathematik lehren. H. 188. Friedrich Verlag. Seelze.

KRAMER, M. Mathematik als Abenteuer. Aulis Verlag Deubner. Köln [2008].

KRATZ, H. Wege zu einem kompetenzorientierten Mathematikunterricht. Kallmeyer/Klett, Friedrich Verlag. Seelze [2011].

KRAUTHAUSEN, G. Kinder machen Entdeckungen mit Minusmauern. In: LEUDERS, T./HEFENDEHL-HEBEKER, L./WEIGAND, H.-G. (Hrsg.). Mathemagische Momente. Cornelsen Verlag. Berlin [2009].

KRAUTH, B. $\frac{9}{20}$ = 0,45? Warum denn? [2014]. In: Zeitschrift Mathematik 5–10. H. 26. Friedrich Verlag. Seelze.

KRUMSDORF, J. Beweisen am Beispiel [2009]. In: Zeitschrift PM Praxis der Mathematik in der Schule. H. 30. Aulis Verlag. Hallbergmoos.

KULTUSMINISTERKONFERENZ DER LÄNDER IN DER BUNDESREPUBLIK DEUTSCHLAND. Bildungsstandards im Fach Mathematik für den Mittleren Schulabschluss. Beschluss der Kultusministerkonferenz vom 4. 12. 2003, PDF. Download unter www.kmk.org/fileadmin/veroeffentlichungen_beschluesse oder Verlag Wolters Kluwe. München [2004].

KULTUSMINISTERKONFERENZ DER LÄNDER IN DER BUNDESREPUBLIK DEUTSCHLAND. Bildungsstandards im Fach Mathematik für die Allgemeine Hochschulreife. Beschluss der Kultusministerkonferenz vom 18. 10. 2012, PDF. Download unter http://www.kmk.org/fileadmin/veroeffentlichungen_beschluesse.

KUNTZE, S. Beweisen – was ist das? [2009]. In: Zeitschrift mathematik lehren. H. 155. Friedrich Verlag. Seelze.

LANDESINSTITUT FÜR SCHULE/QUALITÄTSAGENTUR NRW. Kompetenzorientierte Diagnose. Klett Verlag. Stuttgart [2006].

LANDESINSTITUT FÜR SCHULENTWICKLUNG STUTTGART (Hrsg.). Mit Kompetenzrastern dem Lernen auf der Spur. NL04. Stuttgart [2012].

LANDESINSTITUT FÜR SCHULENTWICKLUNG STUTTGART (Hrsg.). Kompetenzraster als Instrument zur individuellen Förderung mit gymnasialen Standards. Teilband Mathematik NL13/M. Stuttgart [2012].

LENGNINK, K./MEYER, M./SIEBEL, F. MAT(H)Erial [2014]. In: Zeitschrift PM Praxis der Mathematik in der Schule. H. 58. Aulis Verlag. Hallbergmoos.

LEUDERS, J./PHILIPP, K. (Hrsg.). Mathematik – Didaktik für die Grundschule. Cornelsen Schulverlage. Berlin [2015].

LEUDERS, T. (Hrsg.). Mathematik-Didaktik. Cornelsen Verlag Scriptor. Berlin [2003].

LEUDERS, T./HEFENDEHL-HEBEKER, L./WEIGAND, H.-G. (Hrsg.). Mathemagische Momente. Cornelsen-Verlag. Berlin [2009].

LEUDERS, T./PHILIPP, K. Problemlösestunden planen [2010]. In: Zeitschrift mathematik lehren. H. 158. Friedrich Verlag. Seelze.

LEUDERS, T./PREDIGER, S./BARZEL, B./HUSSMANN, S. Mathewerkstatt 3 Baden-Württemberg. Cornelsen Verlag. Berlin [2014].

LEUDERS, T./PREDIGER, S./BARZEL, B./HUSSMANN, S. Mathewerkstatt 7. Cornelsen Verlag. Berlin [2014].

LORBEER, W./REISS, K. Probleme lösen und Begründungen finden [2009]. In: Zeitschrift mathematik lehren. H. 155. Friedrich Verlag. Seelze.

LUTZ-WESTPHAL, B. Das forschende Fragen lernen [2014]. In: Zeitschrift mathematik lehren. H. 184. Friedrich Verlag. Seelze.

MAASS, K. Mathematisches Modellieren. Cornelsen Verlag Scriptor. Berlin [2007].

MAROSKA, R. u.a. Schnittpunkt 4. Mathematik für Realschulen Baden-Württemberg. Ernst Klett Verlag. Stuttgart [2006].

MAROSKA, R. u.a. Schnittpunkt 5. Mathematik für Realschulen Baden-Württemberg. Ernst Klett Verlag. Stuttgart [2007].

MARTIN, C. Kompetenzraster aus dem schweizerischen Beatenberg – eine Option für berufliche Schulen in Deutschland?. In: bwp – Berufs- und Wirtschaftspädagogik. online Ausgabe 13/2007.

MARXER, M. Modellieren in der Sekundarstufe I. Workshop zur T^3-Tagung. Pädagogische Hochschule Freiburg. [17. 10. 2008].

MEYER, L./SCHMIDT, G.-D. Duden Basiswissen Schule Physik. Paetec Verlag für Bildungsmedien im Dudenverlag. Berlin [2001].

MEYER, M./PREDIGER, S. Warum? Argumentieren, Begründen, Beweisen. [2009] In: Zeitschrift PM Praxis der Mathematik in der Schule. H. 30. Aulis Verlag. Hallbergmoos.

MEYER, M./VOIGT, J. Beweisen durch Entdecken [2009]. In: Zeitschrift PM Praxis der Mathematik in der Schule. H. 30. Aulis Verlag. Hallbergmoos.

MINISTERIUM FÜR KULTUS, JUGEND UND SPORT BADEN-WÜRTTEMBERG in Zusammenarbeit mit dem LANDESINSTITUT FÜR ERZIEHUNG UND UNTERRICHT STUTTGART. Bildungsplan für das Gymnasium der Normalform. Stuttgart [2004].

MINISTERIUM FÜR KULTUS, JUGEND UND SPORT BADEN-WÜRTTEMBERG in Zusammenarbeit mit dem LANDESINSTITUT FÜR ERZIEHUNG UND UNTERRICHT STUTTGART. Bildungsplan Hauptschule Werkrealschule. Stuttgart [2004].

MINISTERIUM FÜR KULTUS, JUGEND UND SPORT BADEN-WÜRTTEMBERG in Zusammenarbeit mit dem LANDESINSTITUT FÜR ERZIEHUNG UND UNTERRICHT STUTTGART. Bildungsplan für die Realschule. Stuttgart [2004].

MINISTERIUM FÜR KULTUS, JUGEND UND SPORT BADEN-WÜRTTEMBERG. Bildungsplan 2016 Allgemein bildende Schulen Sekundarstufe I. Anhörungsfassung Mathematik Stand 25. 01. 2016. Stuttgart [2016].

MINISTERIUM FÜR KULTUS, JUGEND UND SPORT BADEN-WÜRTTEMBERG. Gemeinsamer Bildungsplan der Sekundarstufe I. Bildungsplanheft 2/2016. Neckar-Verlag [2016].

MINISTERIUM FÜR KULTUS, JUGEND UND SPORT BADEN-WÜRTTEMBERG (Hrsg.). Vielfalt macht schlauer. Stuttgart [2012].

MOSCHNER, R. Formelsammlung Realschule Mathematik. Stark Verlagsgesellschaft. Freising [2000].

NITSCH, R. Schülerfehler verstehen [2014]. In: Zeitschrift mathematik lehren. H. 187. Friedrich Verlag. Seelze.

PANT, H. A./STANAT, P. u. a. (Hrsg.). IQB-Ländervergleich 2012 – Mathematische und naturwissenschaftliche Kompetenzen am Ende der Sekundarstufe I. Waxmann-Verlag. Münster [2013].

PISA-KONSORTIUM DEUTSCHLAND. PISA 2003: Kurzfassung der Ergebnisse. http://pisa.ipn.uni-kiel.de.

PHILIPP, K. Experimentelles Denken von Schülerinnen und Schülern im Fach Mathematik. Dissertation Pädagogische Hochschule. Freiburg [2012].

PREDIGER, S. Vorstellungen zum Operieren mit Brüchen entwickeln und erheben [2006]. In: Zeitschrift PM Praxis der Mathematik in der Schule. H. 11. Aulis Verlag. Hallbergmoos.

PREDIGER, S. Verstehen durch Vorstellen. In: LEUDERS, T./HEFENDEHL-HEBEKER, L./WEIGAND, H.-G. (Hrsg.). Mathemagische Momente. Cornelsen-Verlag. Berlin [2009].

PREDIGER, S. Inhaltliches Denken stärken – Vorstellungen entwickeln. In: Workshop-Material auf der Begleit-DVD zu: LEUDERS, T./HEFENDEHL-HEBEKER, L./WEIGAND, H.-G. (Hrsg.). Mathemagische Momente. Cornelsen-Verlag. Berlin [2009].

PREDIGER, S. Mit der Vielfalt rechnen – Differenziert differenzieren im Mathematikunterricht. Vortrag Pädagogische Hochschule Freiburg. [6. 10. 2012].

PREDIGER, S./BARZEL, B./HUSSMANN, S./LEUDERS, T. (Hrsg.). Mathewerkstatt Baden-Württemberg 2. Cornelsen Verlag. Berlin [2013].

PREDIGER, S./SELTER, C. Diagnose als Grundlage für individuelle Förderung im Mathematikunterricht [2008]. In: Schule NRW. H. 60.

PREDIGER, S./WITTMANN, G. Aus Fehlern lernen – (wie) ist das möglich? [2009] In: Zeitschrift PM Praxis der Mathematik in der Schule. H. 27. Aulis Verlag. Hallbergmoos.

PRENZEL, M. u. a. im Auftrag der Kultusminister der Länder der Bundesrepublik Deutschland und in Zusammenarbeit mit dem Bundesministerium für Bildung und Forschung. PISA 2003 Schulleiterinformationen. Download-Broschüre.

PRENZEL, M. u. a., PISA-Konsortium Deutschland. PISA 2006. als Download.

REICH, K.(Hrsg.). Methodenpool. In: URL: http://methodenpool-uni-koeln.de. 2010ff (24. 07. 2016).

REIFF, R. Ratsucher sucht Alleswisser [2014]. In: Zeitschrift Mathematik 5–10. H. 26. Friedrich Verlag. Seelze.

REISS, K. Wege zum Beweisen [2009]. In: Zeitschrift mathematik lehren. H. 155. Friedrich Verlag. Seelze.

ROLLES, G./UNGER, M. (Hrsg.). Duden Basiswissen Schule Mathematik 5. bis 10. Klasse. Bibliographisches Institut. Mannheim[3] [2008].

ROTH, J./WEIGAND, H.-G. Mathematik im Raum [2015]. In: Zeitschrift mathematik lehren. H. 190. Friedrich Verlag. Seelze.

SCHEJA, B. Flächengleiche Dreiecke [2014]. In: Zeitschrift PM Praxis der Mathematik in der Schule. H. 60. Aulis Verlag. Hallbergmoos.

SCHMIDT, B. Modellieren in der Schulpraxis. Verlag Franzbecker. Hildesheim, Berlin [2010].

SCHUKAJLOW, S. Selbständigkeitsorientierte und lehrerzentrierte Vermittlung von Modellierungskompetenz im Vergleich. Vortrag am Staatlichen Seminar für Didaktik und Lehrerbildung (Realschulen) Reutlingen [9. 10. 2009].

SELTER, C. Jedes Kind kann mathematisch forschen. In: LEUDERS, T./HEFENDEHL-HEBEKER, L./WEIGAND, H.-G. (Hrsg.). Mathemagische Momente. Cornelsen Verlag. Berlin [2009].

SENATSVERWALTUNG FÜR BILDUNG, WISSENSCHAFT UND FORSCHUNG BERLIN (Hrsg.). Bildung für Berlin. 11 Lernumgebungen für einen differenzierenden kompetenzorientierten Mathematikunterricht von der Schulanfangsphase bis zur 6. Klasse. Berlin [2009].

STADE, U. Von Würfeln und Kugeln [2014]. In: Zeitschrift Mathematik 5–10. H. 26. Friedrich Verlag. Seelze.

STANAT, P./ARTELT, C. u. a. PISA 2000 – Die Studie im Überblick. Max-Planck-Institut für Bildungsforschung. Berlin [2002]. als Download.

STEINWEG, A.S. Schriftliche Rechenverfahren neu in den Blick genommen [2015]. In: Zeitschrift mathematik lehren. H. 188. Friedrich Verlag. Seelze.

STERN, T. Förderliche Leistungsbewertung. Österreichisches Zentrum für Persönlichkeitsbildung und soziales Lernen. Wien [2010].

STORZ, R. Fachdidaktik-Seminar Mathematik. Pro Business Verlag. Berlin [2009].

STORZ, R. Eine gelungene Frontalstunde. Die Winkelsumme im Viereck erarbeiten [2010]. In: Zeitschrift mathematik lehren. H. 158. Friedrich Verlag. Seelze.

STORZ, R. Was heißt schon „gleich"? Die Idee der Gleichheit im Unterricht vermitteln [2011]. In: Zeitschrift mathematik lehren. H. 169. Friedrich Verlag. Seelze.

STORZ, R. Unterrichtseinheit „Satz des Pythagoras". In: BARZEL, B./HOLZÄPFEL, L. (Hrsg.). Start in den Unterricht Mathematik Klasse 5–10. Friedrich Verlag. Seelze [2011].

STORZ, R. Mathematik differenziert und individualisiert unterrichten. Aulis Verlag. Hallbergmoos [2014].

STOYE, W. Vorstellungen entwickeln beim Mathematiklernen. Verlag Pro Business. Berlin [2010].

TIMSS III. Deutschland. Der Abschlussbericht. Berlin [2000].

TSCHEKAN, K. Lernerfolg für jedes Kind. Eine gemeinsame Verantwortung der Lehrer, Schüler und Eltern. Vortrag Helene-Lange-Schule. Oldenburg [14. 1. 2011].

UFER, S./HEINZE, A. ... mehr als nur die Lösung formulieren [2009]. In: Zeitschrift mathematik lehren. H. 155. Friedrich Verlag. Seelze.

ULM, V. Mathematikunterricht für individuelle Lernwege öffnen. Kallmeyer Verlag. Seelze-Velber³[2008].

VERNAY, R. MatheMix 5/6. Bildungshaus Schulbuchverlage Schroedel-Verlag. Braunschweig [1996].

VOGL, M./WITTMANN, G. Mit Darstellungen arbeiten – tragfähige Vorstellungen entwickeln [2010]. In: Zeitschrift PM Praxis der Mathematik in der Schule. H. 32. Aulis Verlag. Hallbergmoos.

VOLLRATH, H.-J./ROTH, J. Grundlagen des Mathematikunterrichts in der Sekundarstufe. Spektrum Akademischer Verlag. Heidelberg ²[2012].

WAGNER, A./WÖRN, C. Erklär mal! [2015]. In: Zeitschrift PM Praxis der Mathematik in der Schule. H. 64. Aulis Verlag. Hallbergmoos.

WARTHA, S. Wenn Übersetzen das Problem ist [2009]. In: Zeitschrift PM Praxis der Mathematik in der Schule. H. 27. Aulis Verlag. Hallbergmoos.

WARTHA, S. Schriftliche Rechenverfahren und Grundvorstellungen – ein Widerspruch?. Vortrag am Staatlichen Seminar für Didaktik und Lehrerbildung (Realschule) Reutlingen [21. 3. 2014].

WARTHA, S. (Hrsg.). Atlas mathematischer Grundvorstellungen. Universität Bielefeld [2010].

WEBER, F. Ein Bild sagt mehr als tausend Worte – Sachaufgaben in Bildergeschichten [2007]. In: Zeitschrift Mathematik 5–10. H. 1. Friedrich Verlag. Seelze.

WEIXLER, S./WEIXLER, P. Mathematik in Kaffeekapseln [2014]. In: Zeitschrift PM Praxis der Mathematik in der Schule. H. 59. Aulis Verlag. Hallbergmoos.

WITTMANN, G. Individuell fördern – Voraussetzungen und Möglichkeiten [2005]. In: Zeitschrift mathematik lehren. H. 131. Friedrich Verlag. Seelze.

ZECH, F. Grundkurs Mathematikdidaktik. Beltz Verlag. Weinheim und Basel [1977/¹⁰2002].

ZELEWSKI, H.-D. Gute Gründe, zu argumentieren [2014]. In: Zeitschrift Mathematik 5–10. H. 26. Friedrich Verlag. Seelze.

ZELEWSKI, H.-D. Argumentieren lehren – Tipps für die Unterrichtspraxis [2014]. In: Zeitschrift Mathematik 5-10. H. 26. Friedrich Verlag. Seelze.

Index

Unter **www.friedrich-verlag.de** finden Sie Materialien zum Buch als Download.
Bitte geben Sie den achtstelligen Download-Code in das Suchfeld ein.

DOWNLOAD-CODE: **d62973mu**

Hinweis:
Downloadmaterial pdf

Das Download-Material enthält sämtliche Arbeitsblätter aus dem Buch, die Sie bei der Vorbereitung Ihres Unterrichts unterstützen.

Haben Sie Fragen zum Download? Dann wenden Sie sich bitte an den Leserservice der Friedrich Verlags GmbH. Schreiben Sie uns oder rufen Sie uns an!

Sie erreichen unseren Leserservice
Montag bis Donnerstag von 8 – 18 Uhr
Freitag von 8 – 14 Uhr
Tel.: 05 11/4 00 04-150
Fax: 05 11/4 00 04-170
E-Mail: *leserservice@friedrich-verlag.de*

Wir freuen uns über Ihre Rückmeldungen und helfen Ihnen gerne weiter!